普通高等教育"九五"国家级重点教材

无机化工工艺学

第 三 版

下册　纯碱、烧碱

陈五平　主编

张　鋆　主审

化 学 工 业 出 版 社
·北　京·

图书在版编目（CIP）数据

无机化工工艺学. 下册/陈五平主编. —3 版. —北京：化学工业出版社，2001.10（2025.2重印）
普通高等教育"九五"国家级重点教材
ISBN 978-7-5025-3415-8

Ⅰ. 无… Ⅱ. 陈… Ⅲ. 无机化工-生产工艺-高等学校-教材 Ⅳ. TQ110.6

中国版本图书馆 CIP 数据核字（2001）第 040052 号

责任编辑：徐雅妮 骆文敏 责任校对：陈 静

出版发行：化学工业出版社 （北京市东城区青年湖南街 13 号 邮政编码 100011）
印 装：北京虎彩文化传播有限公司
787mm×1092mm 1/16 印张 10¼ 字数 248 千字 2025 年 2 月北京第 3 版第 15 次印刷

购书咨询：010-64518888 售后服务：010-64518899
网 址：http://www.cip.com.cn
凡购买本书，如有缺损质量问题，本社销售中心负责调换。

定 价：30.00 元

第三版 前 言

本书第一、二版四个分册分别于 1980 年、1989 年由化学工业出版社出版以来,受到广大读者好评,第一版获 1987 年化学工业部高等学校优秀教材奖,第二版获 1998 年部级化工优秀教材一等奖。各分册连续多次共印刷 29 万多册。

无机化学工业是与国民经济建设密切相关的重要行业,随着新世纪的来临,为跟上科学的发展和教学改革的需要,要求修订编写第三版新教材。本教材经国家教育部批准为普通高等教育"九五"国家级重点教材。本次修订在教材内容上力求反映世界先进水平以及新工艺、新设备、新进展。同时,对我国在该领域的科技成果有所反映。

全书由原来四个分册调整为三个分册:上册合成氨、尿素、硝酸、硝酸铵;中册硫酸、磷肥、钾肥;下册纯碱、烧碱。

全书由大连理工大学陈五平主编,天津大学张鎏主审(并担任上册合成氨审稿)。各篇、章的执笔人和审稿人如下。

各篇执笔人:陈五平修订上册合成氨篇(绪论,原料气制取和最终净化,氨的合成,生产综述)以及上册硝酸铵;方文骥修订上册合成氨篇(固体燃料气化,原料气脱硫)以及上册硝酸;俞裕国修订上册合成氨篇(原料气脱碳);袁一修订上册尿素;孙彦平、刘世斌修订中册硫酸;张允湘修订中册磷肥;吕秉玲修订中册钾肥,下册纯碱;钟本和修订下册烧碱。

各分册审稿人:上海化工研究院研究员沈华民审尿素,原化工部第一设计院教授级高工于秋蓉审硝酸,大连化学工业公司教授级高工程义镜审直接合成浓硝酸和硝酸铵,南京化学工业公司设计院教授级高工汤桂华审硫酸,郑州工业大学教授许秀成审磷肥,中国科学院盐湖研究所研究员宋彭生审钾肥,原化工部第一设计院教授级高工王楚审纯碱,中国化工信息中心教授级高工吕彦杰审烧碱。

为了适应拓宽专业、加强基础,培养素质高,有创新能力的优秀化工人才,本书作为化学工程及工艺专业的选修课教材,因此存在学时少、教材内容多的矛盾,建议富有经验的任课教师,根据自己的教学实践,妥善利用本教材安排授课和学生自学。本书也可供科研、设计、生产管理及有关部门的科技人员参考。

在本书修订过程中得到原化工部人事教育司的大力支持,在书稿完成之后,各位审稿人精心审阅,提出了许多中肯的修改意见和建议,有力地提高了书稿质量,编者深表感谢。此外,也得到许多友人各方面的帮助。特此一并致谢。

限于水平,本书仍会有不妥之处,欢迎读者指正。

编 者
2000 年 10 月

目　　录

第一篇　纯　　碱

第二篇 烧 碱

第一篇 纯 碱

第一章 绪 论

1.1 碱类产品的性质和用途

碱类产品包括纯碱(Na_2CO_3)、洁碱(也称小苏打,$NaHCO_3$)、倍半碱($Na_2CO_3 \cdot NaHCO_3 \cdot 2H_2O$)和烧碱($NaOH$)。前三种碱在本篇讨论,烧碱在第二篇中介绍。此外,钾碱(K_2CO_3)和硫化碱(Na_2S)也属碱类产品,但习惯上归为无机盐,不在本书讨论之列。

纯碱即碳酸钠,也称苏打(Soda)或碱灰(Soda ash),为白色粉末。从化学分子式来看应列为盐,但由于水溶液呈强碱性(1mol/L水溶液,25℃,pH=11.84)[1],故也称之为碱。这与《无机化学》书中,"分子式中含OH基的水溶性化学物质称为碱"的定义是不相一致的。我国因舶来品的合成碱比我国民间习用的内蒙天然碱纯度高,故将合成碱称之为纯碱。久而久之,在我国"纯碱"的概念起了变化,成为无水碳酸钠的代名词,连同由天然碱矿加工而成的无水碳酸钠也包括在其中。随时间推移,美国拥有的高纯度天然碱,量大价廉,加工容易,在成本能耗都有优势,又成为合成碱的竞争者。

纯碱的真实密度为2.533(20℃),熔点851℃,随颗粒大小之不同,堆积密度也随之而变,因而有轻质纯碱(Light soda ash)和重质纯碱(Dense soda ash)之分。我国纯碱产品的国家标准(GB 210—92)见表1-1-1。堆积密度和安息角见表1-1-2。食品级纯碱标准见表1-1-3。

表 1-1-1 纯碱标准(GB 210—92)

等级	总碱量 (以 Na_2CO_3 计)/%	氯化物 (以 NaCl 计)/%	铁盐 (以 Fe 计)/%	水不溶物 /%	灼烧失量 /%	硫酸盐 (以 SO_4^{2-} 计)/%
优等品	≥99.2	≤0.70①	≤0.004	≤0.04	≤0.8	≤0.03②
一等品	≥98.8	≤0.90	≤0.006	≤0.10	≤1.0	
合格品	≥98.0	≤1.20	≤0.010	≤0.15	≤1.3	

① 特种用纯碱 NaCl≤0.5%。

② 为氨碱法指标,用户需要时检验。

表 1-1-2 纯碱产品的堆积密度和安息角

品 种	堆积密度/(kg/L)	安息角
轻质纯碱	0.45~0.69	50°
重质纯碱	0.8~9.1	45°

表 1-1-3 我国食品级纯碱标准

总碱量 (以 Na_2CO_3 计)	氯化物 (以 NaCl 计)	铁盐 (以 Fe 计)	硫酸盐 (以 SO_4^{2-} 计)	重金属 (以 Pb 计)	砷盐 (以 As 计)	水不溶物	灼烧失量
≥98.5%	≤1.0%	≤0.007	0.05	0.001%	0.0002%	≤0.10%	0.50%

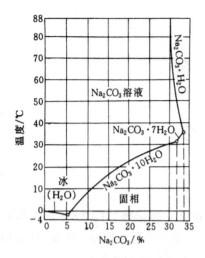

图 1-1-1　Na₂CO₃·H₂O 体系相图

碳酸钠易溶于水，在水中的溶解度如图 1-1-1 所示。溶解度线分为三段，代表着三种水合物：$Na_2CO_3 \cdot 10H_2O$；$Na_2CO_3 \cdot 7H_2O$ 和 $Na_2CO_3 \cdot H_2O$。当温度高于 109℃ 时，才从水溶液中析出无水物，此时溶解度线将又一次发生转折。

十水碳酸钠（natron），简称十水碱亦称晶碱或洗涤碱，在 32℃ 以下稳定存在。当夏日气温超过 32℃ 会溶解在自己的结晶水中，在低空气温度时，就会风化，脱除部分结晶水而成粉末。因其在水中速溶，故在家庭中乐于用作洗涤剂和食用面碱。一水碳酸钠简称一水碱，性质最为稳定，用于摄影行业中的显影液。

七水碳酸钠因为不稳定，在工业和民用方面无大用途，故不成为商品。

纯碱的最大用户是玻璃制造业，为玻璃容器、玻璃瓶、平板玻璃和玻璃纤维的制造原料。其次是用于其它化学制品的生产，如烧碱、洁碱、各种磷酸钠、硅酸钠、氧化铝、硼砂、铬酸钠及其它铬化学制品。纯碱也在洗涤剂中得到了大量应用；此外大量的纯碱用于纸浆、造纸和水处理作业中，并用作中和、沉淀和增溶的药剂。因此纯碱作为基本化工原料，在国民经济中占有重要地位。1996 年世界纯碱的生产能力已达 37.1Mt。成为世界上用量最大的化工产品之一，在化工产品中大约排行第 11 位。

纯碱基本上可以称得上是无毒无害的安全物质。但由于它呈碱性，如果人体与之接触时会受到刺激，发生皮炎。开始时双臂、双手和双腿发红，偶尔发生小脓包和溃疡，最终导致皮肤变厚，色素沉着和产生疤痕。通常由于抓搔而苔藓化，产生裂纹以及表皮脱落。纯碱粉尘刺激呼吸道，伴随慢性咳嗽和有痰液。推荐对于空气中粉尘总量和呼吸有害粉尘的浓度应分别保持在 $10mg/m^3$ 和 $5mg/m^3$ 以下[2]。

小苏打又名洁碱，学名为重碳酸钠（bicarbonate）、酸式碳酸钠或碳酸氢钠。相对分子质量 84.01，白色或不透明粉末，属单斜晶系，密度 $2.208g/cm^3$，堆积密度 $0.5\sim0.7g/cm^3$，无臭，易溶于水，在水中溶解度较小。受热易分解，失去一部分 CO_2，最后变为稳定的倍半碳酸钠（$Na_2CO_3 \cdot NaHCO_3 \cdot 2H_2O$）。小苏打应用于食品工业，用作制造饼干、面包、馒头的疏松剂和膨胀剂；用于饮料、人造矿泉水和汽水的 pH 调制剂及 CO_2 发生剂；用作药品、洗涤剂和泡沫灭火剂的配料。在工业上用于选矿、冶炼、金属热处理、鞣革、染料、橡胶、泡沫塑料以及金属钠的生产。

小苏打产品根据用途，分为工业级、食品级和药用级三种，见表 1-1-4。

表 1-1-4　碳酸氢钠标准

指 标 名 称	工业级 GB 1886—80	食品级 GB 1887—80	药 用 级 （中国药典 1977 年版药用标准）
总碱量（以 $NaHCO_3$ 计）/%	99～100.5	99～100.5	99～100.5
碳酸氢钠/% ≥	99		99.5
水不溶物/% ≤	0.05	0.05	0.01
氯化物（Cl⁻）/% ≤	0.5	0.30	0.002（供注射用），0.02（供口服用）
硫酸钠（SO_4^{2-}）/% ≤	0.05	0.005	0.0005（供注射用），0.03（口服用）

指 标 名 称		工业级 GB 1886—80	食品级 GB 1887—80	药 用 级 （中国药典 1977 年版药用标准）
铁盐(以 Fe 计)/%	≤	0.005		0.0015
铵盐		无氨臭		无氨臭
碱度（pH）		8.6	8.6	8.6
重金属(以 Pb 计)/%	≤	0.0005	0.0005	≤5ppm（5×10⁻⁶）①
砷盐(以 As³⁺计)/%	≤	0.0001	0.0001	≤0.25ppm（25×10⁻⁸）①
干燥失量/%			0.2	
钙盐与不溶物/%	≤			0.01

① 编者注。

倍半碳酸钠（Sesqui Carbonate Na$_2$CO$_3$·NaHCO$_3$·2H$_2$O）也称倍半碱，单斜晶系，硬度 2.5～3，密度 2.11～2.147g/cm³，其味略带碱性，易溶于水，在各碱湖中多有沉积。它是各种形式的碳酸钠(包括 Na$_2$CO$_3$，Na$_2$CO$_3$·3NaHCO$_3$（Wagscheidevite）Na$_2$CO$_3$·NaHCO$_3$·2H$_2$O，NaHCO$_3$ 等)中最稳定的一种，故天然碱常常以这种形式存在，它不潮解，也不与空气中的 CO$_2$ 作用，易溶于水，溶解时不放热也不吸热。因其碱性适中可用作粗羊毛的洗涤脱脂剂。

1.2　纯碱工业发展简史

在很早以前，人们就开始使用天然碱湖中的碱以及海草灰中的碱供洗涤和制造玻璃之用，现在保存下来的最古老的埃及玻璃大约是公元前 1800 年制造的。在我国 1700 年前的著名药书"本草"中已经提到了"碱"字（古作"鹻"字），明朝李时珍著的"本草纲目"一书中载有"采蒿蓼之属、晒干、烧灰、以原水淋汁，去垢发面。"可见当时对碱的制造和用途都有一定程度的了解。无论中外，在 18 世纪中叶以前，碱的来源不外是植物灰或碱湖中所产的天然碱。

到 18 世纪末叶，随着生产力的发展，天然碱的产量已远不能满足玻璃、肥皂、皮革等工业的需要。因此人工制碱的问题就被提出来了。当时发现植物碱和食盐具有同样的元素，这一点给后来的探索者指出了方向。在英法七年战争（1756～1763 年）时，法国所需的植物碱来源断绝，于是在 1775 年法国科学院悬赏征求制碱方法。1787 年医生路布兰（N. Lebelanc）经四年多的研究，终于在 1791 年获得了成功。他的方法是先用硫酸和食盐互相作用得到硫酸钠，然后再将硫酸钠和石灰石、煤炭在 900～1000℃共熔得碳酸钠。这一方法的成功，不仅为工业提供了纯碱，而且由于一种化学产品通过人工合成，因而对化学和化工的发展以及人类对客观世界的认识，都起了重要的作用。这一制碱方法，通常称为路布兰法或硫酸钠法。

但是路布兰法存在着不少缺点：熔融过程系在固相中进行，并且需要高温；设备生产能力小；原料利用不充分；设备腐蚀程度严重；工人的劳动条件恶劣及所得到的纯碱质量不高。这些缺点促使人们去研究新的制碱方法。

1861 年，比利时人索尔维（E. Solvay）原是一名工人，在煤气厂从事稀氨水的浓缩工作，发现用食盐水吸收氨和二氧化碳时可以得到碳酸氢钠，于是获得用海盐和石灰石为原料制取纯碱的专利，这种生产方法也就被称之为索尔维制碱法。因为在生产过程中需用氨起媒介作用，故又称为氨碱法。其主要过程是氨盐水吸收二氧化碳而得碳酸氢钠，然后将碳酸氢钠煅烧放出 CO$_2$ 和 H$_2$O 而成碳酸钠。1863 年建厂，1872 年获得成功。由于氨碱法可以连续生产，生产能力大；原料利用率高；产品的成本低、质量高。因此，在当时得到迅速的发展，而到 20 世纪初期几乎完全取代了硫酸钠法。

自创建以来，氨碱法的生产设备、技术、理论等方面虽然也在不断提高和充实，但还存在着较严重的缺点，即其对原料 NaCl 的利用率低，其中的 Cl^- 完全未加利用，而 Na^+ 也仅利用了 75% 左右，且大量氯化物以废液形式排弃，污染环境，堵塞河道。于是在 20 世纪初期，德国人 Schreib 提出将氨碱法的碳酸化母液中所含的氯化铵直接制成固体作为产品出售。1931 年德国人 Gland 和 Lüpmann 获得初步结果。1935 年德国 Zahn 公司据此在朝鲜兴南化学厂设计日产 50t 纯碱装置。1938 年我国永利化学工业公司在侯德榜博士领导下从事这项研究，历经数年，终获成功，命名为"侯氏制碱法（Hou's Process）"，因为与氨厂联合，以氨厂的 NH_3 和 CO_2 同时生产纯碱和氯化铵两种产品，故也称联合制碱法。又因在生产过程中，$NaHCO_3$ 母液用于制 NH_4Cl，NH_4Cl 母液又用于制 $NaHCO_3$，过程循环进行，故又称为循环制碱法。

世界上有许多国家，蕴藏着天然碱矿，其中以美国最为丰富，主要产地在怀俄明州的绿河地区（Green River）。绿河地区蕴藏着 1140～1210 亿 t 倍半碱矿（$Na_2CO_3 \cdot NaHCO_3 \cdot 2H_2O$）。1953 年美国食品机械化学公司在怀俄明州设厂加工天然碱。后来其它许多化学公司都相继设厂生产纯碱。由于在美国氨碱厂的排污问题无法解决，而用天然碱加工的生产成本仅为氨碱厂成本的 2/3，所以氨碱厂全部倒闭。目前美国用天然碱年产纯碱近 900 万 t，约占全世界纯碱总产量的 28%。

氨碱法、联合制碱法和天然碱加工是目前世界上重要的纯碱生产方法。其它还有芒硝制碱法、霞石制碱法，但比重很小。

1.3 我国制碱工业的今昔及展望

我国是世界上制碱和用碱最早的国家之一。东起内蒙古呼伦贝尔盟和吉林省，经锡林格勒盟，乌兰察布盟，伊克昭盟，甘肃省和青海省至新疆哈察和阿尔泰，碱湖星罗棋布。开采加工已有数百年历史，但一直到 20 世纪 50 年代末期以前，仍沿用手工开采，土法加工，没有摆脱作坊的生产方式。

在第一次世界大战时，由于帝国主义无暇东顾，暂时放松了对我国的经济侵略，我国的制碱工业和其它民族工业一起才有了一些发展。1918 年我国民族工业家范旭东在天津塘沽开始筹建永利碱厂，到 1926 年 6 月生产出合格的产品。1934 年日本帝国主义为了掠夺中国的盐业资源和剥削中国廉价的劳动力，在大连甘井子筹建碱厂。在抗日战争期间，永利碱厂也为日本帝国主义所占据。抗日战争胜利以后，永利和大连碱厂回到祖国的怀抱。

1949 年以后，为了满足工业发展需要，纯碱生产有了较大发展，除了恢复和扩建原来两家碱厂以外，1952 年在大连化学厂先后建成日产纯碱 10t 联合制碱法中试装置，在 1962 年建成年产 16 万 t 的联碱车间。至 1997 年底，我国有大小碱厂 60 个，纯碱年总生产能力约为 730 万 t，其中氨碱法 421 万 t，联碱法 294 万 t，天然碱 15 万 t。纯碱生产能力仅次于美国而居世界第二位。大型碱厂有大连化工公司碱厂、天津碱厂、青岛碱厂、自贡鸿鹤化工总厂、湖北省化工厂、潍坊纯碱厂、唐山碱厂、连云港碱厂等，其生产能力占全国能力的 70% 左右。在 1989 年以前，我们是进口纯碱的国家，1990 年变进口为出口。兹将近年来我国纯碱产量及消耗量列于表 1-1-5，1990 年各行业纯碱消费比例列于表 1-1-6。

表 1-1-5　我国近年来纯碱产量及消耗量/万 t

年份	1987	1988	1989	1990	1991	1992	1993	1994	1995	1996	1997	1998
产量	233	261	303	379	393	451	528	565	597	664	715	737
消耗量	335	367	380	368	402	430	507	532	574	612	647	—

表 1-1-6　1990 年中国各行业纯碱消费比例

项目	轻工	建材	化工	食用	冶金	军工	医药	石油	纺织	其它	合计
用量/万 t	121.7	81.7	51.6	30.0	18.6	5.9	5.6	5.2	2.9	45.3	369.5
比例/%	33.0	22.2	14.0	8.1	5.1	1.6	1.5	1.5	0.8	12.2	100.0

　　我国纯碱企业目前生产普通轻质纯碱、普通重质纯碱、低盐重质纯碱、食品碱等产品。其中重质纯碱和低盐重质纯碱是新增的新品种。

　　此外，天然碱加工业经过 40 年的建设，也具备了一定的规模和水平。在主要天然碱产地内蒙已建立起一批加工企业，形成了年开采能力 100 多万 t，加工各种碱类产品 30 多万 t 的生产能力（包括小苏打，苛性钠在内，其中纯碱产量为 15 万 t）。在采矿上，形成了浅层矿用机械剥离开采，深层矿用钻井溶采，液相矿用碱田日晒，贫矿用湖区采卤等几类工艺；在加工上，形成了以蒸发结晶法生产纯碱，苛化法生产烧碱，碳酸化法生产小苏打为主的成熟配套工艺技术体系。

　　但是，我国生产的纯碱在产品质量、消耗定额和自动化水平及劳动生产率等方面与国外相比尚有较大差距。

　　(1) 我国纯碱质量和美国天然碱及西欧发达国家的合成碱相比，氯化钠含量高，白度差，粒度不均匀，包装质量不好。美国天然碱及欧洲的合成低盐纯碱含盐一般少于 0.2%，我国纯碱含盐却在 0.5% 左右。美国天然碱白度＞95%，而我国纯碱却低于 90%；我国所产重质纯碱粒度大小不均，大颗粒多。

　　(2) 我国氨碱法每吨纯碱平均氨耗为 9.5kg。最好水平也在 6kg 左右，而国外先进水平为 1kg；我国海盐价格为每吨 250 元，井盐每吨为 300 元，而国外制碱用盐不仅质量好，而且价格仅为 10 美元。这就使得我国纯碱在国际市场上缺乏竞争力。

　　(3) 发达国家的纯碱厂机械化、自动化水平较高，用工人数少，而我国碱厂用工人数明显多于国外同类工厂，1996 年我国氨碱法最高劳动生产率为每人人民币 37 万元，不及美国的十分之一。

参 考 文 献

1　Peiper JC，Pitzer KC. Thermodynamics of Aqueous Carbonate Solutions. J. Chem. Therm. 1982，(14)：613

2　美国劳工部 OMBNO. 劳动职业安全与卫生公害通讯标准. 1218—0072

第二章 氨碱法生产纯碱

2.1 氨碱法的主要过程

氨碱法生产纯碱是以食盐和石灰石为原料，以氨为媒介物，进行一系列化学反应和工艺过程而制得的。

（1）氨盐水碳酸化生成溶解度较小的碳酸氢钠。

$$NaCl+NH_3+CO_2+H_2O \longrightarrow NaHCO_3\downarrow+NH_4Cl \tag{1-2-1}$$

这一过程是在碳酸化塔中进行的。过程之所以能够向右进行是由于 $NaHCO_3$ 比 $NaCl$、NH_4Cl、NH_4HCO_3 三者的溶解度都要低得多。相反，由于 Na_2CO_3 和 $Na_2CO_3 \cdot NaHCO_3 \cdot 2H_2O$ 的溶解度都比较大，所以用氨盐水碳酸化直接制取这两种化合物的企图是难以实现的。即下列两反应是不可能进行的：

$$2NaCl+2NH_3+CO_2+H_2O \longrightarrow Na_2CO_3+2NH_4Cl$$

$$3NaCl+3NH_3+2CO_2+4H_2O \longrightarrow Na_2CO_3 \cdot 2H_2O+3NH_4Cl$$

（2）水和盐水吸收二氧化碳是很困难的，在没有氨存在时，CO_2 几乎不溶解在盐水中。为了使式（1-2-1）反应能很好进行，必须要先将氨溶解在盐水中，然后再进行碳酸化。盐水吸氨是在吸氨塔中进行的。

（3）所用的氯化钠溶液可以是从盐井直接汲取的卤水，也可以用固体食盐溶解制成的溶液。不论何种氯化钠溶液，其中都或多或少地含有 Ca^{2+}、Mg^{2+} 等杂质，它们在氨化时生成 $Mg(OH)_2$ 沉淀，在氨盐水碳酸化时又会生成 $CaCO_3$、$MgCO_3$ 及其不溶性含镁复盐，这些固体既会堵塞设备和管道，影响传热；又会进入产品中，影响质量，故必须预先加以除去。除去的方法是加入碱性物质，使 Mg^{2+} 成为 $Mg(OH)_2$ 沉淀；然后再加入某些可溶性碳酸盐，使 Ca^{2+} 成为 $CaCO_3$ 沉淀。

$$Mg^{2+}+2OH^- \longrightarrow Mg(OH)_2\downarrow \tag{1-2-2}$$

$$Ca^{2+}+CO_3^{2-} \longrightarrow CaCO_3\downarrow \tag{1-2-3}$$

生成的 $Mg(OH)_2$ 和 $CaCO_3$ 可借沉降法除去。

（4）反应式（1-2-1）所生成的碳酸氢钠（Sodium bicarbonate），我国最早译作重碳酸钠，简称重碱。这"重"字应读为 chōng，不应读为 zhòng。现在我国已习惯地将重碱这个名词用来指氨盐水碳酸化得到的粗 $NaHCO_3$ 半成品。而工业纯的 $NaHCO_3$ 则称为小苏打或洁碱。还应指出，在第一章绪论中提到的堆积密度大的纯碱称为重质纯碱，简称重质碱或重灰，其重字应读为 zhòng，不应读作 chōng。读者不要将重碱和重质碱两者彼此混淆。

重碱送入煅烧炉中，在 180～210℃ 范围内以下煅烧，即得纯碱：

$$2NaHCO_3 \xrightarrow{\triangle} Na_2CO_3+H_2O\uparrow+CO_2\uparrow \tag{1-2-4}$$

此时重碱中所含的 NH_4HCO_3、$(NH_4)_2CO_3$ 也一起分解：

$$NH_4HCO_3 \xrightarrow{\triangle} NH_3\uparrow + H_2O + CO_2\uparrow \qquad (1\text{-}2\text{-}5)$$

$$(NH_4)_2CO_3 \xrightarrow{\triangle} 2NH_3\uparrow + H_2O + CO_2\uparrow \qquad (1\text{-}2\text{-}5a)$$

放出的二氧化碳气因其在煅烧炉中产生，故名为炉气，冷却除去其中的 NH_3 和部分 H_2O 后，经压缩机压缩，回到碳酸化塔中。

（5）重碱母液中主要含 NH_4Cl，并含 $NaCl$ 和 NH_4HCO_3 和 $(NH_4)_2CO_3$，当加热蒸馏时，母液中的 NH_4HCO_3 按式（1-2-5），$(NH_4)_2CO_3$ 按式（1-2-5a）分解，使 NH_3 和 CO_2 逸出。这是在蒸馏塔上部的预热段中完成的。

（6）重碱母液中的 NH_4Cl，为了回收其中的 NH_3，必须将预热段出来，已除去了的 NH_4HCO_3 和 $(NH_4)_2CO_3$ 的溶液，送入预灰桶（也称调和槽）中，加入石灰乳，在不断搅拌下进行如下反应：

$$2NH_4Cl + Ca(OH)_2 \xrightarrow{\triangle} 2NH_3\uparrow + H_2O + CaCl_2 \qquad (1\text{-}2\text{-}6)$$

由于 NH_3 在水中的溶解度很大，故不可能全部从液相中逸出。因此要将预灰桶出口的溶液送入蒸馏塔下部的石灰乳蒸馏段（简称灰蒸段）中，用直接蒸汽将 NH_3 蒸出。回收的 NH_3 气送入预热段的底部作为加热介质，然后从预热段的顶部流出，送往吸收塔吸收。灰蒸段底部排走的溶液含 $CaCl_2$ 和 $NaCl$，此外还含有石灰乳中带来的大量水不溶物，称为蒸馏废液，一般情况下送入白灰垛中沉降。

（7）氨盐水碳酸化所使用的二氧化碳，及蒸馏氯化铵所需要的石灰乳是由石灰石煅烧而生成的。

$$CaCO_3 \xrightarrow{\triangle} CaO + CO_2\uparrow \qquad (1\text{-}2\text{-}7)$$

石灰石的煅烧是在竖式石灰窑中进行的。如果用固体燃料产生的二氧化碳气，其含量约在 40% 左右，称为窑气，经过除尘、冷却和压缩后送去氨盐水碳酸化。在石灰窑中得到的固体产品即为石灰。

（8）为了易于调节和便于输送，通常都将石灰先制成石灰乳。这可以将石灰和热水一起送往消化机中，在近于沸腾的温度下，进行消化反应而成：

$$CaO + H_2O \longrightarrow Ca(OH)_2 \qquad (1\text{-}2\text{-}8)$$

综上所述，氨碱法的主要化学反应之间的关系可以表示为：

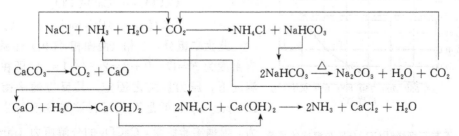

氨碱法的基本流程可以用图 1-2-1 表示。

8

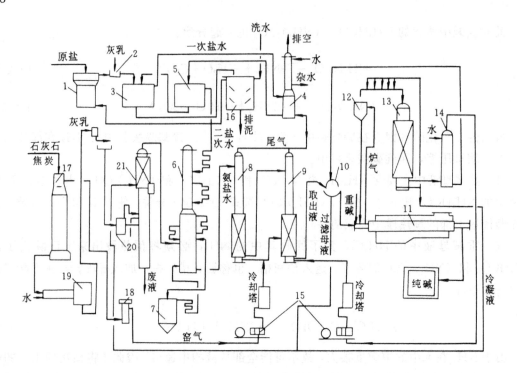

图 1-2-1　氨碱法的基本流程图

1—化盐桶；2—调和槽；3——次澄清桶；4—除钙塔；5—二次澄清桶；6—吸氨塔；7—氨盐水澄清桶；
8—碳酸化塔（清洗）；9—碳酸化塔（制碱）；10—过滤机；11—重碱煅烧炉；12—旋风分离器；13—炉气冷凝塔；
14—炉气洗涤塔；15—二氧化碳压缩机；16—三层洗泥桶；17—石灰窑；18—洗涤塔；
19—化灰桶；20—预灰桶；21—蒸氨塔

2.2　石灰石的煅烧和石灰乳、二氧化碳的制备

氨碱法生产需要大量石灰乳和二氧化碳气体，可由煅烧石灰石制得。在碱类生产中，石灰还可用于苛化法制造烧碱，二氧化碳还可用于制造碳酸氢钠。

石灰是最古老的化学产品之一，但石灰石煅烧过程的改进而达到现代化水平，是由于氨碱法促进的。1t 纯碱约需石灰 0.75t，1t 烧碱约需石灰 0.80t，碱类产品的设备能力和消耗定额在很大程度上取决于石灰和二氧化碳的质量。正是这些要求，推动了石灰石煅烧技术的改进与完善。

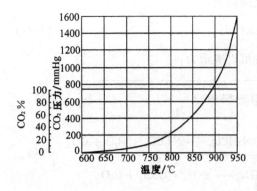

图 1-2-2　石灰石煅烧时 CO_2 分压与温度的关系

2.2.1　石灰石的煅烧

2.2.1.1　碳酸钙煅烧的理论基础

碳酸钙的分解反应为

$$CaCO_3 \rightleftharpoons CaO + CO_2$$
$$\Delta H_{298} = 181kJ/mol \qquad (1-2-9)$$

此为二组分，三相（两固相-气相）体系，故自由度为 $F = C - P + 2 = 2 - 3 + 1 = 1$，即在一定温度下，压力就随之固定。其反应的平衡常数 $K = p_{CO_2}$，p_{CO_2} 就是石灰石在该温度下的分解压力。根据实验结果，$CaCO_3$ 的分解压力（mmHg）与温度（℃）的关系如图 1-2-3 所示。虚线表示出

1 大气压（760mmHg）❶的 $CaCO_3$ 分解温度为 895℃；在纵轴上还标出了在低于 895℃ 煅烧时，气相中 CO_2 的体积百分数。由图 1-2-2，可以看出，温度超过 600℃，碳酸钙开始分解，但 CO_2 分压很低。温度升高，CO_2 分压逐渐增加；800℃ 以后，增加很快。

在自然界中，碳酸钙矿有大理石、方解石和白垩三种。大理石（包括汉白玉）是颗粒状方解石的密集块体，纯度高，用作建筑材料。

方解石属三方晶系三向都可解理，相对密度 2.6～2.8，硬度 3，纯度较高者呈白色，含杂质时则可染成淡黄色、玫瑰色、褐色、青灰色。

白垩是孔虫软骨动物和球菌类的外壳遗骸的堆积岩，含水较多。质地松软，极易粉碎的方解石与白垩都可用来制造石灰。

天然产的碳酸钙矿石因其晶形、粒度，是否与 $MgCO_3$、$FeCO_3$ 等形成固熔体，以及是否含有 SiO_2、Al_2O_3、Fe_3O_4 等能与 CaO 形成熔渣的杂质，其分解温度往往与纯 $CaCO_3$ 显得不同。例如某种纯度为 96.4% 的大理石，在 1 大气压下的分解温度为 921℃，而某种含 90.5% $CaCO_3$ 的石灰石，分解温度却为 900℃。

为了使 $CaCO_3$ 能够分解，需提高温度或将已产生的 CO_2 不断取走。在 850～900℃ 时分解压力已高

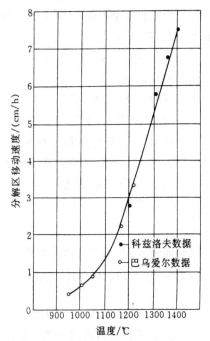

图 1-2-3　分解区的移动速度和温度的关系

于 43.328kPa，但实际上所采用的温度要高于此值。因为在此时 $CaCO_3$ 的分解速度很慢（见图 1-2-3）。分解速度以每一块 $CaCO_3$ 中反应面（已生成的 CaO 与其内部 $CaCO_3$ 的分界面）前进的速度表示，该值与石块的大小无关。反应面前进的速度 R（cm·h^{-1}）与温度 t 的关系为：

$$lgR = 0.003145t - 3.3085$$

图 1-2-4 表示 $CaCO_3$ 分解时间与温度及石块粒度之间的关系。

温度的提高也有限制。首先，石灰石可能熔融。纯 $CaCO_3$ 熔点 1339℃，纯 CaO 熔点 2550℃，两者熔点都很高，但有 SiO_2、Al_2O_3、Fe_2O_3 等杂质存在时，会与 CaO 反应生成 $CaSiO_3$、$Ca(AlO_2)_2$、$Ca(FeO_2)_2$ 等物质，呈半熔融状态，使炉料结瘤和挂壁。其次，温度太高时，会使石灰石变成为坚实，不易消化，化学活性极差的块状物，称为过烧石灰。一般石灰如果在 1100～1200℃ 下停留数小时，就会发生这种过烧的情况。此外，温度过高，石灰窑的衬料腐蚀加重，热量消耗增加，所以煅烧温度一般控制在 900～1200℃ 范围之内。

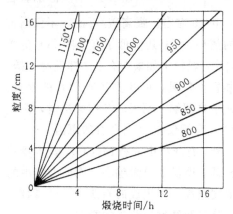

图 1-2-4　在不同温度下石灰石的煅烧时间与粒度的关系

碳酸钙矿多多少少含有 SiO_2、Al_2O_3、Fe_2O_3、$MgCO_3$、$CaSO_4$ 等杂质。其中 SiO_2、Al_2O_3、

---

❶　1 大气压＝760mmHg＝1.01325×10^5Pa。

Fe_2O_3 对煅烧过程有害，已如上述。$MgCO_3$ 在煅烧时发生如下反应：

$$MgCO_3 \longrightarrow MgO + CO_2 - 120.9kJ \tag{1-2-10}$$

虽然同样生成 CO_2，而且所需热量较少，分解温度比 $CaCO_3$ 为低（101.325kPa 下为 640℃）。但所得 MgO 在 NH_4Cl 蒸馏和纯碱苛化等过程中不起反应，因此石灰石中的 $MgCO_3$ 含量不得超过 6%。

白垩含水量大，在煅烧时需要较多的热量，且机械强度低，容易碎裂，阻塞通道妨碍通风，需用回转炉进行煅烧。

选择煅烧用的燃料要依窑型而定，并须考虑燃料的发热值、易燃性、灰分、熔点及机械强度等。竖窑均用固体燃料如焦炭或无烟煤；回转窑则多用气体燃料。

窑气中 CO_2 含量与燃料用量有关，窑气由两部分组成：(1) 碳酸钙分解时生成的纯二氧化碳；(2) 燃料的燃烧产物，理论上用空气燃烧纯碳时，可得 21% CO_2 和 79% N_2。

分解 $1kmol\ CaCO_3$ 需要热量 181000kJ，每 kmol 碳的燃烧热为 406800kJ，因此每 $kmol\ CaCO_3$ 需碳量

$$181000/406800 = 0.4449kmol$$

燃烧时需要 O_2 为 0.4449kmol，用空气时，带入 $N_2 = 0.4449 \times \dfrac{79}{21} = 1.6738kmol$，碳燃烧生成的 CO_2 为 0.4449kmol，因此窑气中的 CO_2 含量应为：

$$\frac{1 + 0.4449}{1 + 0.4449 + 1.6738} \times 120 = 46.3\%$$

实际上由于石灰窑有热损失，碳燃烧也不可能完全，难免有 CO 生成，故实际窑气中的二氧化碳含量只能在 40%～44% 之间。如果炉小或燃料含固定碳低，尚达不到此数。

从这一计算中还可以发现，理论的碳/石灰石 $= \dfrac{0.4449 \times 12}{1 \times 100} = 0.0534$，而实际的碳石比在 0.0625 左右。提高碳/石比，不仅增加了碳的消耗，而且还降低了窑气中 CO_2 的浓度。同时，燃料中如果含有氢、挥发物和硫，虽也能提供热量，但却要降低 CO_2 的含量。这也就不难理解，用天然气作燃料时，窑气中的 CO_2 含量仅在 28% 左右的原因。

此外，石灰石中混有 $MgCO_3$，其含量越高，分解时所需的热量越小，因而空气中的 CO_2 浓度越高。但生成的石灰含 CaO 越低，不符合蒸氨及纯碱等苛化的要求。

2.2.1.2 石灰窑及其操作

目前国内外的纯碱厂大都采用混料竖窑煅烧石灰石，其优点是生产能力大，上料、下灰完全机械化；窑气中 CO_2 含量高；热利用率高；所产的石灰质量高。

石灰窑的结构示意图如图 1-2-5。窑身用

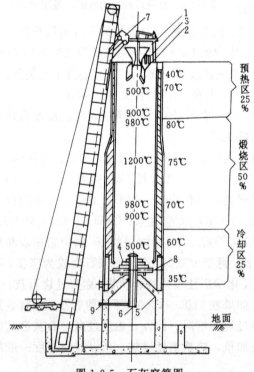

图 1-2-5　石灰窑简图

1—漏斗；2—撒石器；3—出气口；4—出灰转盘；

5—周围风道；6—中央风道；7—吊石罐；

8—出灰口；9—风压表接管

普通砖和钢板制成，内砌耐火砖，两层之间填装绝热材料，以减少热量损失。从窑顶往下可划分为三个区域：预热区、煅烧区和冷却区。预热区位于窑的上部，约占总高的四分之一，其作用是利用从煅烧区上升的热窑气，将石灰石及燃料预热和干燥，以回收窑气的显热，提高燃料的热利用率。煅烧区位于窑的中部，经预热后的混料在此进行煅烧，完成石灰石的分解。为了避免石灰过烧和窑体结瘤，该区温度不应超过 1200℃。冷却区位于窑区的下部，约占窑有效高度的四分之一，其主要作用是预热进窑的空气，而将热石灰冷却。这样既回收了石灰的热量，又起到了保护窑箅子的作用。窑顶部有加料斗，底部有一大转盘，转盘中央有风管，内通空气，风管顶有风帽，以防石灰石落入风管。石灰窑的高度 H 与内径 D 有适当比例，一般 $H=(5\sim6)D$，而石灰窑的石灰生产能力 $Q=5.5\sim6.5D^3$t/d，其所需鼓风压力，对内径超过 5m，高度超过 25m 的大型窑需要 $4.413\sim5.884$kPa。

正常时，石灰石煅烧是一个无害的生产，但煅烧不当或石灰窑有泄漏时，会有 CO_2、CO 及 CaO 灰尘逸出。当空气中 CO_2 达到 3%～4% 时，会使人心跳加速，含 8% 时会使人头痛和失去知觉；超过 10% 时可将人致死。空气中含 CO 0.4% 时，人就开始中毒，停留 1h 就会令人窒息死亡，其最大许可含量为 0.0076%。在石灰窑的加料台上，需设有通风系统如抽风筒和大的通风窗。在用斗式卷扬机加料时，操作人员尽量减少到加料台上去的次数。

2.2.2 窑气的精制

正常的窑气成分为 CO_2 40%～44%，$O_2<0.2$%，不含 CO，其余为 N_2。温度为 80～140℃，带有粉尘、煤末和煤焦油。必须除去大部分这些固体粉尘和焦油，同时冷却到 40℃ 以下才能进入压缩机。冷却温度愈低，压缩机的抽气量和生产能力就愈高。

透平压缩机进气的含尘量要求低于 10mg/m^3，螺杆压缩机也只允许含微量硬质粉尘，才能减少转子和气缸的磨损。因而后者往往要另一级电除尘器。

窑气的冷却和除尘，在水洗塔中一起完成。每 1000m^3 窑气约需洗水 3m^3，冬季可将窑气降至 10～15℃，夏季降至 30～35℃。

窑气洗涤塔早期多用填料塔，用木格填料、瓷环填料或焦炭填料，分 3～4 段装填，以利气、液再分布。现今多用三层筛板塔，除尘效率可达 91%～97%，但阻力为 5～7kPa，是其缺点。

2.2.3 石灰乳的制备

为了便于输送和使用，也为了除去泥砂及生烧石灰石，常将石灰消化成为石灰乳使用。

$$CaO+H_2O \longrightarrow Ca(OH)_2+650.35kJ \qquad (1\text{-}2\text{-}11)$$

石灰乳是消石灰固体颗粒在水中的悬浮液。石灰乳较稠，对生产较为有利。但其粘度随稠度而增加，太稠时会沉降而堵塞管道和设备，一般使用的石灰乳含活性 CaO 约 160～220tt[1]，石灰乳相对密度约为 1.27。

对石灰乳的要求，除含量外，还应使悬浮颗粒细小均匀，使其反应活性好，并防止其沉降。

石灰完全消化所需的时间，取决于石灰内的杂质含量，石灰的煅烧温度和时间，消化用水的温度，石灰粒度和气孔率。杂质含量高，石灰石煅烧温度高和时间长，粒度大，气孔率小都是延长消化时间的因素。消化用水的温度高，消化速度就加快。如能在水的沸点进行消化最为相宜，此时消化热量产生大量蒸汽，使得石灰变为松软而极细的粉末。一般取 50～80℃

---

[1] tt 是纯碱工厂中常用的一种浓度单位，称为滴度，英文称 titer，符号用 tt。对一价酸、碱物质 1tt$=\frac{1}{20}$mol/L；对 2 价酸、碱物质，1tt$=\frac{1}{2}\times\frac{1}{20}$mol/L，CaO 为 2 价物质，故 1tt$=\frac{1}{40}mol/L=1.4$g(CaO)/L。

的温水进行消化。

消化流程如图 1-2-6 所示。

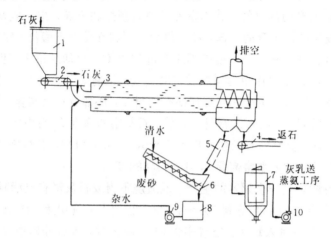

图 1-2-6 石灰消化流程及化灰机示意图

1—灰仓；2—链板机；3—化灰机；4—返石皮带；5—振动筛；6—螺旋洗砂机；

7—灰乳桶；8—杂水桶；9—杂水泵；10—灰乳泵

消化机，又称化灰机，是一卧式回转圆筒（参见图 1-2-6）向出口一端倾斜约 0.5°，石灰与水从一端加入，互相混合反应。圆筒内装有角铁围成的螺旋线，在转动时即将水和石灰向前推动，在出口处有一筛分筒将未消化的石灰石和杂石分出，石灰乳的浓度以石灰和水的配合比例调节之。石灰乳经振动筛进入灰乳桶，剩下的生烧或过烧石灰则由筛子内流出，大块生烧者可以送入石灰窑中重新使用，称为返石，而从振动筛出来的小块即为废石，予以排弃。

2.3 盐水的制备与精制

2.3.1 盐水制备

氨碱法生产所用的盐水或者从盐井中汲取，或者由固体食盐溶解制成。固体盐因其来源不同，组成有异。其组成见表 1-2-1。

表 1-2-1 各种原盐的组成（质量分数）/%

原盐类别	NaCl	CaSO$_4$	MgCl$_2$	MgSO$_4$	Na$_2$SO$_4$	水不溶物	水分及其它
一般海盐	85～93	0.4～0.9	0.8～1.5	0.2～0.7	—	0.5～1.0	5～10
新疆池盐	96～98.9	0.1～0.3	微量	微量	0.5～1.7	0.2～1.0	—
岩　盐	96～98	CaSO$_4$+Na$_2$SO$_4$ 1.5～3.5	<0.2	—	CaCl$_2$ <0.2	—	—
自贡井盐	90～98	0.4～1.0	0.04～0.1	—	CaCl$_2$ 0.06～0.16	—	0.1～0.8

我国各地的井卤组成见表 1-2-2。

表 1-2-2 我国各盐矿的井卤组成/(g/L)

盐矿	NaCl	CaSO$_4$	MgCO$_3$	MgSO$_4$	Na$_2$SO$_4$	KCl	其它
江苏淮安	308.2	1.7	0.25	—	21.47		
湖南澧县	286～305	0.85～2.61	0.37～3.21	—	11.95～48.31		
四川长山	293.0～289			0.16～0.59			
四川自贡	195.7～210.7	—	—	—		4.56～6.43	B$_2$O$_3^{2-}$ 1.83～2.26, Br$^-$ 0.71～0.73

粗盐水中的 Ca^{2+}、Mg^{2+} 会影响纯碱的质量，在加工过程中，与 NH_3 和 CO_2 作用形成 $CaCO_3$，$Mg(OH)_2$ 和复盐 $NaCl \cdot Na_2CO_3 \cdot MgCO_3$ 及 $(NH_4)_2CO_3 \cdot MgCO_3$ 沉淀，使设备管道结垢，并会增加原盐和氨的损失。因此生产中都必须将它精制除去。一般要求精制后 Ca^{2+}、Mg^{2+} 总量 $\not> 30 \times 10^{-6}$。

采用含 SO_4^{2-} 较高的地下卤水制碱，硫酸根虽然不会进入纯碱之中，但会在蒸馏塔中与氯化钙反应生成石膏沉淀，使蒸馏塔严重结疤，缩短塔的生产周期，故含硫酸根较高时，有除去的必要。我国氨碱厂氨盐水中含有 SO_4^{2-} 3～4g/L，蒸馏塔的生产周期为 3～4 个月，国外氨碱厂的氨盐水含 SO_4^{2-} 0.2g/L，塔的生产周期可以长达 0.5～2a。此外，利用盐水中的 Na_2SO_4 加工成无水硫酸钠产品，也是综合利用资源，降低纯碱生产成本的一种途径。

2.3.2 钙镁离子的除去

除去粗盐水中的 Ca^{2+}、Mg^{2+} 可以添加沉淀剂使之沉淀除去。由于 $Mg(OH)_2$ 的浓度积 $K_{sp} = 1.46 \times 10^{-11}$，$CaCO_3$ 的 $K_{sp} = 2.8 \times 10^{-9}$，两者的溶解度都很微少，因之氨碱厂中无例外地使之生成这两种沉淀物来精制盐水。镁离子的沉淀剂可以用 NH_3、$Ca(OH)_2$ 等碱性物质，但用 NH_3 时生成的 $Mg(OH)_2$ 不易沉降；最便宜的沉降剂是 $Ca(OH)_2$，它是在氨碱厂中自己生产的。用石灰乳除 Mg^{2+} 的反应为：

$$Mg^{2+} + Ca(OH)_2 \longrightarrow Mg(OH)_2 \downarrow + Ca^{2+} \tag{1-2-12}$$

Ca^{2+} 的沉淀剂有 Na_2CO_3 和 $(NH_4)_2CO_3$，也是氨碱厂自身生产的，其反应式为：

$$Ca^{2+} + Na_2CO_3 \longrightarrow CaCO_3 \downarrow + 2Na^+ \tag{1-2-13}$$

$$Ca^{2+} + (NH_4)_2CO_3 \longrightarrow CaCO_3 \downarrow + 2NH_4^+ \tag{1-2-14}$$

因此氨碱厂的盐水精制可分为石灰-纯碱法和石灰-碳酸铵法两种主要方法。

(1) 石灰-纯碱法　本法先用石灰乳使 Mg^{2+} 成为 $Mg(OH)_2$ 沉淀，再用 Na_2CO_3 使 Ca^{2+} 成为 $CaCO_3$ 沉淀。$CaCO_3$ 的溶解度是很小的，如果 Na_2CO_3 过量，$CaCO_3$ 的溶解度会进一步降低。例如在 310mg/L 的 NaCl 溶液中，含 $CaCO_3$ 59.3mg/L，而当溶液中含 Na_2CO_3 0.8g/L 时，就会使 $CaCO_3$ 降低到 9.2mg/L。

用石灰-纯碱法时，除钙、除镁可以一次完成。但为了易于控制，常设苛化桶先将纯碱部分苛化：

$$Na_2CO_3 + Ca(OH)_2 \longrightarrow CaCO_3 + 2NaOH \tag{1-2-15}$$

苛化液中含有 Na_2CO_3 和 NaOH，然后送去精制盐水工序，一次除去钙镁。$Mg(OH)_2$ 和 $CaCO_3$ 都容易形成过饱和溶液，尤以 $CaCO_3$ 更甚。它比饱和浓度可高百倍，甚至千倍。正由于此，所以很容易形成细晶 $CaCO_3$，难以过滤和沉降。此外盐水、纯碱和石灰乳在反应桶内必须停留半小时以上，才能较完全地消除过饱和度。

加速沉淀的方法之一，是使沉淀粒子形成聚集体。因为悬浮液中的 $Mg(OH)_2$ 和 $CaCO_3$ 是带异性电荷的胶体，这就相互促使对方絮凝。

$CaCO_3$ 和 $Mg(OH)_2$ 两种沉淀随着时间的延长会发生结构变化，开始时是无定形，具有隐晶结构，这已为 X 光衍射谱所确定。随着陈化，就变为外形结晶，最后成为直径为 5～10μm 的碳酸钙晶体和直径仅为数 nm 的 $Mg(OH)_2$ 粒子。$Mg(OH)_2$ 粒子吸附在较大的 $CaCO_3$ 粒子表面，$CaCO_3$ 起着特有凝结剂的作用。

两种晶体的沉淀速度取决于 Ca^{2+}/Mg^{2+} 的比例，在比例 3～9 的范围内，沉淀的速度最快。

用海盐化成的盐水，也正好落在这一范围内。

随着温度的升高，液相粘度下降，有利于沉淀，但是温度太高时，会妨碍粒子的聚集。因此，一般保持在 $12\sim22\,^{\circ}\mathrm{C}$ 的范围。溶液的搅拌，能加快晶核的生成速度。但是当生成絮凝物以后就起反作用了，它会破坏絮凝体，使之分散。所以应该停止搅拌。在 $Mg(OH)_2$ 和 $CaCO_3$ 结晶时，由于结晶区出现较宽诱导期，所以加入新沉析的 $Mg(OH)_2$ 和 $CaCO_3$ 晶体做晶种是有好处的。

为了使除 Ca^{2+}、Mg^{2+} 反应完全，沉淀剂加入必须适当过量。OH^- 要过量 0.05tt，相当于活性 CaO 0.07g/L；CO_3^{2-} 过量 0.25tt，相当于 Na_2CO_3 0.66g/L。但过量不宜太多尤其是 OH^- 太多时，$Mg(OH)_2$ 会浮在液面上，影响沉降。

为了使沉淀剂的加入量能够准确控制，要将沉淀剂预先稀释，石灰乳可用盐水稀释至含活性 CaO $45\sim50$ tt，纯碱可用精制盐水稀释到 $25\sim30$ tt。

当粗盐水中，Na_2SO_4 含量超过 2g/L 时，也与 $Ca(OH)_2$ 反应生成石膏沉淀。

$$Ca(OH)_2+Na_2SO_4\longrightarrow 2NaOH+CaSO_4\cdot 2H_2O\downarrow \qquad (1-2-16)$$

如果不想回收 Na_2SO_4，这是一个有利的反应，可以利用生成的 NaOH 除 Mg^{2+}，又可以石膏形式沉淀去一部分 SO_4^{2-}。但如果要想从高浓度的 Na_2SO_4 溶液中将它以芒硝形式回收，则式（1-2-16）就变成有害的了，因为 SO_4^{2-} 遭到损失。

石灰-纯碱法精制盐水的流程示于图 1-2-7。

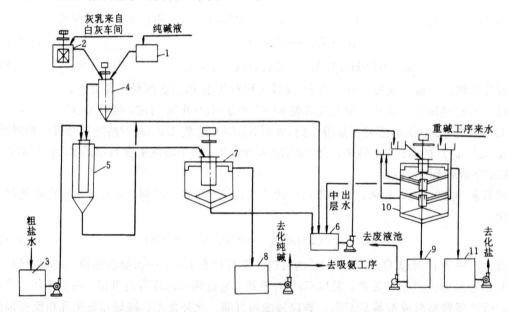

图 1-2-7 石灰-纯碱法精制盐水流程

1—纯碱液高位桶；2—灰乳高位桶；3—粗盐水贮桶；4—常温苛化桶；5—反应桶；

6—反应泥贮桶；7—澄清桶；8—精制盐水桶；9—废泥桶；10—三层洗泥桶；11—淡液桶

稀释后的石灰乳和纯碱液进入苛化桶 4 在 $30\sim40\,^{\circ}\mathrm{C}$ 进行苛化生成 NaOH 和 $CaCO_3$，苛化桶底部放出的部分苛化泥就直接排入洗泥桶 10 内，而小部分苛化泥随悬浮液自苛化桶的顶部溢出进入反应桶 5，其中的 NaOH 和 Na_2CO_3 与粗盐水中的 Ca^{2+}、Mg^{2+} 进行反应，生成 $Mg(OH)_2$ 和 $CaCO_3$，而苛化泥作为助沉剂，与反应桶出来的悬浮液同时进入澄清桶 7。粗盐水和苛化液在反应桶内停留 30min 左右。以消除 $CaCO_3$ 的过饱和度。澄清桶底部排出的沉淀泥，与洗泥桶中层出来的水，在反应泥贮桶 6 内混合后，用泵送入三层洗泥桶顶部的中心筒内。重碱工段来的洗水进入三层洗泥桶顶上的分配槽，然后进入三层洗泥桶底层。沉淀泥与洗水在洗泥桶内进行逆流洗涤。澄清桶上部溢流出来的精制盐水，用泵送往碳酸化尾气洗涤塔以回收其中的氨和二氧化碳。苛化桶 4 和澄清桶 7 底部排出的泥，在三层洗泥桶内进行逆流洗涤后，以回收 NaCl 及 Na_2CO_3，底部排出的废泥用泵送往废泥池，与蒸氨废液一同排至厂外。洗泥桶上部排出的清液，送去化盐。

盐水废泥也可回收制成轻质碳酸钙产品，作为橡胶制品的填充剂。

Na_2CO_3 理论消耗当量是粗盐水中含 Ca^{2+} 和 Mg^{2+} 当量的总和，实际消耗量应增加，使精制盐水中有 0.25～0.35tt 过量 Na_2CO_3。故实际消耗量视粗盐水中 Mg^{2+}、Ca^{2+} 含量而变。每生产 1t 纯碱约消耗纯碱 20～30kg，这种精制用的纯碱可利用工厂现场的扫地碱，和炉气除尘器出气中的少量碱粉用水洗涤并蒸出氨后的碱液，不足部分再用成品纯碱补充。

石灰-纯碱法生产流程简单，盐水的精制度高，但要消耗纯碱，其中的 Na^+ 虽然仍保留在精制盐水中，仍可制碱，然而毕竟增加了 Na^+ 的循环。

(2) 石灰-碳酸铵法　石灰-碳酸铵法又称石灰-塔气法，其第一步也是用石灰乳使 Mg^{2+} 生成 $Mg(OH)_2$ 沉淀。

$$Mg^{2+}+Ca(OH)_2 \longrightarrow Mg(OH)_2\downarrow+Ca^{2+} \qquad (1\text{-}2\text{-}17)$$

除镁后的盐水称为一次盐水，送入除钙塔中，以碳酸化塔的尾气（称为塔气，含 NH_3 及 CO_2）处理之，盐水吸收 NH_3 和 CO_2 就生成 $(NH_4)_2CO_3$，转而与 Ca^{2+} 作用，生成 $CaCO_3$ 沉淀：

$$2NH_3+CO_2+H_2O+Ca^{2+}\longrightarrow CaCO_3\downarrow+2NH_4^+ \qquad (1\text{-}2\text{-}18)$$

除钙后的盐水称为二次盐水。

本法利用碳酸化塔的尾气来精制盐水，既起到回收 NH_3 和 CO_2 的作用，又达到精制盐水的目的，可谓一箭双雕。尤其当粗盐水中含 Ca^{2+}、Mg^{2+} 高时，显得经济合理。但精制时，盐水中出现了与 Ca^{2+}、Mg^{2+} 等摩尔的结合氨（指 NH_4Cl 和 $(NH_4)_2SO_4$，以 CNH_3 表示）会降低碳酸化过程中钠的利用率；同时流程较长，除钙塔容易被 $CaCO_3$ 结疤，需停工清理；盐水的精制度又不高。关于结合氨的定义以及结合氨会降低碳酸化过程中钠利用率的原因，将在后文讨论。

图 1-2-8 是石灰-碳酸铵法盐水精制的工艺流程图。粗盐（即原盐）在化盐桶中用 40℃杂水溶解后，在调和槽中，加入石灰乳，生成 $Mg(OH)_2$ 沉淀，进入一次澄清桶澄清。为了加速一次泥的絮凝与下沉，将后面生成的二次泥也返到一次澄清桶中。有的工厂还加入聚丙烯酰胺（Polyacrylic amide 简称 PAM）做絮凝剂，使固体颗粒聚凝，加快沉降。一次澄清桶的底流即为一、二次混合泥，进入一、二次泥罐，用泥泵打入三层洗泥桶用清水洗涤，将 NaCl 回收。洗后废泥自底部排弃。

一次澄清桶的溢流即为一次盐水，用泵送入除钙塔中，吸收碳酸化尾气中的 CO_2 后进入二次澄清桶澄清。得到的二次盐水，送去吸氨塔吸氨。二次泥进入二次泥罐，用泵送往一次澄清桶，助沉一次泥。

除钙塔上部的塔体为塔气洗涤塔，用清水进一步吸收除钙塔出气中的 NH_3 和 CO_2，得到的稀 NH_3 水送入杂水桶。

二次盐水中总氯离子浓度（以 TCl^- 表示）一般在 105～107tt 之间，如果用石灰-碳酸铵法精制，中间有一部分 NH_4Cl。

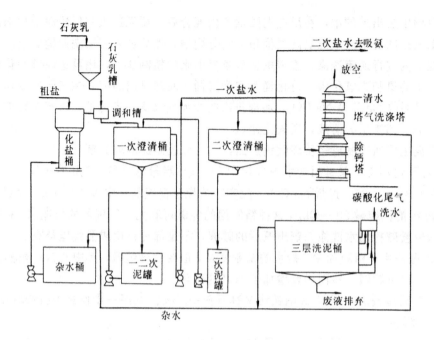

图 1-2-8 盐水精制流程图

2.3.3 盐水除硝

盐水除硝的方法有冷冻法和蒸馏废液兑合法。

(1) 冷冻法 在 NaCl-Na$_2$SO$_4$-H$_2$O 系统中，随着温度的下降，NaCl 的溶解度变化很小，而 Na$_2$SO$_4$ 的溶解度却急剧下降，下面是不同温度下 NaCl-Na$_2$SO$_4$ 共饱点的溶解度，当溶液冷却到 -21.7℃以下时，将析出冰。

温度/℃	25	15	0	-10.6	-20.0	-21.7
NaCl/%	22.65	23.2	25.3	24.2	23.0	22.8
Na$_2$SO$_4$/%	7.06	5.41	1.39	0.79	0.24	0.12

如果将盐水冷到 -5℃，产品盐水含 Na$_2$SO$_4$<1tt，冷冻析出的芒硝可以加工成元明粉出售，但是由于冷冻能耗太大，只有卤水中 Na$_2$SO$_4$ 含量很高时，所回收的元明粉才能抵消冷冻费用。

(2) 蒸馏废液兑合法 采用氨碱厂蒸馏塔废液中的氯化钙（将在本章第 7 节介绍）将卤水中的 Na$_2$SO$_4$ 转化为石膏（CaSO$_4$·2H$_2$O）沉淀。

$$Na_2SO_4 + CaCl_2 + 2H_2O \longrightarrow 2NaCl + CaSO_4 \cdot 2H_2O \downarrow \qquad (1\text{-}2\text{-}19)$$

为了在除硝过程中，盐水中的 NaCl 含量不至于降低，蒸馏废液要经过蒸发浓缩，使 CaCl$_2$ 质量浓度达到 $300 \sim 310$g/L，然后在温度 $40 \sim 50$℃按 Ca^{2+}/SO$_4^{2-}$=$1.1 \sim 1.3$ 的比例加入盐水中，所得石膏可以用作建筑材料。如果添加烷基磺酸钠（R$_{12}$—SO$_3$Na）$(5 \sim 10) \times 10^{-5}$，石膏的平均粒径可以增加到（$140 \times 50$）$\mu$m。

除硝后的盐水含 Ca^{2+}，送入除钙塔中以 CaCO$_3$ 形式结晶除去，所以除硝作业应当安排在一次精制之后，二次精制之前。

2.4 盐水吸氨

盐水吸氨的目的是使其氨浓度达到碳酸化的要求（TCl^- 89～94tt，FNH_3 99～102tt）。吸氨所用的氨气来自蒸氨塔，其中除氨外还含有 CO_2 和水分。因此吸收反应有：

$$NH_3(g)+H_2O(l)\longrightarrow NH_3\cdot H_2O(aq)+35.2\ kJ \qquad (1\text{-}2\text{-}20)$$

$$2[NH_3\cdot H_2O](aq)+CO_2(g)\longrightarrow (NH_4)_2CO_3(aq)+95.0\ kJ \qquad (1\text{-}2\text{-}21)$$

吸氨和吸收 CO_2 过程中有大量热放出，此外蒸氨塔来气中含有大量水蒸气，吸收时放出大量冷凝热，这些热量的总和如不设法导走，足可使溶液沸腾。故及时导走热量才能使吸收继续进行。

溶液中 NH_3 和 CO_2 相互作用，生成 $(NH_4)_2CO_3$，因此降低了氨的平衡分压；由于 $(NH_4)_2CO_3$ 的存在，也降低了溶液中水蒸气的分压。图 1-2-9 表示这种关系。

NaCl 在水中的溶解度随温度的变化不大，但吸氨后会使 NaCl 溶解度降低。

NH_3 在水中的溶解度很大，但 NH_3 在 NaCl-水中的溶解度也要降低，即氨盐水中的氨平衡分压较纯氨水的氨平衡分压要大，这就是 NaCl 的盐析效应。这是由于 NaCl 溶入水中以后，一部分水分子用于 NaCl 的水化，自由水分子就减小了，导致氨溶解度的降低。

温度对氨溶解度的影响与一般气体的溶解度规律相同，温度升高，溶解度总是下降的。

在氨碱法中，精制盐水吸氨时要求达到游离氨 99～102tt，这一浓度距常温下氨的饱和浓度还很远，氨可以继续溶解。在下一节（氨盐水碳酸化）中将会指出：氨盐水如果多吸收一些氨，从理论上讲是对碳酸化反应有利的。但 NaCl 在氨盐水中的溶解度将随氨浓度的提高而降低，这也会引起钠利用率的下降。因此氨盐水中 NH_3 与 NaCl 的相对浓度必须兼顾上述两个方面。按碳酸化反应的要求，FNH_3/TCl^- 的摩尔比接近于 1，考虑到碳酸化时氨会逸散，因而一般 FNH_3/TCl^- 之比取 1.08～1.12，即 FNH_3＝99～102tt，TCl^-＝89～94tt。

吸氨的主要设备是吸氨塔，有外冷式与内冷式两种。图 1-2-10 是外冷式吸氨塔，它由多段铸铁单泡罩塔叠置而成。精制盐水进入塔顶，靠自身重力逐渐由塔顶流下，每圈中都安装

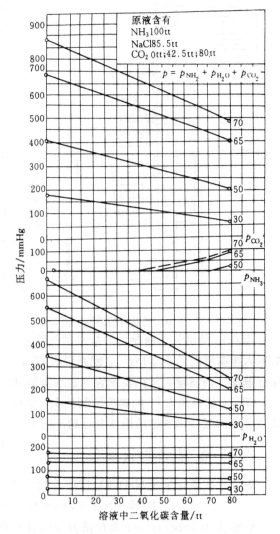

图 1-2-9 氨盐水上方 NH_3，CO_2 和 H_2O
的分压与溶液中 CO_2 浓度的关系

注：$1tt=\dfrac{1}{20}$ mol/L；1mmHg＝133.322Pa

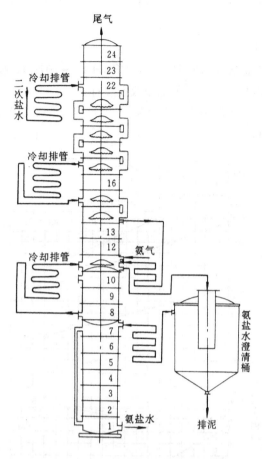

图 1-2-10　外冷式吸氨塔的结构及流程

单泡罩以利吸收,而又避免很快被结疤堵塞。为使吸收良好,在塔的上、中、下部分三次引出盐水到冷却排管中去进行冷却,然后又依靠自省的落差回到下一圈继续吸氨。第三次冷却后进入 NH$_3$ 气入口圈,这里氨浓度最高,放出热量也最多。为保证吸氨效果良好和达到一定的氨浓度要求,故将氨盐水循环冷却吸收,并可随时引出部分合格的氨盐水。经澄清桶澄清除去固体颗粒后再次冷却送入氨盐水贮槽(位于塔底下七圈)。气液在吸氨塔中逆流接触,盐水自上而下氨浓度愈来愈高,气相中的氨浓度自下而上愈来愈稀,出塔尾气中所含微量氨再送入净氨塔中用清水吸收,得到的稀氨水送去化盐。

为了节省动力,在引出塔外冷却时,必须保证液体有足够的静压头,使其能克服管道阻力而回到塔内。为此,需要仔细确定塔体上的进出口位置,必要时要加空圈,以提高位差。

由于吸收的氨来自蒸氨塔,为了减少吸氨系统因装置不严密而漏气,并加快蒸氨塔内 CO$_2$ 和 NH$_3$ 的蒸出,吸氨塔是在部分真空下进行工作的。

用石灰-碳酸铵法精制后的盐水虽已除去 99% 以上的 Ca^{2+}、Mg^{2+},但仍有少量残存。此时进入吸氨塔的 Ca^{2+}、Mg^{2+},就在吸收氨和二氧化碳的同时,形成碳酸盐和复盐沉淀。为了保证氨盐水的质量,所以要设置氨盐水澄清桶再次进行澄清。

相反,如果用石灰-纯碱法精制盐水,含 Ca^{2+}、Mg^{2+} 几乎为零,就可不必再行沉淀。送去碳酸化塔的氨盐水所含的固体悬浮物不应多于 1×10^{-4} (100ppm)。

2.5　氨盐水的碳酸化

氨盐水碳酸化生成 NaHCO$_3$ 沉淀,其反应可以用下式表示:

$$NaCl + NH_3 + CO_2 + H_2O \longrightarrow NaHCO_3\downarrow + NH_4Cl \tag{1-2-22}$$

碳酸化(Carbonation)是使溶液中的氨或碱性氧化物变成碳酸盐的过程。在中国工厂里将它谬称为碳化,这是极不恰当的。在化学过程中,碳化(Carbonization)是指含碳物质加热至高温使之逸出气体和煤焦油而剩留碳素的过程。碳化与碳酸化无论在实质上和进行方式上大相径庭,不能混淆。

如果不去探讨反应历程,那么就可以认为 NH$_3$、CO$_2$ 和 H$_2$O 先生成碳酸氢铵,然后碳酸氢铵再与氯化钠复分解生成碳酸氢钠沉淀:

$$NH_4HCO_3 + NaCl \longrightarrow NaHCO_3\downarrow + NH_4Cl \tag{1-2-22a}$$

碳酸化过程是氨碱法生产的核心,它影响整个氨碱法生产的消耗定额。在碳酸化过程中,NaCl 转化为 NaHCO$_3$ 固体的转化率称为钠利用率,以 U_{Na} 表示之。NH$_4$HCO$_3$ 转化为 NH$_4$Cl

的转化率称为氨利用率，以 U_{NH_3} 表示之。钠利用率和氨利用率是氨碱法生产中的两个重要工艺指标，其中尤以钠利用率更为重要。如果钠利用率高，就意味着生产每吨纯碱所消耗的氨盐水量少。这样，盐水的制备，精制，吸氨及氨盐水的冷却都可以在低负荷下工作。同时每吨纯碱的碳酸化母液量也随之减少，因而蒸馏母液用的蒸汽、石灰乳及冷却水等，其用量都可以相应地减少。随着石灰乳用量的减少，就相应地降低了生产石灰所需的石灰石及焦炭用量。氨在氨碱法中虽然是循环使用的，但总难免有一定的损失。当钠利用率提高以后，氨的循环量就可降低，因之氨的损耗量也就随之下降。由此可见，钠利用率不仅关系到氯化钠的消耗定额，而且也关系到纯碱产量和各种原料的消耗定额。

由于在氨碱法中，氨是循环使用的，氨补充量不大。加以自合成氨生产成功以后，氨价已大为下降，来源又不虞匮乏，所以在生产中，氨的利用率与钠利用率相比是次要的。

在氨碱法出现的初期，由于缺乏相图知识，制碱工作者普遍认为只要生产条件合适，NaCl是可以完全转化为 $NaHCO_3$ 沉淀的。但自从研究了氨碱法相图以后，不仅指出了氯化钠完全转变为碳酸氢钠沉淀是不可能的；而且相图还可定量地回答：氨碱法的钠利用率是多少？在什么温度和什么样的溶液组成下才可以得到最高的钠利用率和氨利用率。

2.5.1 Na^+，NH_4^+ $/\!/$ HCO_3^-，Cl^-，H_2O 体系相图

氨碱法的基本反应如（1-2-22a）式所表示，因而其相图可以用复分解盐对表示。用相图来研究氨碱法的第一人是俄国 П. П. Федотьев[1]。他测定的数据见表 1-2-3。绘成相图如图 1-2-11。

表 1-2-3　Na^+，NH_4^+ $/\!/$ HCO_3^-，Cl^-，H_2O 体系溶解度

温度 ℃	相图符号	液相，mol/1000gH₂O				液相，mol/100mol 干盐			U_{Na}	U_{NH_3}	固　相
		NaHCO₃	NaCl	NH₄HCO₃	NH₄Cl	NH₄⁺	Cl⁻	H₂O			
0°	P_1	0.59	0.96	—	4.92	76.0	90.9	858	73.6	88.0	NaHCO₃+NH₄HCO₃+NH₄Cl
	P_2	0.12	4.83	—	2.74	35.6	98.4	722	34.6	95.5	NaHCO₃+NH₄Cl+NaCl
15°	A	1.08						530			NaHCO₃
	B		6.12				100	910			NaCl
	C				6.64	100	100	840			NaCl
	D			2.36		100		2340			NH₄Cl
	I	0.12	6.06				97.5	900			NH₄HCO₃
	II		4.55		3.72	45	100	670			NaHCO₃+NaCl
	III			0.81	6.40	100	89	770			NaCl+NH₄Cl
	IV	0.71		2.16		75		1940			NH₄Cl+NH₄HCO₃
	1	0.93	0.95		2.03	76.2	51.9	1420	54.1	36.9	NaHCO₃+NH₄HCO₃
	2	1.16		0.14	4.00	78.1	75.5	1047	71.0	68.6	NaHCO₃+NH₄HCO₃
	3	1.12	0.11	—	4.92	80.0	81.8	903	75.6	77.3	NaHCO₃+NaHCO₃
	4	1.07	0.20		5.21	80.4	83.5	857	76.2	79.5	NaHCO₃+NaHCO₃
	5	0.99	0.35		5.62	80.78	85.78	798	77.6	82.4	NaHCO₃+NaHCO₃
	P_1	0.93	0.51		6.28	81.4	88.0	720	78.9	85.3	NaHCO₃+NH₄HCO₃
	6	0.51	1.68		5.45	71.3	93.3	727	69.2	90.6	NaHCO₃+NH₄HCO₃+NH₄Cl
	7	0.30	3.09		4.56	57.4	96.2	698	55.7	93.4	NaHCO₃+NH₄Cl
	P_2	0.18	4.44		3.73	45	98.0	670	43.9	95.6	NaHCO₃+NH₄Cl+NaCl
30°	P_1	(1.20)	(0.08)	—	(7.62)	(85.6)	(86.5)	(623)	(83.4)	(84.2)	NaHCO₃+NH₄HCO₃+NH₄Cl
	P_2	(0.28)	(4.05)	—	(4.10)	(52.0)	(96.9)	(615)	(50.4)	(94.0)	NaHCO₃+NH₄Cl+NaCl

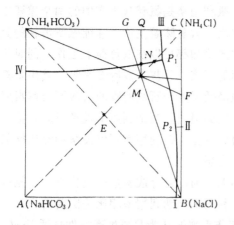

图 1-2-11　15℃Na⁺, NH₄⁺∥HCO₃⁻, Cl⁻, H₂O 体系相图

由图 1-2-11 可以看出，处于对角线上 NH_4HCO_3 和 NaCl 两结晶区是彼此不相连的，故为不稳定盐对，这两种盐的固相不能同时共存于溶液中，当这两种盐一起加到水中时，就会反应生成另一种盐对。而 $NaHCO_3$ 和 NH_4Cl 结晶区是毗邻的，因而它们是稳定盐对，两者能同时以固相与溶液共存，彼此不会互相作用。

P_1 点是 $NaHCO_3$-NH_4Cl-NH_4HCO_3 三盐共饱点，但它却落在这三种盐组成点 A、C、D 所构成的三角形之外，故为不相称共饱点。相反，P_2 点是 $NaHCO_3$-NH_4Cl-$NaCl$ 三盐共饱点，处于这三种盐组成点 A，B，C 所构成的三角形之内，故为相称共饱点。

现在我们先来讨论一下，制碱过程在图 1-2-11 的干盐图上是怎样表示的？设 NaCl（B 点）和等分子的 NH_4HCO_3（D 点）在水溶液中混合，则根据杠杆规则，应落在 BD 连线的中点 E 处。由于 E 落在 $NaHCO_3$ 结晶区内，就会析出 $NaHCO_3$（A 点）固体。根据联线规则，液相点就会沿着 AE 的延线背离 A 点移动。到底液相点最终停止于何处，要取决于体系中水量的多寡。当水量很多时，$NaHCO_3$ 可能一点也不析出，此时液相点重合在体系点 E 处。当水量逐渐减少时，析出 $NaHCO_3$ 后的液相点就逐渐离开 E 点。水量愈少，离开 E 点就愈远，水量再减少到某一程度时，液相点可以到达 Ⅳ-P_1 线上的 N 点，此刻 NH_4HCO_3 也开始饱和。当水量进一步减少时，$NaHCO_3$ 就与 NH_4HCO_3 一起析出。液相点就沿着 N-P_1 线上移动，最后达到 P_1 点。由于 P_1 点是不相称共饱点，如果体系的水量进一步减少，NH_4HCO_3 就会溶解，而 $NaHCO_3$ 和 NH_4Cl 继续析出。在 NH_4HCO_3 未完全溶解以前，液相点停在 P_1 点不动，如果水量进一步减少，而 NH_4HCO_3 固相已经溶解完全，液相点就沿着 P_1-P_2 线向 P_2 点移动，最后终止于 P_2 点。

当 NaCl 和 NH_4HCO_3 作用生成 $NaHCO_3$ 沉淀时，在溶液中就留下等当量的 NH_4Cl。因此就可以根据液相的组成来计算钠利用率 U_{Na} 和氨利用率 U_{NH_3}：

$$U_{Na}=\frac{\text{生成 NaHCO}_3\text{ 固体的量（摩尔）}}{\text{原料 NaCl 的量（摩尔）}}=\frac{\text{母液中 NH}_4\text{Cl 的量（摩尔）}}{\text{母液中全氯的量（摩尔）}}=\frac{[Cl^-]-[Na^+]}{[Cl^-]}$$

$$(1\text{-}2\text{-}23)$$

$$U_{NH_3}=\frac{\text{生成 NH}_4\text{Cl 的量（摩尔）}}{\text{原料中 NH}_4\text{HCO}_3\text{ 的量（摩尔）}}=\frac{\text{母液中 NH}_4\text{Cl 的量（摩尔）}}{\text{母液中全氨的量（摩尔）}}=\frac{[NH_4^+]-[HCO_3^-]}{[NH_4^+]}$$

$$(1\text{-}2\text{-}24)$$

溶液中 $[Cl^-]$ 系 NH_4Cl 和 NaCl 所含的 Cl 之和，因此 $[NH_4Cl]=[Cl^-]-[NaCl]=[Cl^-]-[Na^+]$；$[NH_4^+]$ 系 NH_4Cl 和 NH_4HCO_3 所含 NH_4^+ 之和，因此 $[NH_4Cl]=[NH_4^+]-[NH_4HCO_3]=[NH_4^+]-[HCO_3^-]$

现以表 1-2-3 中 15℃的第 5 点为例作一计算。第 5 点每 100mol 干盐中含 Na⁺ 19.22mol，NH₄⁺ 80.78mol，Cl⁻ 85.78mol，HCO₃⁻ 14.22mol。

$$U_{Na}=\frac{[Cl^-]-[Na^+]}{[Cl^-]}=\frac{85.78-19.22}{85.78}\times100\%=77.6\%$$

$$U_{NH_3} = \frac{[NH_4^+] - [NCO_3^-]}{[NH_4^+]} = \frac{80.78 - 14.22}{80.78} \times 100\% = 82.4\%$$

在表 1-2-3 中同时列出了 U_{Na} 和 U_{NH_3}。由表中所列数据可以看出，U_{Na} 以母液组成落在 P_1 点时为最高；U_{NH_3} 以落在 P_2 点为最高。

所以从钠利用率来看碳酸化母液的组成以落在 P_1 点最为合适；而从氨利用率来看，则碳酸化母液的组成以落在 P_2 点最为合适。由于在氨碱法生产中，钠利用率比之氨利用率，是影响生产消耗定额更为重要的工艺指标。所以在氨碱法生产中，为了提高钠利用率，总是尽可能地使碳酸化母液靠近 P_1 点。

当温度变化时，相图中的 $\text{IV-}P_1$ 线，$P_1\text{-}P_2$ 线和 $P_2\text{-}\text{I}$ 线的位置都会随之发生变化。但不管在什么温度，钠利用率均以制碱母液的组成落在 P_1 点为最高，氨利用率均以落在 P_2 点时为最高。由不同温度下的 P_1 点数据表明，随着温度升高，钠利用率是提高的。这从表 1-2-4 中所列的数据可以看出。

表 1-2-4 中的数据是由不同的作者测得的[1,2,3,4]。现在按温度次序加以排列。

表 1-2-4 不同温度、压力下的 P_1 点组成、U_{Na} 及碳酸化前氨盐水组成

温度 /℃	压力 /kPa	P_1 点组成/1mol 盐					氨盐水组成 /(g/1000gH₂O)		U_{Na} /%	氨盐水的 NH₃/NaCl 摩尔比	参考文献
		Cl⁻	HCO₃⁻	Na⁺	NH₄⁺	H₂O	NaCl	NH₃			
0	101	0.909	0.091	0.240	0.760	8.59	316	76.9	73.6	0.836	[1]
10	101	0.890	0.110	0.210	0.790	7.60	344	89.0	76.5	0.887	[4]
15	101	0.879	0.121	0.136	0.814	7.15	356	96.0	78.8	0.926	[1]
20	253	0.877	0.123	0.176	0.824	7.00	364	99.4	79.9	0.940	[2]
25	101	0.865	0.135	0.165	0.835	6.45	385	108.0	81.1	0.965	[4]
30	253	0.833	0.167	0.146	0.854	6.00	395	117.5	87.5	1.026	[2]
35	101	0.856	0.144	0.135	0.865	6.05	406	116.9	89.3	1.010	[4]
40	2026	0.829	0.171	0.126	0.874	5.48	427	130.0	84.7	1.054	[3]
50	4052	0.794	0.206	0.108	0.892	4.85	449	146.8	86.4	1.123	[3]
60	4052	0.730	0.270	0.094	0.906	4.14	470	136.8	87.3	1.241	[3]
70	6080	0.666	0.334	0.083	0.917	3.39	502	146.2	87.7	1.377	[3]

当用 $NaCl$ 和 NH_4HCO_3 为原料制取 $NaHCO_3$ 固体时，如果母液落在相图（图 1-2-11）中的 M 点，U_{Na} 和 U_{NH_3} 可以直接利用图解计算得出。根据 U_{Na} 的定义式（1-2-23）。

$$U_{Na} = \frac{[Cl^-] - [Na^+]}{[Cl^-]} = 1 - \frac{[Na^+]}{[Cl^-]} = 1 - \frac{\overline{MQ}}{\overline{DQ}} = 1 - \frac{\overline{FC}}{\overline{DC}} = 1 - \frac{\overline{FC}}{\overline{BC}} = \frac{\overline{BF}}{\overline{BC}}$$

$\overline{BC}$ 长为 100 等分，故 $\overline{BF}$ 读出的长度，即表示钠利用率。因此只要联结 $\overline{DM}$ 并延长之交 BC 边于 F，即可读出 U_{Na}（母液不论落在何处，均可按此法求出 U_{Na} 和 U_{NH_3}）。

同理，M 点的氨利用率可以联结 $\overline{BM}$ 线并延长之交 $\overline{DC}$ 边于 G，由 $\overline{DG}$ 的长度读出。

后文将要证明，在工业生产上，$NaCl$ 的浓度是无法满足碳酸化母液达到 P_1 点的，因此常使碳酸化母液落在 $\text{IV-}P_1$ 线上以便获得较高的钠利用率。

对 $\text{IV-}P_1$ 线研究较多的有前苏联应用矿物研究所[2]和内田章五[3]。此时体系有气相、液相和两个固相，共为 4 相。由于没有达到完全重碳酸化，故独立组分数为 5（Na^+，NH_4^+，Cl^-，HCO_3^-，CO_3^{-2}，H_2O 六组分减去正负电荷相等一个条件），因此根据相律，自由度 $F = C - P + 2 = 5 - 4 + 2 = 3$。如把温度、压力以及全氯浓度 [TCl] 看做独立变量，而把液相中的自由氨

$[FNH_3]$、全氨 $[TNH_3]$、钠离子 $[Na^+]$、二氧化碳 $[CO_2]$ 及水的浓度均表示成一定温度、一定压力下 $[TCl]$ 的函数，则可用方程式表示之为表 1-2-5。

表 1-2-5　IV-P_1 线液相成分的实验图（浓度以 mol/L 表示）

温度 /℃	压力 /MPa	$[FNH_3]=a_1-b_1[TCl]$ $+c_1[TCl^-]^2$			$[Na^+]=a_1+$ $b_2[TCl^-]$		$[TNH_3]=a_3+b_2[TCl]$ $+c_3[TCl]^2$			$[TCO_2]=a_4-b_4[TCl]$ $+c_2[TCl]^2$			$[H_2O]=a_5-b_5[TCl]$ $-c_5[TCl]^2$			参考 文献
		a_1	b_1	c_1	a_2	b_2	a_3	b_3	c_3	a_4	b_4	c_4	a_5	b_5	c_5	
20	0.049	3.26	0.688	0.052	0.71	0.069	2.55	0.243	0.052	2.79	0.605	0.046	48.6	0.550	0.116	[6]
20	0.098	2.97	0.646	0.048	0.67	0.076	2.30	0.279	0.028	2.66	0.690	0.045	49.1	0.547	0.130	
20	0.196	2.97	0.628	0.048	0.65	0.077	2.14	0.245	0.048	2.62	0.580	0.045	49.3	0.546	0.135	
30	0.049	4.75	0.824	0.060	0.81	0.039	3.94	0.137	0.060	3.67	0.620	0.040	45.4	0.448	0.115	
30	0.098	4.03	0.775	0.058	0.75	0.049	3.28	0.176	0.058	3.40	0.635	0.042	46.6	0.363	0.135	
30	0.196	3.62	0.733	0.054	0.72	0.052	2.90	0.215	0.054	3.29	0.653	0.045	47.1	0.300	0.142	
30	0.294	3.42	0.714	0.053	0.69	0.052	2.74	0.233	0.053	3.23	0.684	0.046	47.3	0.272	0.145	
40	0.98	3.89	0.684	0.043	0.73	0.031	3.23	0.258	0.046	3.80	0.706	0.050	45.23	0.141	0.161	[5]
40	3.918	3.65	0.653	0.040	0.67	0.037	2.97	0.281	0.045	4.09	0.680	0.043	45.15	0.166	0.155	
40	5.882	3.57	0.663	0.043	0.65	0.036	2.91	0.287	0.045	4.26	0.714	0.049	44.91	0.174	0.158	

当全氨浓度低于此值时，液相组成就达不到 IV-P_1 线上，U_{Na} 就会随之下降；而当全氨浓度高于此值时，就会有 NH_4HCO_3 随 $NaHCO_3$ 一起析出。

落在 IV-P_1 线上的组成，U_{Na} 和 U_{NH_3} 就可很容易计算。例如 30℃ 0.2026MPa 时，处于 IV-P_1 线上的某一碳酸化母液，$[TCl^-]=96$tt$=4.8$mol/L。可求出液相中各组分浓度如下：（下列各式中 FNH_3 表示与弱酸相结合的氨，如 NH_4HCO_3，$(NH_4)_2CO_3$ 等，只需加热即可分解，称为游离氨或自由氨(free ammonia)；CNH_3 表示与强酸根相结合的氨。如 NH_4Cl、$(NH_4)_2SO_4$ 等，称为结合氨 (Combined ammonia)；TNH_3 则表示全部氨 (Total ammonia)，系两者之和。）

$$[FNH_3]=3.62-0.733[Cl^-]+0.054[Cl^-]^2=3.62-0.733\times4.8+0.054\times4.8^2$$
$$=1.3458[mol/L]=26.9 \text{ tt}$$

$$[Na^+]=0.72+0.052[Cl^-]=0.72+0.052\times48=0.9696mol/L=19.4 \text{ tt}$$

$$[TNH_3]=2.90+0.215[Cl^-]+0.054[Cl^-]^2=5.176mol/L=103.5 \text{ tt}$$

$$[TCO_2]=3.29-0.653[Cl^-]+0.045[Cl^-]^2=1.192mol/L=23.8 \text{ tt}$$

$$H_2O=47.1-0.300[Cl^-]-0.142[Cl^-]=42.39 \text{ mol/L}$$

$$CNH_3=[Cl^-]-[Na^+]=96-19.4=76.6 \text{ tt}$$

$$或 CNH_3=TNH_3-FNH_3=103.5-26.9=76.6 \text{ tt}$$

$$U_{Na}=\frac{CNH_3}{[Cl^-]}=\frac{76.6}{96}=0.798$$

$$U_{NH_3}=\frac{CNH_3}{TNH_3}=\frac{76.6}{103.5}=0.740$$

当碳酸化母液落在 $NaHCO_3$ 结晶区内时，只有 $NaHCO_3$ 一种固相，连同气相、液相，共有三个相，而组分数仍为 5，因此自由度 $F=5-3+2=4$，这就表示除了温度以外，还可以变更三个组分的浓度。原苏联 Г. И. Микулин[5] 根据苏联应用矿物研究所的实验数据整理出了下列实验公式，用以计算 $NaHCO_3$ 结晶区内的结合氨浓度。

$$CNH_3=0.47[Cl^-]+0.56[TNH_3]+1.14R-0.14t-132.97 \tag{1-2-25}$$

上式的浓度单位均为滴度 (tt)，适用范围为：$[Cl^-]=85\sim106$tt，$TNH_3=80\sim104$tt。

$t=20\sim30℃$，$R=90\%\sim100\%$（R 为碳酸化度，是体系中 CO_2 的滴度与 TNH_3 滴度之比。在我国的氨碱法工厂中将 CO_2 视为二价酸式氧化物，即 1mol/L 等于 40tt，而在联碱法中将 1mol CO_2 作为 20tt 看待。本书为了统一起见，将 CO_2 水化后的 H_2CO_3 作为只生成 NH_4HCO_3 的一盐基碱看待，当作 1mol/L＝20tt。为了统一起见，本书一概采用右者。

规定了温度、全氯浓度和碳酸化度以后，就可以按（1-2-24）式计算出 CNH_3，从而就可以进一步计算出钠利用率。例如，某一碳酸化取出液，$t=30℃$。$[Cl^-]=97.5tt$，$TNH_3=99.5tt$，$R=96\%$。计算出 $CNH_3=73.83tt$，$U_{Na}=CNH_3/[Cl^-]=(73.83/97.5)\times100\%=75.7\%$。

2.5.2 碳酸化过程最佳条件的分析

2.5.2.1 不同温度的 P_1 母液对氨盐水浓度的要求

前已指出，在一定的碳酸化终点温度及压力下，当母液的组成点落在 P_1 点时，可以得到最高的钠利用率。现在我们就以 15℃ Федотъеъ 的 P_1 点数据来计算一下达到 P_1 点时的钠利用率及碳酸化前的氨盐水组成。

每摩尔干盐的 P_1 点溶液含 Na^+ 0.186mol，NH_4^+ 0.814mol，HCO_3^- 0.120mol，Cl^- 0.880mol，H_2O 7.20mol

$$钠利用率 U_{Na}=\frac{[Cl^-]-[Na^+]}{[Cl^-]}=\frac{0.880-0.186}{0.880}\times100\%=78.9\%$$

设碳酸化过程中氨没有挥发损失，则碳酸化前氨盐水的组成应为：

$$NaCl=Cl^-=0.880mol$$

$$NH_3=NH_4^+=0.814mol$$

$$H_2O=7.20+0.814=8.014mol$$

（最后一式中 0.814 系与 NH_3，CO_2 按 $NH_3+CO_2+H_2O \longrightarrow NH_4HCO_3$ 反应，生成 NH_4HCO_3 的化合水），故氨盐水中，每 kg 水应含

$$NaCl=\frac{0.880\times58.5\times1000}{8.014\times18.016}=356.0g$$

$$NH_3=\frac{0.814\times17.032\times1000}{8.014\times18.016}=96.0g$$

式中　58.5，18.016，17.032 分别为 $NaCl$，H_2O 和 NH_3 的相对分子质量。

氨盐水中的氨盐比为：

$$NH_3/NaCl=0.814/0.880=0.925$$

同样，可以计算出其它温度，压力下的 U_{Na} 和碳酸化前氨盐水的组成，兹将各种温度，压力下的 P_1 点组成，U_{Na} 和碳酸化前氨盐水的组成，列于表 1-2-4 中。

由表 1-2-4 可见，虽然各作者的实验方法和准确度有所不同，但是，随着温度的升高，如果氨盐水所要求的 NH_3 和 $NaCl$ 的浓度能满足各温度下 P_1 点的要求，那么碳酸化取出温度愈高，钠利用率就愈高。

2.5.2.2 工业上所能达到的氨盐水浓度对碳酸化取出温度的要求

氨碱法的生产过程是先制备成精制盐水，然后吸氨而成氨盐水，冷却后送去碳酸化制取 $NaHCO_3$ 的，在碳酸化过程中就不再补充 $NaCl$ 了。故碳酸化所需的盐量完全取决于氨盐水的含盐量。

现在以碳酸化取出液的温度等于 15℃ 为例，试讨论一下，此时所要求的氨盐水浓度是否可以制得。15℃ 碳酸化终点温度要求氨盐水每 1000 g H_2O 中含 $NaCl$ 356g，NH_3 96.0g。

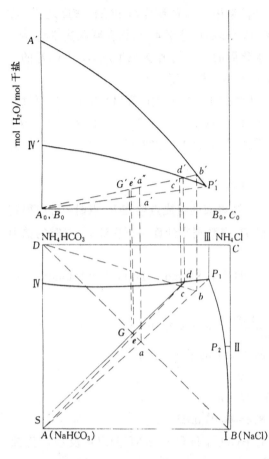

图 1-2-12　30℃ Na⁺，NH₄⁺∥HCO₃⁻，Cl⁻，H₂O
$$30℃\ Na^+,NH_4^+ /\!/ HCO_3^-,Cl^-,H_2O$$
系统干盐图及水图的投影关系

在工业上，盐水是在 40℃ 下制备的，如果完全达到饱和，其浓度为每 1000 g H₂O 含 NaCl 360g。由此可见，如果 NaCl 完全达到饱和，可以满足碳酸化时达到 15℃ 的 P_1 点要求。但是盐水不可能完全饱和，而且盐水在吸氨时，会被蒸馏塔来的氨气中所夹带的水蒸气稀释。

当碳酸化母液的温度高于 15℃，例如 30℃ 时，如果还要使其组成达到 P_1 点由表 1-2-4 的数据可以看出，要求氨盐水中的 NaCl 和 NH₃ 浓度分别为 395g 和 117.5g。

图 1-2-12 是根据 B. Neumann[2] 的 30℃ 溶解度数据绘制的相图，其 P_1 点的数据已列于表 1-2-4。

要使碳酸化母液的组成落在 P_1 点，必须同时具备两个条件。

第一，要有一定的氨盐比，如果要使碳酸化母液落在 P_1 点，那么氨盐水中的 NH₃/NaCl $= \overline{aB}/\overline{Da}$（假定碳酸化时没有氨损失）。

第二，要有合适的水量，从图 1-2-12 的水图可知，只有当 a 点的水量在水图上为 a' 点时，反应后的母液在干盐图上才可能达到 P_1 上，水图上才可能达到 P'_1 点。

现在由于氨盐水中的水量过多，干盐的组成虽然落在 a 点，但水量不落在 a' 点，而落在 a'' 点。此时进行碳酸化的结果，母液将落在 $A_0 a''$ 的延线与 $A'P'_1$（干盐图 AP_1 所对应的水线）的交点 b' 处（为醒目起见，在水图上只画出 $A'P'_1$ 及 $A'-IV'$ 两条水线）。把 b' 投影到干盐上为 b 点，此即为碳酸化母液点。从干盐图上 b 点的位置可以看出，其钠利用率比 P_1 点要低。

当氨盐水的 NaCl 浓度愈低，在一定的 NH₃/NaCl 比下，则每摩尔干盐的水量就愈多，碳酸化母液离开 P_1 点的位置就愈远，U_{Na} 就愈低。因为此时在水图上 a'' 的位置就愈向上移动，$A_0 a''$ 与 $A'P'$ 的交点 b' 就离开 P'_1 点愈远。

当氨盐水浓度一定，而碳酸化出口温度愈高时，在水图上 $A'P'_1$ 和 $IV'-P'_1$ 线将向下移动（这是由于温度升高，本体系中各种盐的溶解度都增大的缘故）。因此碳酸化结果所得的钠利用率就愈低。这就是说，在 30℃ 吸氨所得的氨盐水，如果要想得到更高的钠利用率，碳酸化的最终温度应该接近 15℃。当碳酸化取出液冷却不足时，就会引起钠利用率的降低。这一结论是早就为制碱工作者从实践中得知的。中国侯德榜博士早就指出：维持较低的碳酸化取出温度对提高钠利用率是有利的，并推荐以 20℃ 作为碳酸化的取出温度。如果氨盐水中 NaCl 接近饱和，那么这一结论是与相图研究所得的结论相近的。

但因盐井卤水制碱时，精制盐水中的 NaCl 浓度要比饱和浓度低 2～3 tt，这时就应该采用较 15℃ 更低的碳酸化取出温度。1980 年 Jai Capai Jaiu 和 A. Gupia[6] 用实验证实，随着温度的进一步降低，钠利用率还可进一步提高，一直降低到 15℃ 为止。但由于 15℃ 需人工冷冻，经济上是不合理的。

2.5.2.3 30℃下碳酸化母液的组成及氨盐水的配比

由于冷却水温的限制，我国氨碱厂的碳酸化母液温度一般都控制在 30℃，尤其在炎热的夏天更不可能低于此一温度。

碳酸化母液无法冷却到所需要的温度时，有什么办法来提高钠利用率呢？B. Neumann 和 R. Domke[2]，Н. Ф. Юшекевич[7] 等很早就提及，碳酸化取出温度过高所引起的钠利用率下降，可以用提高氨盐水中 $NH_3/NaCl$ 比来加以补偿。

这也可以用图 1-2-12 来说明其原理。设按 P_1 点配料的氨盐水由于水量过多，碳酸化母液落在 b 点，如果在 b 中添加固体 NH_4HCO_3 使达到 C 点，此时在水图上达到 C' 点。由于不论从干盐图和水图上来看，C 和 C' 都落在 $NaHCO_3$ 结晶区内，所以就将继续析出 $NaHCO_3$ 固体。待母液落到 Ⅳ-P 线上的 d 点为止。d 点的钠利用率显然要比 b 点为高。

如果在吸氨时，将氨盐水中的 $NH_3/NaCl$ 比配制成 $\overline{Be/De}$ 比例，使碳酸化后体系中的 $NH_4HCO_3/NaCl$ 的比例落在 e 点，那么碳酸化母液的组成就直接落在 d 点（在水图上为 d' 点）。这就是提高氨盐水中的氨盐比以提高钠利用率的原理。

这就是说，对于碳酸化母液某一 TCl^- 浓度，就要求有一定 TNH_3 浓度，才可以使碳酸化母液落在 Ⅳ-P_1 线上。如果碳酸化母液还没有落到 Ⅳ-P_1 线上面仍停留在 $NaHCO_3$ 结晶区内，就可以用增加 NH_4HCO_3 量使钠利用率进一步提高。反之，如果 TNH_3 浓度超过这规定的数值，就将有 NH_4HCO_3 与 $NaHCO_3$ 一起析出，这在上文已讨论过。

在 Ⅳ-P_1 线的 TCl^-，Na^+ 和 TNH_3 浓度之间的关系已列于表 1-2-5。现举例计算如下：设碳酸化取出液为 30℃，0.202 MPa，液相中 TCl^-＝98tt＝4.9N （＝4.9×20mol/L），因此

$$TNH_3 = 2.90 + 0.215[TCl^-] + 0.054[TCl^-]^2 = 2.90 + 0.215 \times 4.9 + 0.054 \times 4.9^2$$
$$= 5.25N = 105tt$$

$$NaCl = 0.72 + 0.052[TCi^-] = 0.72 + 0.052 \times 4.9 = 0.9718N = 19tt$$

此时

$$U_{Na} = \frac{[Cl^-] - [Na^+]}{[Cl^-]} = \frac{98 - 19.4}{98} \times 100\% = 80.2\%$$

碳酸化取出液中
$$TNH_3/TCl^- = \frac{105}{98} = 1.071$$

全苏应用矿物研究所[4]在 1929～1934 年间所进行的研究工作也直接证明了上述结论。他们在 25℃ 和 30℃，0.098～0.196MPa 下。$NaHCO_3$-NH_4HCO_3 两盐共饱线上的碳酸化母液组成及钠利用率如表 1-2-6 所示。

波兰 Pischinger[8] 除了在实验室中进行了碳酸化母液不同组成与钠利用率的研究外，还在工厂的碳酸化塔中于 40℃ 下进行了中试。将其试验的结果列于表 1-2-7。

表 1-2-6　P_1-Ⅳ 线上碳酸化母液的平衡成分

温度 /℃	压力 /MPa	碳酸化母液成分/tt					U_{Na} /%
		Cl^-	TNH_3	Na^+	FNH_3	CO_2	
25	0.098	96	101.6	20.2	25.0	20.8	79.0
	0.147	76	98.6	20.0	22.6	20.0	79.2
	0.196	96	97.4	19.8	21.2	19.8	79.4
	0.098	98	102.4	20.2	24.8	20.4	79.4
	0.147	98	100.2	20.0	22.2	19.4	79.6
	0.196	98	98.8	19.8	20.8	19.2	79.8

温度 /℃	压力 /MPa	碳酸化母液成分/tt					U_{Na} /%
		Cl⁻	TNH₃	Na⁺	FNH₃	CO₂	
30	0.098	98	109.2	19.8	33.0	26.6	79.6
	0.147	96	105.4	19.6	29.0	24.4	79.7
	0.196	96	103.6	19.4	27.0	23.8	79.8
	0.098	98	110.6	19.8	32.4	26.0	79.9
	0.147	98	107.0	19.6	28.6	24.0	80.0
	0.196	98	105.0	19.4	26.6	23.4	80.2

表 1-2-7 Pischinger 等人的实验

试　样		碳酸化母液成分/tt				U_{Na} /%
		FNH₃	TNH₃	CNH₃	Cl⁻	
实验室内的一般加氨情况		24.52	97.55	73.0	97.40	73.22
实验室内的多加氨情况		38.34	112.26	73.82	93.12	79.29
工业试验的一般加氨情况	a	33.2	95.8	62.6	95.5	65.55
	b	33.0	96.0	63.0	96.0	65.62
工业试验的多加氨情况	a	49.6	113.2	63.6	88.7	70.57
	b	45.3	112.9	67.5	80.7	75.21

注：工业试验的多加氨情况 a，U_{Na} 只有 70.57%。其原因据原作者分析，可能是由于流速太快，碳酸化度较低。

从表中可以看出，工业的实验情况，即使在 40℃的高温下，只要采用高的氨盐比，钠利用率仍可以达到 75% 以上。至于工业试验与实验室实验相比，钠利用率较低，是由于后者为静力学条件而前者为动力学条件，在动力学条件下，CO_2 的吸收和 $NaHCO_3$ 的结晶均未达到平衡所致。

2.5.3 氨盐水的碳酸化动力学

式（1-2-1）所表示的碳酸化反应只是一个总反应方程式，并没有表示出反应的历程和机理。实际上氨盐水碳酸化过程是由一系列的反应步骤和化学过程组成的，而且其细节尚未研究清楚，现在只能将其比较一致的意见加以总结如下。

① 气相本体中的二氧化碳，扩散通过气膜，进入气液两相界面。

② CO_2 溶解于液膜中。由于 NH_3-H_2O 存在着下列平衡：

$$NH_3 + H_2O \longrightarrow NH_4^+ + OH^- \tag{1-2-26}$$

因而 CO_2 既可以与未电离的 NH_3 反应

$$NH_3 + CO_2 \Longrightarrow NH_2COO^- + H^+ \tag{1-2-27}$$

$$NH_3 + H^+ \longrightarrow NH_4^+ \tag{1-2-28}$$

此两式之和用离子方程式表示则为：

$$2NH_3 + CO_2 \longrightarrow NH_2COO^- + NH_4^+ \tag{1-2-29}$$

CO_2 也可以与电离生成的 OH^- 反应

$$CO_2 + OH^- \longrightarrow HCO_3^- \tag{1-2-30}$$

由于 NH_3 是弱电解质，其电离常数极小（298K 时，$K_b = 1.8 \times 10^{-5}$），在 5m 时，电离度仅为 0.4%。当碳酸化度增加时，溶液中的 OH^- 就更少，据研究，按式（1-2-29）所进行的速度要比式（1-2-30）大得多。

③ 在液膜中生成的氨基甲酸铵式（1-2-29）和碳酸氢铵式（1-2-30），通过液膜进入液相本体。

如果液膜中的 NH_3 来不及补充，吸收于液膜的 CO_2 就不可能在液膜中完全反应掉，扩散通过液膜进入液相后再与 NH_3 和 OH^- 按式（1-2-29）和式（1-2-30）反应。

也存在着这样的可能性，当用于碳酸化的气体鼓泡通过液相时，会从液相中吹出一部分氨，此时 NH_3 和 CO_2 会在气相中进行式（1-2-29）反应而生成氨基甲酸铵。

④ 在液相本体中，氨基甲酸铵发生水解

$$NH_2COO^- + H_2O \longrightarrow HCO^- + NH_3 \tag{1-2-31}$$

释放出来的 NH_3 由液相本体反扩散通过液膜进入气液两相界面再吸收 CO_2。而当液相中 HCO_3^- 的总浓度积累到一定程度，达到 $NaHCO_3$ 的溶解度积以后就生成 $NaHCO_3$ 沉淀。

氨盐水碳酸化的主要阻力是在液膜上，气膜阻力与液膜阻力相比是可以忽略不计的。正因为碳酸化速度是由液膜控制，所以液膜不断更新就能加快 CO_2 的吸收速率，气体鼓泡通过液体，能促进液膜不断更新。迄今仍广泛采用的菌帽式碳酸化塔，正好能满足这种需求。

由于是液膜控制，因此只要气相中 CO_2 的分压保持一定，气相中惰性气体的浓度就不会影响 CO_2 的吸收速率；气液界面上 CO_2 的分压几乎等于气相本体中 CO_2 的分压。

此时 CO_2 的吸收速率，根据原苏联学者 А. П. Белопольскии[9] 的研究，可以表示为：

$$G = \varphi \frac{\beta_L}{H}(p_{CO_2} - p^*_{CO_2}) = \varphi \beta_L(C^*_{CO_2} - C_{CO_2}) \tag{1-2-32}$$

式中　G——在单位时间，单位界面上 CO_2 的吸收速率，$kmol/m^2 \cdot s$；

$\beta_L = \dfrac{D_L}{t_L}$——传质系数，$m/s$；

$\quad D_L$——CO_2 在液相中的扩散系数，m^2/s；

$\quad t_L$——液膜的有效厚度，m；

$\quad H$——Henry 系数，$MPa \cdot m^3/kmol$；

$\quad p_{CO_2}$——气相本体中 CO_2 的分压，即界面上 CO_2 的分压，MPa；

$\quad p^*_{CO_2}$——与液相本体中 CO_2 浓度成平衡的分压，MPa；

$\quad C_{CO_2}$——液相本体中 CO_2 的浓度，$kmol/m^3$；

$\quad C^*_{CO_2}$——与界面 CO_2 分压，也即与气相本体 CO_2 分压成平衡的液相 CO_2 浓度，$kmol/m^3$。

式（1-2-32）中的 φ，称为八田（Hatta）数，为无因次值，表示由于液相中进行化学反应而使吸收速率增加的倍数，其值可以按下式计算。

$$\varphi = \frac{\gamma}{\tanh\gamma} \qquad 而 \qquad \gamma = t_L\sqrt{\frac{K_R}{D_L}} \tag{1-2-33}$$

式中 K_R（1/s）为反应速率常数，在这里即表示 $NH_3 + CO_2 \longrightarrow NH_2COOH$ 的反应速率常数，$Q = K_R[NH_3][CO_2]$，当 $t = 0 \sim 40℃$，无限稀释时，按 B. R. W. Pisent 等人[10]测定为 $\lg K_R = 11.48 - 2290/T$；按 S. P. S. Andrew[11]测定为 $\lg K_R = 11.23 - 2850/T$。

当温度升高时，八田准数 φ 和传质系数 β_L 均随之增大，但 $C^*_{CO_2}$ 减少即（$C^*_{CO_2} - C_{CO_2}$）的差值就随之减少。所以 CO_2 的吸收速率 G 有一最适温度值。高于或低于这一最适温度，吸收速率均降低。

这一最适温度是随碳酸化度 R_S 和自由碳酸化度 K 变化的。R_S 和 K 的定义如下。

$$碳酸化度\ R_S = \frac{液相吸收的总\ CO_2\ mol}{液相中的全氨\ mol} = \frac{[CO_2]+[CNH_3]}{TNH_3} \tag{1-2-34}$$

$$自由碳酸化度\ K = \frac{液固相中的\ CO_2\ mol}{液相中的自由氨\ mol} = [CO_2]/[NH_3] \tag{1-2-35}$$

以上两式中 $[CO_2]$ 均表示液相中 CO_2 的浓度。

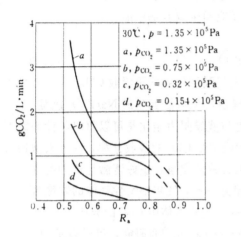

图 1-2-13 CO_2 吸收速率同碳酸化度 R_S 的
关系溶液组成（mol%）：$Na_2SO_4 = 4.21\%$
$NH_3 = 8.70\%$，$CO_2 = 4.43\%$，$H_2O = 82.66\%$

在低碳酸化度 R_S 时，即使在高温下（$C^{\cdot}_{CO_2} - C_{CO_2}$）的差值也较大，故仍有较高的吸收速率；相反，当溶液的碳酸化度提高时，具有最大吸收速率的温度就要降低。所以对氨盐水吸收 CO_2 的速率来说，最适温度不是一个固定值，而是一个先高后低的温度区间。当碳酸化度低于 0.5 时，最适温度在 60℃以上；而当碳酸化度超过 0.85 时，最适温度就降为 20℃。

总的说来，碳酸化速率是随着碳酸化度 R_S 的加大而降低的。但根据 А.П.Белопольский[12] 对 $Na_2SO_4-NH_3-H_2O$ 碳酸化的实验在碳酸化度 $R_S = 0.6～0.8$ 时，呈现反常现象，如图 1-2-13 所示，溶液吸收 CO_2 的速率先因 R_S 的增加而上升，当 R_S 达到一定值后，再随之降低。这种反常的原因，是由于在这一碳酸化度区间内，$NaHCO_3$ 结晶速度加快，因而降低了 HCO_3^- 的浓度，促使反应式（1-2-31）向右进行，释放出大量的 NH_3，使反应式（1-2-27）和式（1-2-29）加快进行。这说明 R_S 与 $NaHCO_3$ 开始析出后 CO_2 吸收速率的变化规律。

2.5.4 $NaHCO_3$ 的结晶动力学

在氨盐水碳酸化时，至关重要的问题是 $NaHCO_3$ 的晶体质量。在工业生产时，要求晶体的粒度不小于 $100\mu m$，颗粒均匀，形状相似。如果生成的 $NaHCO_3$ 晶体太细或成针状就会使过滤发生困难，而且晶间包裹着大量母液，不易洗涤干净。

如要制得粗粒晶体，就应严格控制过量晶核的形成。为此我们先讨论一下 $NaHCO_3$ 从自身溶液中的结晶情况，然后再讨论从碳酸化塔中的结晶。

$NaHCO_3$ 是中等溶解度的盐类，每 100g 水在 20℃的溶解度为 9.6g，在 80℃为 19.2g，具有较小的正溶解度温度系数，容易生成过饱和溶液。其极限过饱和度或过冷度与溶液的冷却速度，流体动力学条件和饱和温度有关。所谓极限过饱和度是溶液不至于自发形成晶核的最大过饱和度；极限过冷度是饱和溶液冷却时不至于自发形成晶核的最大冷却温差。根据 F.Markalons 和 J.Nyrit[13] 的研究，当冷却速度为 $2℃\cdot h^{-1}$ 时，$NaHCO_3$ 溶液的极限过冷度和极限过饱和度列于表 1-2-8。

由表 1-2-8 可见，极限过冷度和绝对极限过饱和度随着溶液饱和温度的下降而稍有提高。例如在饱和温度为 59.1℃和结晶温度为 46.5℃时，极限过冷度为 12.6℃；而当饱和温度为 25.0℃和结晶温度为 6.7℃时，极限过冷度竟达 18.3℃。

冷却速度愈大，极限过冷度和极限过饱和度也增加。例如冷却速度提高 9 倍，极限过冷约增加 1.6～1.8 倍。可见，$NaHCO_3$ 溶液冷却速度越快，其介稳区愈宽。

在氨盐水碳酸化制取碳酸氢钠时，碳酸氢钠的过饱和度是随着 CO_2 的吸收而逐渐达到的。因此形成过饱和速度取决于溶液吸收 CO_2 的速率。

表 1-2-8　冷却速度为 2 ℃ · h⁻¹时，$NaHCO_3$ 溶液的极限过冷度和极限过饱和度

温度/℃			质量浓度/(g/LH₂O)		
饱和温度	结晶温度	极限过冷度	饱和时的平衡浓度	结晶时的平衡浓度	极限过饱和度
T_{sat}	T_{cryst}	$\Delta T_{lim}=T_{sat}-T_{cryst}$	C_{sat}	C_{cryst}	ΔC_{lim}
59.1	46.5	12.6	158	138	20
56.6	43.6	13.0	153	133	20
52.1	39.8	12.3	147	128	19
50.4	36.4	14.0	144	122	22
45.4	31.5	13.9	136	114	22
41.3	26.4	14.9	130	107	23
34.4	17.6	16.8	119	94	25
30.2	14.4	15.8	115	88	27
25.7	8.9	16.8	105	80	25
25	6.7	18.3	104	77	27

$NaHCO_3$ 结晶速度和晶粒的大小取决于溶液的初始过饱和度，而过饱和度又取决于 CO_2 的吸收速率和溶液的冷却速度等等。随着冷却的加速，溶液形成过饱和的速度就加快，这也就导致细晶的形成。

要制得必要的 $NaHCO_3$ 粒度，在很大程度上取决于晶核生成的速度。因此为了制取大的晶粒，必须对产生晶核的数目加以控制。减小溶液的过饱和度，减慢搅拌速度都对减慢生成晶核的速度有利。如果生成连生晶体，$NaHCO_3$ 的物理化学特性也可能得到改善，但是晶簇和晶体连生体不易洗净母液，并且含水量也高，这就给后继的干燥带来不利影响。

$NaHCO_3$ 结晶速度常数可以由下方程式计算：

$$\lg K=-\frac{724}{T}+1.504 \tag{1-2-36}$$

提高温度，结晶速度常数增大，结晶速度也就随之加快。但是提高温度，$NaHCO_3$ 的溶解度随之增加，导致过饱和的降低，这又会使结晶速度减慢。举例来说，温度由 20℃ 提高到 40℃，由式（1-2-33）

$$\lg \frac{K_{40}}{K_{20}}=-724\left(\frac{1}{313}-\frac{1}{293}\right)=0.1579。\quad 即 \quad \frac{K_{40}}{K_{20}}=1.44$$

即结晶速度提高了 44%，但如果溶液的浓度为 15.3g/100gH₂O，在 20℃ 的 $NaHCO_3$ 饱和浓度为 9.6g/100gH₂O，在 40℃ 时为 12.7g/100gH₂O，因此从 20℃ 升高到 40℃ 时过饱和度降低 $=\frac{15.3-12.7}{15.3-9.6}=0.46$，使结晶速度变慢。

生成晶核的速度减慢，晶核数就少，能形成大的晶粒，正由于此一原因，在碳酸化塔内，往往使形成晶核时的温度提高到 60~68℃。生产证明，低于这一温度，$NaHCO_3$ 晶体的质量就显著变坏。所以在过程开始时，必须避免激烈冷却和溶液被 CO_2 迅速饱和，以免出现大量的晶核。

为了有满意的晶体成长速度，在碳酸化塔中应该有合理的冷却速度和碳酸化速度，以使碳酸化塔中有合适的过饱和度。在溶液均匀冷却时，可得三维等长的晶体。

$NaHCO_3$ 的结晶也对 CO_2 的吸收过程产生影响。开始时，CO_2 的吸收速度随碳酸化度的提高而下降。但到首批 $NaHCO_3$ 结晶出来以后，过饱和度即很快消失，CO_2 的吸收就反而加快，其原因已在 2.5.3 节作过介绍。

在碳酸化塔中，$NaHCO_3$ 的晶核不仅发生在溶液内部，而且也发生在设备和其它固相的表面上。因此在碳酸化时，塔的内壁就会逐渐覆盖一层结晶层。这就减少了塔的自由截面。当结晶在冷却管上时就影响导热。所以碳酸化塔生产了一段时间就不得不停车清洗。

2.5.5 碳酸化工艺流程

氨盐水碳酸化的工艺流程如图 1-2-14。

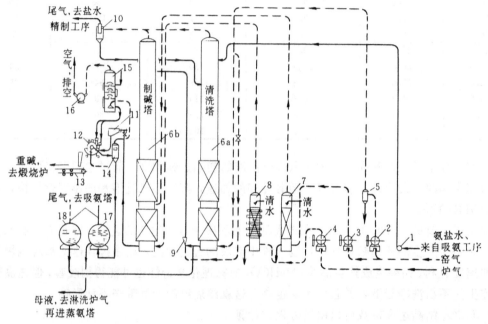

图 1-2-14 碳酸化工艺流程图

1—氨盐水泵；2—清洗气压缩机；3—中段气压缩机；4—下段气压缩机；5—分离器；6a，6b—碳酸化塔；
7—中段气冷却塔；8—下段气冷却塔；9—气升器；10—尾气分离器；11—出碱集中槽；12—真空转鼓过滤机；
13—皮带运碱机；14—分离器；15—过滤气净氨塔；16—真空机；17—冷母液桶；18—倒塔桶

如以氨盐水的行进方向区分，碳酸化塔分为清洗塔和制碱塔。清洗塔也称中和塔或预碳酸化塔。氨盐水先流经清洗塔进行预碳酸化，塔底通入 CO_2 含量约为 40% 的窑气称为清洗气以鼓动氨盐水，将附着在塔体及冷却管壁上的 $NaHCO_3$ 疤垢溶解，其溶解反应为：

$$2NaHCO_3 + 2NH_3 \cdot H_2O \longrightarrow Na_2CO_3 + (NH_4)_2CO_3 + H_2O \qquad (1\text{-}2\text{-}37)$$

在 35℃ 时，每 $1000gH_2O$ 中，$NaHCO_3$ 的溶解度为 1.42mol，而 Na_2CO_3 的溶解度为 4.66mol，所以预碳酸化能将疤垢清洗完全。

清洗结果固体 $NaHCO_3$ 以 Na_2CO_3 和 $(NH_4)_2CO_3$ 形式溶入液相。在清洗塔中通 CO_2 不可过量，否则又将生成 $NaHCO_3$，起不到洗疤的作用。

碳酸化塔周期性地轮换作为制碱塔和清洗塔。

由吸氨系统送来的 30~38℃ 氨盐水进入清洗塔 6a 的顶部第二个菌帽圈内，自上而下流动。来自石灰窑的窑气，经清洗气压缩机 2 压缩到 0.28~0.30MPa，进入分离器 5 分出液滴后称为清洗气，在底圈进入清洗塔中。氨盐水在自上往下流动过程中，一边吸收 CO_2，一边将塔壁和冷却管上的疤垢溶解，氨盐水中的 CO_2 含量因而逐渐增加。从底圈出来的溶液称为清洗液，也称中和水。或者用气升器 9 直接将其送入各制碱塔的顶部；或者靠塔内的压力自流进入清洗液贮槽，再用清洗液泵送往各制碱塔的顶部。

清洗液的温度保持在 40℃左右，CO_2 含量保持在 30～34tt 之间。

从重碱煅烧炉出来的炉气（将在本章 1.7 节中介绍），含 $CO_2$92％以上，经下段气压缩机 4 压缩到 0.30～0.32MPa，然后经下段气冷却塔 8，与冷却水直接接触，冷却到 35℃，称为下段气。送入制碱塔的底圈，将清洗液继续碳酸化。另一部分窑气，经中段气压缩机 3 压缩到 1.8～2.0MPa，送入中段气冷却塔 7 冷却到 45℃，称为中段气，自制碱塔的中部通入塔中参加碳酸化反应。中段气加入碳酸化塔的位置应与部分吸收后的下段气的 CO_2 浓度相近。

清洗液自顶部进入制碱塔以后，往下流动，与气体逆流接触，吸收其中的 CO_2。为了使之分散成气泡，在碳酸化塔内设置了许多菌帽和下盘。气体经菌帽和下盘曲折上升，而液体曲折下流。这种菌帽和下盘都有一定的倾斜度，即使有 $NaHCO_3$ 固体悬浮在液相中，也能畅通流过，不致于在菌帽上和下盘上沉积。

在制碱塔中部，液相的温度升高到 60～68℃，液相中的 CO_2 浓度达到 37～40tt，$NaHCO_3$ 开始结晶。这一 CO_2 浓度称为临界点。此后为了有利于 CO_2 的吸收和 $NaHCO_3$ 的继续结晶，在临界点以下 2～2.5m 处，溶液便开始人工冷却，为此在碳酸化塔的下部设置了冷却水箱。冷却水箱是列管式的，管内走冷却水，碳酸化液在冷却水箱的管间流过，边冷却，边吸收 CO_2，同时析出 $NaHCO_3$ 结晶。

当碳酸化塔用作清洗塔使用时，为了保持清洗液的出口温度在 30～38℃在冷却水箱中只通过少量冷却水或不通冷却水。

当悬浮液达到制碱塔塔底时，被冷却到 28～30℃，此时液相中的结合氨达到 75～77tt，悬浮液中的碳酸化度达到 94％～96％。

清洗塔和制碱塔顶部排出的尾气简称塔气，经气液分离器 10 后送往吸氨系统的碳酸化尾气洗涤塔中或送往盐水精制系统的除钙塔中用盐水吸收，以回收其中的 NH_3 和 CO_2。气液分离器 10 底部的液体称为回卤，自流回到清洗塔中。

各制碱塔底圈出来的 $NaHCO_3$ 悬浮液，依靠塔内的液位，自流进入标高为 12～13m 的出碱集中槽 11 中，然后由此自流进入标高为 10m 的真空转鼓过滤机 12 中。10m 标高是真空过滤机连续运转所必需的，借这一高度的柱体形成液封，使滤液在高真空下也能畅通地自流到位于零米标高并与大气相通的母液槽中，而大气却不会进入转鼓过滤机破坏真空。

过滤机上得到的 $NaHCO_3$，含有 4％～5％NH_4HCO_3，16％～18％水分。即使干燥除去水分后也不能作为洁碱（纯 $NaHCO_3$）出售。只有送去煅烧制成纯碱，才能作为商品。

清洗气、下段气和中段气虽然都是从塔的底部和中部进入碳酸化塔中的，但这许多气体的总管都是敷设在塔顶的楼层上，气体由总管经支管分别进入每个塔中。这样一旦由于停液、停气或发生故障，各压缩机突然停止运转，碳酸化塔内的液体也不致于倒流进入压缩机的气缸内，毁坏压缩机。

2.5.6 碳酸化的工艺条件

在 2.4.1～2.4.2 节中已经指出，碳酸化母液的组成是随碳酸化的最终温度而变化的。如果有温度很低的冷却水可供冷却，那么碳酸化取出温度可以取为 15℃。但是在我国南方，尤其在炎热季节，无法冷却到如此低温。由于冷却水温及冷却面积所限，碳酸化取出液的年平均温度一般取为 28～30℃，此时进入清洗塔的氨盐水组成为：①自由氨也称游离氨（free ammonia），即未与强酸根如 Cl^-，SO_4^{2-} 相结合的氨，但包括与 CO_3^{2-}，HCO_3^-，S^{2-} 等弱酸

根相结合的氨和与 H_2O 相缔合的 $NH_3 \cdot H_2O$）99～101tt，记为 FNH_3。②结合氨（Combined Ammonia）也称固定氨，或 Fixed ammonia，记为 CNH_3，指与强酸根相结合的氨，如 NH_4Cl，$(NH_4)_2SO_4$ 2～3tt。③Cl^- 89tt。④CO_2 0～22tt，即每 20ml 溶液中含标准状态下的 CO_2 450～500ml。⑤硫化物 S^{2-} 0.02tt，相对密度（30℃）为 1.165～1.175，温度为 30～38℃。

进清洗塔的氨盐水温度过高，碳酸化塔尾气中含 NH_3 量就会增加，引起碳酸化液中 NH_3 浓度的不足。

碳酸化塔作为清洗塔时有双重作用，前已述及，一是洗去 $NaHCO_3$ 疤垢，使塔恢复到制碱塔时的冷却效率和生产能力；二是将氨盐水进行预碳酸化，使清洗液含有较高的 CO_2，这样就可以减少制碱塔的 CO_2 吸收负荷，使 $NaHCO_3$ 在制碱塔中有较长的停留时间，从而增加制碱塔的生产能力和改善重碱的质量。这两种作用有一定的矛盾。原则上应该是在保证清洗良好的前提下，尽可能地发挥预碳酸化作用。

清洗塔底部排出的清洗液，温度约为 38～40℃，CO_2 的浓度约为 29～34tt。

清洗液送入制碱塔以后，由于制碱塔的尾气量很大，要带出大量的氨，使氨盐水的总氨量减少 10%～13.5%。

随着碳酸化的进行，当碳酸化液中的碳酸化度达到 32%～40% 时，$NaHCO_3$ 已达饱和。但正如 1.4.4 节所述。$NaHCO_3$ 有形成很高的过饱和度倾向，要使 $NaHCO_3$ 开始析出，过饱和度需要在 5～8tt（20～33g/L，参见表 1-2-8，碳酸化塔中的过饱和现象较实验室实验稍严重一些），一旦 $NaHCO_3$ 开始结晶，过饱和度就开始减少。此后随着继续吸收 CO_2，生成的 $NaHCO_3$ 晶体便逐渐增加，液相中的结合氨便以等当量累积。

为了制得质量良好的 $NaHCO_3$ 晶体，在将溶液进行冷却之前，应该有占总生成量 45% 以上的 $NaHCO_3$ 已经结晶出来。这时碳酸化液中的结合氨应在 34tt 以上。如果在冷却以前，有 50% $NaHCO_3$ 已经结晶出来，则对以后的 $NaHCO_3$ 晶体质量会更好一些。

碳酸化塔的下部设有冷却箱部分，称为冷却段。在冷却段以上 2～3m 处，碳酸化液具有最高的温度，此处称为热点，它位于塔高的 2/3 处，其温度对 CO_2 的吸收速度和 $NaHCO_3$ 的晶体质量，都要求在 60～68℃，并应使其稳定。这一高温区段的存在为减少晶核的生成，加快晶体的成长，以保证得到良好的晶体质量 $NaHCO_3$ 所必需。

使 CO_2 尽可能多地在制碱塔的上部吸收以使 $NaHCO_3$ 晶体提早析出，并在高温区有较长时间的成长，以使重碱的晶体粒度粗大而且均匀。上文所述的清洗塔应充分发挥预碳酸化的作用，以保证清洗液有较高的 CO_2 浓度，其原因即在于此。

冷却水箱虽然在热点（吸收段最高温度点）以下 2～2.5m 处才开始，但由于冷却气体向上流动，所以在热点以下，溶液就开始逐渐降温了。到了冷却段溶液的温度就较快下降，$NaHCO_3$ 则不断析出，一直到出塔为止。悬浮液的温度降到 28～30℃，悬浮液的碳酸化度为 94%～96%，FNH_3 保持在 23～26tt，CNH_3 上升到 74～78tt，Cl^- 离子升高到 98～99tt（由于 $NaHCO_3$ 结晶要消耗一部分 H_2O，溶液被浓缩故 Cl^- 浓度提高），钠利用率在 75% 以上。今举一碳酸化母液的组成：FNH_3 20～22g/L，NH_4Cl 180～200g/L，CO_2 35～40g/L，$NaCl$ 70～80g/L，相对密度 1.126～1.127，碳酸化母液的比重比氨盐水的比重略有下降，温度为 29.5℃。

制碱塔下段气的 CO_2 浓度尽可能地高，以使碳酸化反应臻于完全，从而提高钠利用率和制碱塔的生产能力。为了保持下段气有较高的 CO_2 浓度，在下段气压缩机压缩时尽量少掺入窑气。

下段气的进气温度应在30℃左右。温度如果过高，经冷却水箱冷却行将取出的碱液又将被下段气加热升温，使钠利用率下降。

中段气的进塔温度在45℃上下，温度过高，含水蒸气量就高，冷凝热会增加制碱塔的冷却负荷，也会带入水分，稀释溶液。温度如果过低，入塔时使对应部位的溶液突然冷却，促使大量晶核生成，影响$NaHCO_3$的结晶质量。

碳酸化塔的液位在距塔顶1.0～1.5m，液面过高会造成塔顶冒液，使氨盐水损失，并会使出气管被结晶堵塞。但如果液面过低，则碳酸化尾气中的CO_2浓度就会提高，使CO_2和NH_3的损失增大，并降低碳酸化塔的容积利用率。

碳酸化塔的进气量要与出碱速度相适应。如出碱速度快而进气量不足，则中部热点温度下降，出碱液的碳酸化度不足，自由氨升高，结合氨和产量却将随之下降。反之，如出碱速度慢而进气量过大，则热点温度上升，塔内的$NaHCO_3$沉淀在死角处。沉积过多，会导致堵塔事故的发生。

维持重碱晶体粒度大而均匀，除保持清洗液中CO_2的浓度高和制碱塔中部的温度高以外，冷却水箱的使用方法也是非常重要的，倒塔以后的新制碱塔进冷却水时间不宜过早；冷却水量应逐渐加大；当由下层出水改为中层出水，或由中层出水改为上层出水时，都应逐渐加大水量，以免塔内溶液的温度发生突变，析出大量细晶。如果制碱塔的生产超负荷，缩短了晶体成长的时间，也会使晶体变坏。

清洗塔的尾气温度为40℃，含CO_2 0.6%～1.0%；制碱塔尾气的温度为50℃左右，含CO_2 4%～6%。如果制碱塔尾气中CO_2浓度过低，就意味着不能充分发挥制碱塔的生产能力；而尾气中的CO_2浓度过高，就意味着CO_2的损失太大。制碱塔尾气的温度超过50℃时，NH_3和CO_2的损失随之增多。

2.5.7 碳酸化塔内各种参数的变化情况

（1）全氯浓度 在碳酸化过程中，溶液中氯离子的总量没有变化，但由于析出$NaHCO_3$时，要消耗一部分水分，因而使溶液体积减少，Cl^-离子的浓度提高。例如氨盐水中的$[Cl^-]=89tt$，而碳酸化母液中的$[Cl^-]=98tt$。碳酸化母液的体积缩小量可由下式计算：

$$\frac{碳酸化母液体积}{氨盐水体积}=\frac{[Cl^-]_{氨盐水}}{[Cl^-]_{碳酸化母液}}=\frac{89}{98}=0.908 \tag{1-2-38}$$

如果每吨纯碱的氨盐水用量为6.00m³，则碳酸化母液的体积为5.45m³。

（2）全氨，自由氨和结合氨 氨盐水在碳酸化时，由于碳酸化尾气要带走总NH_3量的10%～13.5%，故碳酸化母液所含的总氨量就要比氨盐水所含的总氨量减少10%～13.5%，但由于碳酸化时，溶液的体积缩小，而且在清洗塔中又溶解了一部分疤垢增加了少量的氨，故碳酸化前后的全氨量基本上保持不变。

用$Ca(OH)_2$-$(NH_4)_2CO_3$法精制的盐水含有2～3tt的结合氨，故在制碱塔顶部就有这样浓度的结合氨存在。当有$NaHCO_3$开始析出时，在液相中就有等当量的结合氨生成，而自由氨则等当量地减少。碳酸化液进入冷却段以后，结合氨以较快的速度增长，自由氨以较快的速度降低，在出塔时，结合氨增加到74～77tt，自由氨降低为23～26tt。

图1-2-15绘出了CNH_3，FNH_3沿塔高的变化曲线。表1-2-9则列出了具体数字。

（3）CO_2 本组数据取自用过滤$NaHCO_3$的母液洗涤重碱煅烧炉气的流程，氨盐水中含NH_3较其它未用炉气洗涤的流程要低。

表 1-2-9　制碱塔内溶液中主要成分及 pH 的数据

名　称	FNH_3 /tt	CNH_3 /tt	Cl^- /tt	CO_2 /tt	$R=\dfrac{CO_2}{FNH_3}$ /%	R_S^- /%	过饱和度 /%	U_{Na}	NH_3 损失 /%	溶液相对密度	温度 /℃	pH
氨盐水	99	2.5	89	15.4	0.155	17.6	1	—	—	1.170	41.5	10.5
清洗液	98	2.0	88	23.7	0.24	25.7	1	—	—	1.203	43.0	10.4
第 24 圈	92	4.0	88	38.4	0.42	44.1	0	1.29	6.28	1.180	52	9.3
第 22 圈	88.6	8.4	88	37.5	0.42	47.3	0.6	6.29	8.58	1.200	56	9.2
第 19 圈	85	10.1	88	39.0	0.46	51.6	1	8.22	7.15	1.205	60.5	9.1
第 17 圈	81	15	90	39.0	0.48	56.3	8.0	13.41	8.50	1.203	60.5	9.0
第 15 圈	74	24	91	34.5	0.47	59.7	7.5	23.12	7.65	1.200	60.5	
第 13 圈	63	34	92	32.2	0.51	68.2	4.5	32.63	9.52	1.195	55	8.8
第 12 圈水箱	56	41	91.5	29.1	0.52	72.2	6.0	41.55	9.10	1.190	52	
第 10 圈	51	45.5	94	27.7	0.54	75.9	7.0	48.15	12.00	1.175	49	
第 9 圈	48	51	96	27.3	0.57	79.1	5.0	48.60	10.71	1.170	47	
第 7 圈	39.5	58	95	23.9	0.64	84.0	1.5	57.80	12.05	1.166	44	
第 4 圈	31	69	96.5	22.4	0.72	91.4	2.5	68.75	10.22	1.155	38	
第 3 圈	30	70	97	21.3	0.71	91.3	2.5	68.91	11.55	1.140	36	
取出液	25	77	99	19.4	0.78	94.2	0	75.00	10.82	1.127	32	8.3

　　氨盐水中含 CO_2 15～16tt。进入清洗塔清洗疤垢和预碳酸化后，出清洗塔的清洗液含 CO_2 约 29～34tt，再送入制碱塔的上部。溶液在塔内吸收 CO_2，其含量很快提高到 37～40tt，$NaHCO_3$ 开始过饱和。待过饱和度达到 5～8tt 时，开始析出 $NaHCO_3$。在出塔时，溶液中的 CO_2 降低到 17tt。所吸收的 CO_2，大部分成为 $NaHCO_3$ 沉淀。

　　故 $NaHCO_3$ 开始析出时的溶液，具有最高的 CO_2 浓度。图 1-2-15 中给出了液相中 CO_2 滴度沿塔高的变化曲线，并在图的右侧用数字注出了 CO_2/FNH_3 的滴度比值。

　　在碳酸化过程中几种溶液的碳酸化度 R_S 为：

清洗液	$R_S=29\%～34\%$
临界点	$R_S=37\%～40\%$
出碱液	$R_S=92\%～96\%$

　　（4）pH 值　碳酸化液的 pH 值与碳酸化度 R_S 有关，氨盐水在吸氨塔中已吸收了一部分 CO_2，$R_S=0.2～0.22$，其 pH 值为 11。氨盐水进入清洗塔以后，又吸收了一部分 CO_2，$R_S=0.29～0.34$，其 pH=10.4～10.6。在制碱塔中，开始时吸收 CO_2 的速度很快，R_S 急速上升至 0.46～0.49，pH 值也急剧地从 10 降低到 9.1。在往下的流动过程中，CO_2 吸收缓慢。至碳酸化塔底部，碳酸化终止时，$R_S=0.77～0.8$，pH 值 8.2～8.4。当碳酸化接近终止的阶段，由于碳酸化度 R_S 和温度上下有些波动，pH 值也上下稍有变化。

　　（5）温度和溶液相对密度　进清洗塔的氨盐水温度为 30～38℃，在清洗塔内吸收 CO_2 9～12tt，如果清洗塔不加冷却，则温度约升高 7～10℃。为了减少制碱塔顶部出气的带 NH_3 量，送往制碱塔顶的清洗液，温度应维持在 38～42℃。在溶液进入制碱塔时，大量吸收 CO_2，放出反应热，使溶液温度升高。在临界点时，已自热到 60～68℃。这是保证 $NaHCO_3$ 结晶质量

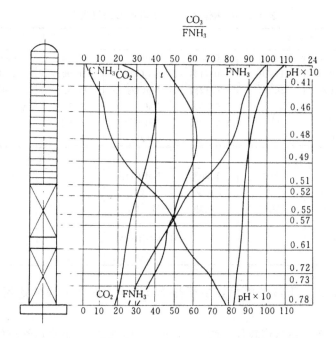

图 1-2-15　制碱塔内溶液主要成分变化曲线

（FNH₃、CNH₃、CO₂ 单位为 tt）

的重要温度。自临界点至冷却开始，温度只下降 3～4℃。前面已指出，这是由于被自下而上的气体所冷却的缘故。碳酸化液进入冷却段后被冷却水冷却，温度就逐渐均匀地下降。为了制得结晶良好的重碱，在塔身高度 7m 左右处（由下往上数第 6 个水箱），温度应维持在 45℃以上。由临界点至该处为止，析出的重碱量约占总重碱质量的 2/3 以上。当碳酸化终结时，出碱温度降至 28～30℃。如果在整个冷却段内，温度下降均匀，就可望得到晶体质量良好的重碱。

　　氨盐水相对密度约为 1.165～1.175，在清洗塔吸收少量 CO_2 后，相对密度稍有增加。在制碱塔上部吸收大量 CO_2 后，相对密度迅速增加到 1.200～1.205。在 $NaHCO_3$ 结晶析出之前，碳酸化液的相对密度变化很小。在临界点以后，由于 $NaHCO_3$ 的析出，相对密度就随之降低。至冷却段顶点，溶液相对密度约为 1.180～1.190。以后相对密度继续下降，出碱液的相对密度约为 1.125～1.127。

　　碳酸化液在塔内的相对密度变化情况也列于表 1-2-9 之中。

2.5.8　碳酸化塔的倒换与清洗

　　制碱 3～4d 后，在冷却水管外结上一层厚厚的 $NaHCO_3$ 疤垢，塔体内壁及菌帽上也挂上了 $NaHCO_3$ 疤垢，影响了气体和液体的流通。严重时，晶浆不能畅通流出，而是时断时续地喷射出来，这种情况发生时，唯一的方法是从塔底通入蒸汽蒸煮，使其发生如下反应：

$$NaHCO_3(s)+NH_4Cl(aq)\longrightarrow NaCl(aq)+NH_3(g)\uparrow +CO_2(g)\uparrow +H_2O(l) \qquad (1\text{-}2\text{-}39)$$

从而将 $NaHCO_3$ 疤垢溶解。

　　堵塔和蒸煮是生产操作事故及其处理措施。在正常操作情况下，应该用预碳酸化除去疤垢。

　　碳酸化塔制碱 60～80h 以后，已发生结疤，上下段疤垢的组成如表 1-2-10。

表 1-2-10　碳酸化塔上下段疤垢的组成/%

上段疤垢				搭配结果			
Na^+	25.19%	FNH_3	0.84%	$NaHCO_3$	41.30%	$CaSO_4$	0.61%
HCO_3^-	33.00%	Fe_2O_3	0.71%	Na_2CO_3	21.00%	Fe_2O_3	0.30%
CO_3^{2-}	26.01%	SO_4^{2-}	0.12%	$MgCO_3$	19.39%	SiO_2	0.10%
Cl^-	7.37%	SiO_2	0.10%	$NaCl$	12.15%	H_2O（差值）	0.39
Mg^{2+}	5.59%	S^{2-}	0.12%	NH_4HCO_3	3.90%		
Ca^{2+}	0.39%			$CaCO_3$	0.53%		

下段疤垢				搭配结果			
Na^+	25.30%	FNH_3	1.20%	$NaHCO_3$	83.13%	H_2O（差值）	4.73%
HCO_3^-	64.75%	Fe_2O_3	痕量	Na_2CO_3	5.36%		
CO_3^{2-}	3.48%	SO_4^{2-}	痕量	$MgCO_3$	0.42%		
Cl^-	0.34%			$NaCl$	0.56%		
Mg^{2+}	0.12%			NH_4HCO_3	5.58%		
Ca^{2+}	0.09%			$CaCO_3$	0.22%		

从上表可以看出，下段的疤垢，主要是 $NaHCO_3$，而在上段的疤垢中则含有较多的 Fe_2O_3。

上部 2～3 个冷却水箱结疤较厚，约 9～12mm；中部 2～3 个水箱结疤约 6～8mm；下部 4～5 个水箱结疤最轻，只有 4～5mm。

通常将数座碳酸化塔组成一个塔组，其中一座塔进行清洗，而其余的塔制碱，按作业计划轮流更换。每一座制碱塔制碱一定时间后就改为清洗塔，进行清洗。

依照经验，每塔制碱 4 天后即行清洗，如此，以每五塔为一组，每天有一塔轮流清洗。

2.5.9　硫化物在碳酸化过程中的作用和变化

在吸氨和碳酸化系统中的塔体、贮槽和管道被溶液腐蚀，结果在溶液中含有 Fe^{2+}、Fe^{3+}。在制碱塔内，部分 Fe^{3+} 会以 $Fe(OH)_3$ 沉淀出来，混杂在 $NaHCO_3$ 结晶中，使成品纯碱着色，称为"红碱"。防止方法是在蒸氨母液中加 $(NH_4)_2S$ 或 Na_2S，后者与 NH_4Cl 反应也生成 $(NH_4)_2S$，当加热时，$(NH_4)_2S$ 即分解以 H_2S 逸出：

$$(NH_4)_2S \longrightarrow 2NH_3\uparrow + H_2S\uparrow \tag{1-2-40}$$

$$Na_2S + 2NH_4Cl \longrightarrow 2NaCl + (NH_4)_2S \tag{1-2-40a}$$

生成的 H_2S 气体随 NH_3 气进入吸氨塔，一同被盐水以 $(NH_4)_2S$ 形式吸收。

氨盐水中还原态的硫化物有 S^{2-}，$S_2O_3^{2-}$ 和 SO_3^{2-}，在清洗塔和制碱塔中由于窑气和炉气中含有 O_2 气，会将这些硫化物氧化：

$$2H_2S + O_2 \longrightarrow 2S + 2H_2O \tag{1-2-41}$$

$$S^{2-} + 1.5O_2 \longrightarrow SO_3^{2-}$$

$$S + SO_3^{2-} \longrightarrow S_2O_3^{2-} \tag{1-2-42}$$

由于上述这些氧化反应，耗去了窑气和炉气中的一部分 O_2，可以稍稍减缓了对塔体和管道的腐蚀。氨盐水中的 S^{2-} 和 Fe^{2+} 作用生成 FeS

$$Fe^{2+} + S^{2-} \longrightarrow FeS\downarrow \tag{1-2-43}$$

这种 FeS 沉淀在铁制设备和管道的表面形成坚固的薄膜，具有保护层的作用，能耐氨盐水对设备的腐蚀，使制成的纯碱不致含有铁锈，保证了纯碱的白度。另外部分 FeS 沉淀在氨盐水澄清桶中同 $CaCO_3$、$MgCO_3$ 一起沉降除去，这样就减少了进入重碱中的铁量，也起到提高纯碱白度的作用。

FeS 薄膜并不是紧密牢固的,当温度高,塔内液面上下波动时会脱落而混入碱液中使碱液呈现灰色。当加入"S"太多时,会与碳酸化液中的 Fe^{2-} 生成 FeS,使过滤所得的重碱杂有 FeS 及单体硫,成为含铁高的"灰碱"。这些灰碱,在煅烧时,FeS 也成为 Fe_2O_3,也使纯碱染成"红碱"。

有时氨盐水中含较多的 Fe^{2+},特别是新开用设备时,或者蒸煮碳酸化塔的疤垢时,溶液中含有较多的 Fe^{2+},当加入多量的 S^{2-} 时,会使出碱液含 FeS 而出"灰碱"。

为了防止"红碱"或"灰碱",除了氨盐水中的加 S^{2-} 量要合适外,还要防止大量空气进入窑气和炉气中,致使其含氧量过高,使碳酸化塔腐蚀加重。此外,对塔的清洗不能过度,否则也会加重腐蚀。

2.5.10 碳酸化塔的构造

由于碳酸化过程中存在着气、液、固三相,在结构上要求气液两相有良好的接触,生成的 $NaHCO_3$ 固体不至于下沉而堵塞气液通道;及时取走大量的反应热和结晶热以保证最适的取出温度。历史上曾使用过许多种碳酸化设备,但以 Solvay 碳酸化塔应用最为成功和最为广泛。

Solvay 碳酸化塔是一座铸铁塔(图 1-2-16)。由许多菌帽和下盘 [图 1-2-16 (a)、1-2-16 (b)],用铸铁空圈相间层层叠置而成。在碳酸化塔的下部还相间插以冷却箱。碳酸化塔的上部称为吸收段,由氨盐水入口到 $NaHCO_3$ 开始析出的临界点为止;下部则称为冷却段,在这一范围内,$NaHCO_3$ 不断呈结晶析出。

铸铁冷却管使用过程中,遭到脓疮般的腐蚀,它比表面腐蚀的破坏性还要大,有铸造缺陷的铸铁管更危险,产生石墨化,加速腐蚀。我国采用铸铁管外涂环氧树脂层保护。俄国用 1Cr18Ni9T;2Cr18Ni9T,这两种管材具有良好的防腐性能。

上段的各铸铁空圈内径为 $\phi1.83\sim3.4m$,每圈高为 $380\sim400mm$,下段各冷却圈,高约 1m,其冷却水箱,用许多根外径为 50mm,内径为 33mm,长约 2.2m 的铸铁管,装在长方形铸铁管板间而成。碳酸化塔高约 $22\sim26m$。二氧化碳气自底部通入,气泡沿每层倒锥形开口的下盘锯齿边缘上升至菌帽下,再经菌帽的锯齿边缘穿过冷却水箱至上层的下盘下面,成 Z 字形流动。碳酸化液体则也成 Z 字形逆向流动。碳酸氢钠浆液的出口,则位于塔底 CO_2 气进口的对方。

每塔有冷却箱 $9\sim12$ 个分三层或四层出水。冷却水由塔底部第一个冷却水箱进入,视塔内碳酸化液的温度情况由下层、中层或上层排出一部分冷却水。排出的冷却水或放入地沟或回到循环水系统中去。我国沿海许多碱厂,都用海水作为冷却用水,除冬天少量返回调节水温外,一般都直接放入海中。

为了加快冷却水的流速以提高传热效率,每一冷却水箱中,水是呈多程流动的。根据水的流向区分,有田字形和弓字形两种这可以从图 1-2-16 (c) 看出。

Solvay 碳酸化塔虽然操作性能良好,但容易结疤,连续运转 $3\sim4d$ 即须改为清洗塔进行洗疤,倒换塔的操作比较复杂;冷却水箱的传热系数很低,因而所需传热面积很大,且随着操作时间的延续,疤层厚度的增加,传热情况更加恶化;塔内结构复杂,由于介质腐蚀性强,需采用铸铁制造,大型工厂的塔数多,造价高。针对这种情况,近年也出现了许多改进的塔型。

图 1-2-17 为筛板塔,塔径 $\phi3000mm$,高 28.6m,有 21 层筛板。上部吸收段为 14 圈,每圈高 800mm,筛板上有 12 个 $\phi60mm$ 的小孔,并有 4 块挡板。下部冷却段共 7 圈(7 个冷

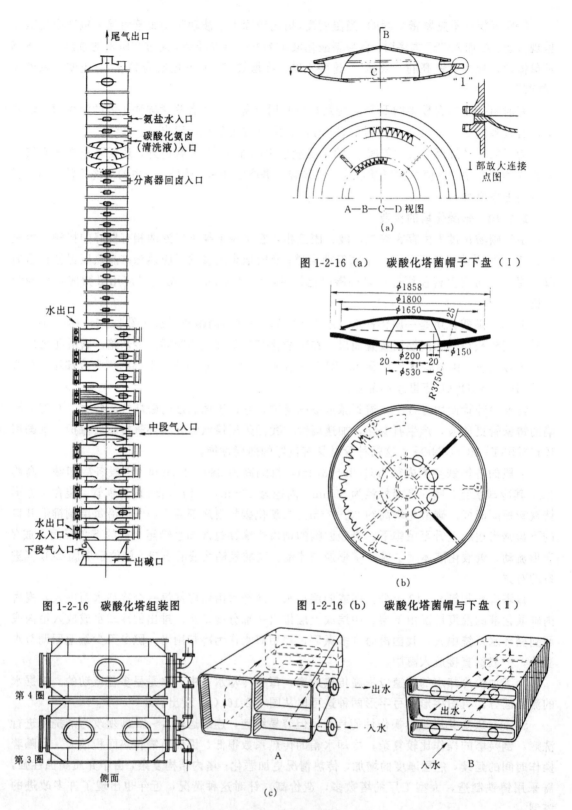

尾气出口

氨盐水入口

碳酸化氨卤
（清洗液）入口

分离器回卤入口

水出口

中段气入口

水出口
水入口
下段气入口

出碱口

图 1-2-16　碳酸化塔组装图

B

C

"I"

I 部放大连接点图

A—B—C—D 视图

（a）

图 1-2-16（a）　碳酸化塔菌帽子下盘（Ⅰ）

ϕ1858
ϕ1800
ϕ1650
25

20　ϕ200　20
ϕ530　ϕ150

R3750

（b）

图 1-2-16（b）　碳酸化塔菌帽与下盘（Ⅱ）

第4圈

第3圈

侧面

出水

入水

A

出水

入水

B

（c）

图 1-2-16（c）　碳酸化塔水箱

A. 田字形冷却水流向；B. 弓字形冷却水流向

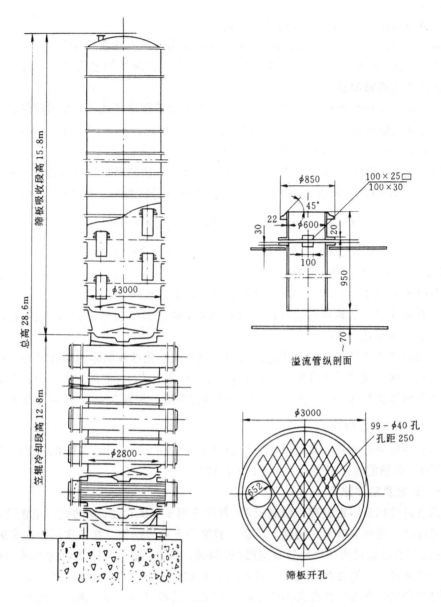

图 1-2-17 φ3000×φ2800～2860mm 筛板式碳酸化塔

却水箱)，每圈高 1.45m，其冷却水管的安置方法与 Solvay 碳酸化塔相似。两个水箱之间也有筛板上有 8 个 φ54mm 的孔，筛孔上有带齿的帽盖。

每块筛板上设一根导管，作为内溢流管。悬浮液由导管从上一层筛板逐渐下流到下一层筛板上，导管下端管口距筛板 100mm，工作时浸泡在悬浮液内。因而气体不会进入导管之中。气体只能经由筛孔上升至一层筛板上。气体流速很大，足以使液体湍动，保持晶体悬浮，并能防止悬浮液经筛板流下。

由于气液湍流，$NaHCO_3$ 的过饱和度较低。晶体的平均粒径为 $150\mu m$，重碱过滤后水分降为 15%，而且生产能力比笠帽塔大，配备的冷却面积反而相对少些，生产十分稳定。

2.6 重碱的过滤

碳酸化塔取出的悬浮液，须用过滤的办法将 $NaHCO_3$ 固体与母液分离，所得的重碱送去煅烧成为纯碱成品，而母液送去蒸氨以回收氨。

过滤时必须对滤饼洗涤，以除去重碱晶间残留的母液，使纯碱含的 NH_4Cl 和 $NaCl$ 降到最低。重碱中的 $NaCl$ 固然会以 $NaCl$ 留在纯碱中，NH_4Cl 在重碱煅烧过程也会与 $NaHCO_3$ 复分解成为 $NaCl$ 进入纯碱成品。

洗水宜用软水，以免水中所含的 Ca^{2+}、Mg^{2+} 形成沉淀而堵塞滤布。如用转鼓真空过滤机过滤，所得重碱的组成举例如下：$NaHCO_3$ 69.28%，Na_2CO_3 7.76%，NH_4HCO_3 3.46%，$NaCl$ 0.26%，Na_2SO_4 0.16%，H_2O（差值）19.15%。

100g 的重碱，煅烧后所得产品量（g）称为烧成率。其值的高低与重碱组成，主要与水分含量有关。纯 $NaHCO_3$ 的烧成率为 63.1%，上述举例成分的重碱的烧成率计算如下：

$$2NaHCO_3 \longrightarrow Na_2CO_3 \qquad 故 \quad \frac{69.28}{84 \times 2} \times 106 = 43.71$$

Na_2CO_3，$NaCl$ 及 Na_2SO_4 不变，故为 7.76＋0.26＋0.10＝8.12

NH_4HCO_3、H_2O 全部挥发。

因此煅烧产物总重＝43.71＋8.12＝51.83（g），即烧成率为 51.83%。

一般用转鼓真空过滤机所得的重碱含 H_2O 分高，烧成率在 51%～53% 之间，而用离心机过滤时，烧成率可高达 60%。

由于洗涤时加入了洗水，因而滤过母液的体积比碳酸化母液的体积稍有增加。这种增加的程度可以用溶液中氯离子浓度的变化来表示，称为"氯差"，一般约为 3～5tt。如果每吨纯碱的碳酸化母液体积为 5.4m³，[Cl]＝99tt，设两种溶液的氯差为 4tt，则滤过母液的体积＝ $5.4 \times \frac{99}{99-4} = 5.63 m^3/t$ 纯碱。

过滤后所得母液的组成大致为：NH_4Cl 68～70tt、$NaCl$ 24～24tt、NH_4HCO_3 24～30tt、S^{2-} 0.01～0.02tt。母液的相对密度约为 1.126～1.127。

2.6.1 转鼓真空过滤机

转鼓真空过滤机最早由氨碱厂研制成功，首先应用于重碱过滤。它的优点是连续操作，而且简单，将过滤、脱水、吹干、洗涤、压挤、滤饼刮下等项操作，在一次回转中完成，生产能力大。转鼓真空过滤机为一个回转真空圆鼓，以铸铁制造，图 1-2-18 为其过程的示意图，转鼓半浸没在碱浆槽中。鼓的直径视工厂的生产规模而定，大的可达 3.8m。转鼓直径愈大，则浸没深度增大产生的静压头也愈大（φ2.25m 的转鼓，浸没锥角 140°，静压头约 0.7m），容易形成滤饼，有助于减小过滤的漏网损失。转鼓的宽度与直径相差不多。鼓的外面覆以过滤介质，可用毛绒布、涤纶布或金属滤网。毛绒布阻力较大，因而形成滤饼的厚度最薄，含水分最高，烧成率最低。涤纶布次之，金属滤网的阻力最小，形成滤饼最厚，烧成率最高。因而近来工厂多乐于采用。然而漏网率增高，应完善细晶回收。

转鼓下半部分浸没于碱浆槽中，其上部露出槽外。当转鼓回转时，鼓内真空使滤饼吸附于滤布上，形成滤饼带，继续回转到液面以上时，过滤终止，即进入干燥和洗涤阶段。洗涤完毕，经三个辊子轻压，榨出滤饼中的水分，压平滤饼并稍带压碎作用，使刮下的滤饼疏松而不致结块。为了保持碱浆的固体含量均匀，碱浆槽内装有搅拌器。

图 1-2-19 为真空过滤机的流程，由制碱塔底部出来的碱浆经过出碱槽 1，分配到各台过滤机的碱浆槽 3a 内，碱浆槽内装有搅拌机（图中未绘出），碱浆量可以用设在进料管上的旋塞调节。碱浆槽设有溢流管，多余的晶浆从溢流管流入碱浆桶 6 中，再由碱浆泵 7 重新送入碳酸化塔的出碱槽 1 中。

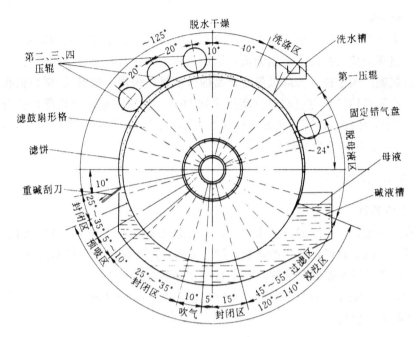

图 1-2-18　重碱过滤机过滤过程示意图（氨碱法）

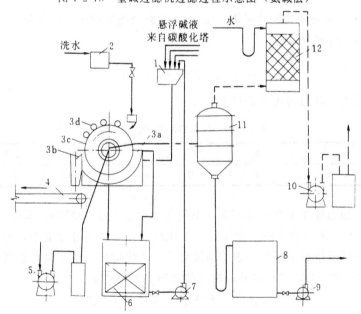

图 1-2-19　重碱过滤工艺流程图

1—出碱槽；2—洗水桶；3—过滤机；3a—碱浆槽；3b—刮碱刀；3c—转鼓；3d—压碱辊；4—重碱皮带；
5—吹风机；6—碱浆桶；7—碱浆泵；8—母液桶；9—母液泵；10—真空机；11—分离器；12—净氨塔

过滤机所需的真空度由真空机 10 产生，将过滤后的母液和空气一起抽入分离器 11，母液自流入母液桶 8，空气则被抽入净氨塔 12，用水回收其中的 NH_3 和 CO_2 后经真空泵排空。

为了生产 NaCl 含量低于 0.3% 的低钠纯碱，德国 Stassfurt 和 EIMCO 公司制造出将洗水和母液分流并将洗水多次重复用于洗涤的离心机。使在每吨碱洗水用量为 $1m^3$ 的情况下，能将纯碱中 NaCl 的含量控制在 0.3% 以下，滤饼水含量 13%，而单位过滤面积的日生产能力达到 70t。这种过滤机无错气盘，无压辊，又无搅拌装置，构思新颖别致。

2.6.2 离心机

离心机的优点是经它脱水后的重碱含水分低，流程简单，不需要复杂的真空系统，动力消耗也较低。但每台离心机的生产能力低，因而应用不及转鼓真空过滤机普遍。

国外有的氨碱厂为了进一步降低最终产品的含盐量，采用了过滤机-离心机联用的方案。将碳酸化取出液先经转鼓真空过滤机分离脱水到 19%，然后将重碱再经离心机进一步脱水，使含水量由 19% 降到 10% 以下。此时重碱含 NaCl 量也由 0.3% 降低到 0.14%，煅烧后纯碱含盐分小于 0.3%，达到低盐纯碱的要求。

2.7 重碱的煅烧

2.7.1 煅烧原理

碳酸化得到的重碱，经过滤及洗涤以后，需经煅烧才能制得纯碱，同时回收二氧化碳以供碳酸化之用。重碱煅烧时，所含的铵盐也随之分解，因而煅烧也是精制过程。

$NaHCO_3$ 在常温下就能部分分解，在高温时分解更为剧烈进行。

$$NaHCO_3(s) \longrightarrow Na_2CO_3(s) + H_2O(g) + CO_2(g) - 128.06kJ/mol \qquad (1-2-44)$$

该反应的平衡常数为

$$K_p = p_{H_2O} p_{CO_2}$$

式中 p_{H_2O} 和 p_{CO_2} 为两种气体的平衡分压，K_p 的数值随温度的升高而增大，在纯 $NaHCO_3$ 分解时，p_{H_2O} 与 p_{CO_2} 应相等，即

$$p_{H_2O} = p_{CO_2} = \sqrt{K_p} = \frac{1}{2} p$$

p 即为分解压力，其值为表 1-2-11 所示。

表 1-2-11　NaHCO₃ 的分解压力

温度/℃	30	50	70	90	100	110	115
分解压力 p/kPa	0.8	4.0	16.05	55.24	97.47	167.00	219.58

由上表可知，当温度在 100~101℃时，分解压力已达 0.1013MPa。即在 0.1MPa 下，可使反应式（1-2-44）不断向右进行。但实际上在此温度下，反应进行很慢。图 1-2-20 为不同温度下重碱各组分的反应速率曲线，表明温度愈高。反应愈快，所需时间愈短。反应式（1-2-44）、式（1-2-45）、式（1-2-46）以及游离水的蒸发都需要热量。

$$NH_4HCO_3(s) \longrightarrow NH_3 \uparrow + CO_2 \uparrow + H_2O \uparrow \qquad (1-2-45)$$

$$NaHCO_3(s) + NH_4Cl(s) \longrightarrow NaCl(s) + CO_2 \uparrow + H_2O \uparrow + NH_3 \uparrow \qquad (1-2-46)$$

在 190℃条件下，半小时内即可使 $NaHCO_3$ 完全分解。因此，实际上煅烧温度都控制在 160~200℃之间，其具体温度视煅烧炉的生产负荷而定。如煅烧温度不足，不是煅烧时间延长，就是重碱不能完全分解。

由式（1-2-46）可知，重碱中含有 NH_4Cl 时，与 $NaHCO_3$ 反应结果也生成 NaCl，增加了纯碱成品中 NaCl 的含量。所以在重碱过滤时，良好的洗涤除去 NH_4Cl 是很重要的。

由过滤机过滤所得的重碱，因其含水量高，在煅烧炉内煅烧时，在高温情况下，极易粘壁和结成碱球。所以需要用一部分煅烧好的纯碱返回与湿重碱混合以降低原始重碱中的水分，称为返碱。混合后的炉料含水降低到 8% 左右，返碱量一般为成品纯碱量的 2~3 倍。

重碱煅烧时，出口气体主要是 CO_2 和水蒸气，并含有少量 NH_3。经过冷凝和洗涤，即可得到浓度很高的 CO_2 气，称为炉气，其浓度视回转炉动密封的气密性而定，一般可含 CO_2 在90％以上。经过压缩后，作为碳酸化塔的下段气使用。

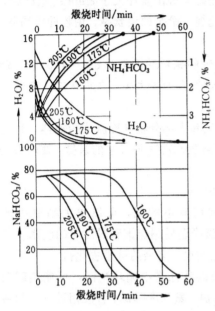

图 1-2-20 （a）粗重碱煅烧过程 $NaHCO_3$、NH_4HCO_3 和 H_2O 含量与煅烧温度、时间的关系

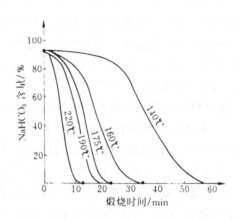

图 1-2-20 （b）化学纯碱酸氢钠煅烧过程曲线，$NaHCO_3$ 含量与煅烧温度和时间的关系

2.7.2 煅烧工艺流程

工艺流程如图 1-2-21 所示。

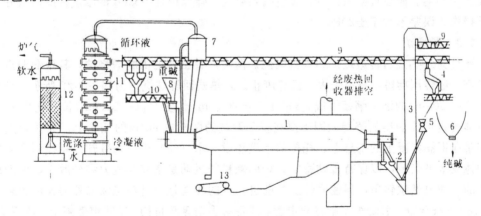

图 1-2-21　重碱煅烧工艺流程

1—外热式回转煅烧炉；2—地下螺旋输送机；3—吊斗提升机；4—震动筛；5—粉碎机；6—碱仓；
7—集灰罐；8—粗重碱加料器；9—成品螺旋输送机；10—返碱螺旋输送机；
11—炉气冷却塔；12—炉气洗涤塔；13—加煤机

重碱由皮带输送机运来，加入重碱加料器 8 中，与 2～3 倍的返碱一起混合后，被送入煅烧炉内。在炉头设有进碱螺旋输送机，一方面将炉料搅拌混合，一方面又推送重碱进入炉身加热，粗重碱在炉内受热分解、干燥，并随炉体转动完成煅烧过程。

回转煅烧炉按热供应方式分为两类：外热炉为火炉，由燃料燃烧间接供热；内热式炉系蒸汽煅烧炉，则由中压蒸汽（2.9～3.3MPa 蒸汽）通过设于炉体内的蒸汽列管供热。

煅烧后的纯碱从炉尾取出，温度在 160～200℃之间，经螺旋输送机 2，吊斗提升机 3 提升，大部分循环返回炉头用作返碱，当一部分经过震动筛 4 分出直径大于 8mm 的碱球后，冷却入仓。再从仓中分批计量、包装成袋，以轻质纯碱出售。筛余的块状碱，用粉碎机粉碎后，重新过筛。

炉气从炉头的排气管引出，经集灰罐 7 分离出夹带的碱粉后仍含 0.8%～1.5%的碱粉，由炉气总管导入炉气冷凝塔中。在炉气总管中，由于炉气含碱粉太多，久而久之，总管会被碱粉堵塞，为此在总管内要连续喷洒软水将碱粉溶解。

进入炉气冷凝器后，用冷却水间接冷却，使水蒸气和大部分氨气冷凝成为液体，称为炉气冷凝液，而气体再进入炉气洗涤塔 12 内用精制盐水或软水洗净炉气中的余氨，处理后的炉气含 CO_2 90%以上，送去碳酸化。

集灰罐 7 捕集到的碱粉用螺旋输送机输送回到炉内。

炉气冷凝液送往淡液蒸馏塔回收氨后，为了利用其中的碱，可以送去制取小苏打（$NaHCO_3$）或苛化制成烧碱（$NaOH$），也可以经过适当降温后用作重碱过滤时的洗水。

炉气洗涤塔 12 的出口稀氨水，用于过滤机的补充洗水，多余的就送去化盐。

如将集灰罐出口的炉气在 90～97℃高温下在特设的洗涤塔中循环洗涤，可使热碱液的 Na_2CO_3 浓度由 18～20tt 提高到 45～50tt。同时由于高温，氨浓度降低。若液相进一步间接加热，氨含量就可进一步下降，使热碱液能用于苛化烧碱和小苏打的制造。目前此一工艺在国内各大中小氨碱厂和联碱厂已被广泛采用。

当煅烧炉在压力状态下操作时，炉气会串入重碱给料通道，使水蒸气冷凝引起炉头结成碱疤，堵塞通道；炉气也可能从密封端逸出，造成两端冒气，不但造成 CO_2 及 NH_3 损失，还会恶化工作环境。而在真空操作时，又会漏入空气，降低炉气中 CO_2 的浓度。所以最好是在常压下操作，误差不大于±20Pa。

2.7.3 煅烧炉

主要分为外热式回转煅烧炉和蒸汽煅烧炉两类。曾出现的沸腾煅烧炉，其致命弱点为蒸汽消耗高，运转周期短，碱损失大，已趋废止。外热式回转煅烧炉为图 1-2-22 所示。炉体由厚度为 20～30mm 的锅炉钢板焊成，直径 1.50～3.60m，长度 10.0～25.0m。长径比为 7～10，整个炉体通过炉头炉尾的铸钢大圈支撑在置于两端的两对成 60°角的托轮上；而托轮则通过轴承座落在钢筋混凝土的基础上。托轮的下端还设有水（油）槽来冷却因摩擦而产生的热量。炉体成水平安装，以保持传动稳定。炉内碱粉的运动是依靠其重力和分散力，借助旋转所产生的一种自然倾斜角，促使固体炉料前进。炉的转动是通过炉尾围墙外的大齿轮来实现的，转速 5～6r/min，煅烧炉要配备双电源，并备有手动盘车机构，以防突然停电，烧坏炉体。

炉体内部有重大的铁板链子，以若干个成 H 形的链板用链圈连接而成，一台直径 1.80m，长 18.00m 的煅烧炉，装有 300mm×400mm 的链板 51～52 块。每块重 18kg，大链子一端用螺钉固定在炉头的进料处，另一端固定于炉尾的出料处，随着炉体的转动，大链子刮着炉的内壁，使不致结疤。

炉头炉尾成锥形，除这两部分外，全部置于砖砌的密闭墙内。炉膛用高铝耐火砖及红砖筑成，热源可以是固体燃料煤、重油、渣油或煤气，燃烧后的烟气围绕炉体四周通过；而后在炉尾的烟囱排出。

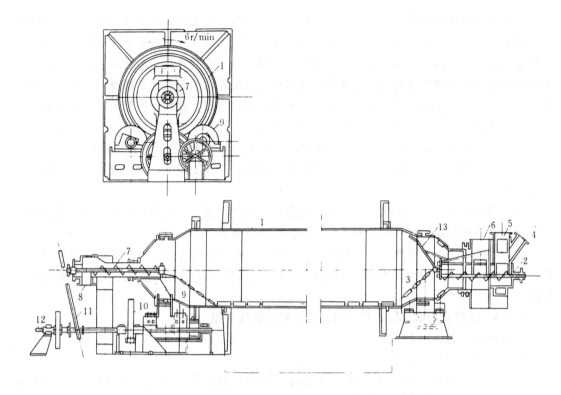

图 1-2-22　外热式回转煅烧炉（不包括加热炉床和烟气封闭炉体）

1—炉体；2—进碱螺旋输送机；3—大链子；4—返碱口；5—重碱入口；6—炉气出口；7—出碱螺旋输送机；
8—出碱口；9—托轮；10—传动齿轮；11—联合器；12—手动盘炉装置；13—炉头刮刀

有一种设计为了不用返碱，利用抛料的方式将重碱直接在炉内呈抛物线状射出，在空间即部分蒸发水分，从而做到重碱直接煅烧，称为无返碱煅烧炉。

外热式煅烧炉热效率低（≤50％），操作条件差，已日渐淘汰。

蒸汽煅烧炉的结构如图 1-2-23，是钢板焊接的圆筒形炉体，有 1°～2°的倾斜度，整个炉体支撑在托轮上，借助于安装在中部的大齿轮，减速机和电动机而转动。炉体外保温，而炉内装有 2～4 圈加热蒸汽管，内外各圈管数相等而管径大小不同。内圈管径小于外圈，加热管线的后端用涨管法固定而前端则架于炉头盖板的管孔上，用填料函密封，以允许管线受热膨胀。炉头管前端都使用小管将所有加热蒸汽管连成环形总管。

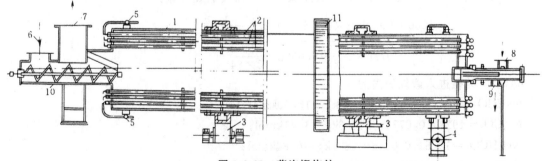

图 1-2-23　蒸汽煅烧炉

1—炉体；2—加热蒸汽管；3—挡轮；4—出碱口；5—不凝缩气体排放口；6—重碱入口；
7—炉气出口；8—蒸汽入口；9—冷凝水出口；10—进碱螺旋输送机；11—传动大齿轮

加热用蒸汽的压力为 2.9~3.3MPa，是由炉尾通过一个能随炉体转动的带有固定外套的空心轴进入炉内蒸汽室，套上配有蒸汽入口管和冷凝水出口管。蒸汽室分为三格，蒸汽借空心轴分别由三根管线平行地进入，再转送至各加热管内；冷凝水则由原管返回，流入位于外圈的冷凝水室，它随炉体转动，有专设管线引至空心轴外层固定套中的冷凝水总管内，再经疏水管排出。高温水仍可降压闪蒸生产低压蒸汽，再次利用。冷凝水回锅炉软化水系统。

蒸汽煅烧炉的生产能力为外热式回转炉的 2.5~3.0 倍；一般外热式回转炉的热效率只有 47%~55%，而蒸汽煅烧炉可达 80%。钢材使用量少，而寿命却为外热式回转炉 3~4 倍；由于不需要固体燃料和排渣储运，因而劳动条件大为改善，建造简便，操作控制简单，开停炉十分方便。

但一般的蒸汽煅烧炉也需返碱。为了克服这一缺点，现在已在德国出现内螺旋带输送式自身返碱蒸汽煅烧炉，在我国开发了管式自身返碱煅烧炉。

蒸汽煅烧炉的出碱温度一般控制在 180~210℃，炉气保持在 108~115℃，为了使出气管及旋风除尘器不粘不堵，须用蒸汽将它们保温使之远离露点。返碱量与外热或回转煅烧炉相同。

2.7.4 煅烧炉的物料衡算和热衡算以及降低能耗途径

设重碱组成为：$NaHCO_3$ 69.28%，Na_2CO_3 7.76%，NH_4HCO_3 3.46%，$NaCl$ 0.26%，Na_2SO_4 0.10%，H_2O 19.15%。

纯碱产品的组成：Na_2CO_3（包括未分解 $NaHCO_3$ 的折合量在内）99.20%，灼烧失量 0.10%，其余（$NaCl+Na_2SO_4$）0.70%。

灼烧失量是由于残剩的 $NaHCO_3$ 而引起的：

$$2NaHCO_3 \xrightarrow{\triangle} Na_2CO_3 + H_2O\uparrow + CO_2\uparrow \qquad (1\text{-}2\text{-}47)$$

当灼烧失量为 0.10% 时，相当于纯碱中含 $NaHCO_3$

$$\frac{0.10\% \times 2 \times 84}{44+18} \times 100\% = 0.27\%（84、44、18 分别为 NaHCO_3、CO_2 和 H_2O 的相对分子$$
质量）

折合成 $Na_2CO_3 = 0.27\% \times \dfrac{106}{2 \times 84} = 0.17\%$（106、84 分别为 Na_2CO_3 和 $NaHCO_3$ 的相对分子质量）

相当于每吨成品碱中含 $NaHCO_3 = \dfrac{0.27 \times 1000}{2 \times 84} = 0.0161 kmol$，因而成品碱中含 $Na_2CO_3 = 99.2\% - 0.17\% = 99.03\%$，因此每吨成品碱理论上需要煅烧重碱：

$$\frac{1000 \times \left(0.9903 \times \dfrac{1}{106} + 0.0027 \times \dfrac{1}{2 \times 84}\right)}{0.0776 \times \dfrac{1}{106} + 0.6928 \times \dfrac{1}{2 \times 84}} = 1.928(kg)$$

每制 1t 纯碱进入煅烧炉内的

$NaHCO_3 = 1928 \times 0.6928 = 1336 kg = 15.90 kmol$；

$Na_2CO_3 = 1928 \times 0.0776 = 149.6 kg = 1.41 kmol$；

$NH_4HCO_3 = 1928 \times 0.0346 = 66.7 kg = 0.84 kmol$；

$NaCl = 1928 \times 0.0026 = 5.01 kg = 0.086 kmol$；

$Na_2SO_4 = 1928 \times 0.0010 = 1.97 kg = 0.136 kmol$；

$H_2O = 1928 \times 0.1915 = 369.2 kg = 20.51 kmol$。

在煅烧时 1 kmol $NaHCO_3$ 按反应式 (1-2-47) 生成 $\frac{1}{2}$kmol H_2O 和 $\frac{1}{2}$kmol CO_2，而 1 kmol NH_4HCO_3 生成 1 kmol NH_3，1 kmol H_2O 和 1 kmol CO_2。重碱煅烧产品：

$Na_2CO_3 = 990.3$ kg；

$NaHCO_3 = 2.7$kg；

$H_2O = (15.90 - 0.0161) \times \frac{1}{2} + 0.84 + 20.51 = 29.3$kmol $= 527.4$kg；

$NH_3 = 0.84$kmol $= 14.3$kg；

$CO_2 = (15.90 - 0.0161) \times \frac{1}{2} + 0.84 = 8.79$kmol $= 197m^3$。

以重油为燃料的外热式燃烧炉，每生产 1t 纯碱，需重油 111kg，燃料热量为 4413.1MJ，其热量分布如下：

项 目	热量/(MJ/t)	%	项 目	热量/(MJ/t)	%
重碱分解热量	2113.3	47.89	返碱带走热量	55.2	1.25
炉气带出热量	206.3	4.67	烟道气带走热量	1363.5	30.90
出碱带走热量	145.7	3.30	热损失	529.1	11.99
合计	4413.1	100.00			

如果把重碱分解热作为基准，则外热式煅烧炉的热利用率尚不到 50%，热损失中最大的当推烟道气带走的热量。烟道气温度约为 400~500℃，如在烟道中安置废热锅炉或空气预热器以回收烟道气的废热，使出气温度降至 200℃以下。此外，如果采用蒸汽煅烧炉，其热效率可以提高到 80% 左右。如果使重碱的含水量降低，烧成率提高 1%，则就可使重油定额降低 4.2kg。

2.7.5 凉碱及其装置

纯碱的出炉温度在 160~190℃，在碱仓中储存，温度下降甚少。包装并装车由大连运至北京，行程 1380kg，历时 30 多小时。到达北京时的碱垛温度据实测仍在 80℃以上。在如此条件下，麻袋最多只能使用三次，而且内带塑料涂层的聚丙烯编织袋只能承受 100℃以下的温度，因此"凉碱"势属必需。所谓凉碱是将出炉的高温纯碱冷却至包装袋所能承受的温度。

凉碱装置有回转凉碱炉和流化床凉碱炉。

回转凉碱炉与蒸汽煅烧炉类似。高温纯碱从凉碱炉的炉头加入，热纯碱随炉体向前运动，与安装炉体内部的换冷管接触换热，冷却到 80~90℃后由炉尾排出。冷却水的进口温度为 40~45℃，换热后水温上升到 70℃，再回凉水塔冷却后循环使用。

流化床凉碱炉由上下不同直径的两个圆柱体用过渡节连接而成。热碱用螺旋输送机送入流化床浓相段的上侧，并借鼓风机送来的经过过滤的空气作流化介质进行流化。高温碱的显热由内部冷却水管用循环水移去。降温后的纯碱在浓相段下部由星形卸料器卸出。流化床尾气经旋风分离器和脉冲布袋过滤器两级分离后，由排风机排空。

2.7.6 重质纯碱的制造

由重碱煅烧而得的纯碱堆积密度在 0.45~0.69kg/L，而玻璃、冶金和颜料工业要求堆积密度 0.8~1.1kg/L 的重质纯碱，以减轻碱灰的飞扬损失，增加窑炉生产能力，减轻碱灰粉对耐火材料的侵蚀作用，延长窑炉的使用寿命。此外重质纯碱的质量体积小，包装和运输也比较经济。世界上经济发达国家的重质纯碱产量一般是纯碱总产量的 80%，且大部分为含 NaCl

<0.3%的优质纯碱。

重质纯碱的制造方法有固相水合法，液相水合法及机械挤压法。

2.7.6.1 固相水合法

其原理是轻质纯碱在 90～97℃之间的温度下，加水使其发生水合反应：

$$Na_2CO_3 + H_2O \longrightarrow Na_2CO_3 \cdot H_2O \qquad (1-2-48)$$

所得到的一水碱，晶格排列整齐。当煅烧时，发生逆反应又生成 Na_2CO_3，仍能保持良好的晶体结构，其堆积密度比水合前的重碱要高。

其生产方法为：温度 150～170℃的煅烧炉出来的轻质纯碱，用螺旋输送机送入水合机中，喷以 40℃的蒸汽冷凝水。理论上每吨纯碱需水量 170kg，实际上由于有一部分水会汽化逸走，故每吨纯碱需加水 350～400kg，使水合反应进行 20～25min，部分水分蒸发后仍含 3%～5%的游离水。进入重质碱煅烧炉在 130～150℃煅烧，所得重质纯碱松装堆积密度为 0.95～1.05kg/L，紧装堆积密度为 1.10～1.25g/L（紧装堆积密度指纯碱装入量器后震实的密度）。

2.7.6.2 液相水合法

液相水合法与固相水合法不同之处，只是采用较多量的水，Na_2CO_3 是在悬浮液中进行水化的。将煅烧工序送来的轻质碱，加入结晶器中，同时加入 Na_2CO_3 溶液，结晶器内的温度维持在 105℃，使 Na_2CO_3 水化。所得一水碱晶浆，用过滤机或离心机过滤而得一水碱滤饼，再经重灰煅烧炉在 130～150℃煅烧，即得重质碱。由于水量较多，纯碱中的细粒纯碱及 NaCl 可以溶解，因此使重质纯碱中的 NaCl 含量降低到 0.3%以下，达到低钠重质碱的标准。

2.7.6.3 挤压法

挤压机由两根相反转动的压辊，纯碱粉在两辊之间被挤压成为薄片，再经粉碎，筛分便可获得重质纯碱。当轻质碱堆积密度为 0.50～0.55kg/L 时，最终可得 1.0～1.1kg/L 堆积密度的纯碱。挤压法与上述两种水合法不同之处在于靠挤压、破碎，分级过程完成，没有化学反应过程，因而简单方便、能耗低，生产过程中没有温度升高，就能得到合适粒度的产品，而且粒度可调。

2.8　重碱湿分解

小苏打（洁碱）、一水碱、倍半碱以及苛化法烧碱都是以纯碱为原料生产的。而纯碱是由重碱煅烧得到的。采用煅烧方法热效率低、粉尘多、固体输送不便，所得 CO_2 气体又往往由于漏入空气而纯度下降。如以纯碱作为最终产品出售，煅烧是不得已而为之。但如果是制造小苏打等各种后续产品，生产过程中所用的是纯碱溶液，就可以采用重碱湿分解来代替重碱煅烧。所谓重碱湿分解是将重碱悬浮液通蒸汽分解使成纯碱溶液：

$$2NaHCO_3(s) \xrightarrow{\triangle} Na_2CO_3(aq) + H_2O(l) + CO_2(g) - 60.685kJ/mol \qquad (1-2-49)$$

与式（1-2-44）相比，耗热量显著减少。

湿分解塔的基建投资只有外热式煅烧炉之半，工艺操作简单，又没有机械传动装置；即使重碱结晶差，含水量高也无妨碍湿分解塔的正常进行。所回收的 CO_2 气浓度高，几乎可以达到 100%，而煅烧所得的炉气因漏入空气含 CO_2 仅在 92%左右。正由于具有这么多优点，故在纯碱厂应尽可能考虑采用湿分解。然而湿分解也存在一些缺点与不足，重碱的湿分解率只在 85%～87%之间，这对湿分解液用于制造小苏打和倍半碱是没有问题的，对用于苛化法烧碱就要引起石灰乳耗用量和苛化液量的增加。

2.8.1 Na_2CO_3-$NaHCO_3$-H_2O 体系的气液平衡

Harte 和 Baker[14]曾对 Na_2CO_3-$NaHCO_3$-H_2O 体系的气液平衡进行研究，推导出了如下经验式：

$$\frac{X^2}{1-X} = 0.09869(185-t)\frac{Sp}{C_{Na}^{1.29}} \qquad (1-2-50)$$

式中 C——溶液中 Na^+ 的总浓度，mol/L；

t——溶液的温度，℃；

S——在温度 t，压力为 101.325kPa 时，CO_2 在水中的溶解度，mol/L，其数值见表 1-2-12；

p——气相中 CO_2 的分压，kPa；

X——Na^+ 以 $NaHCO_3$ 形式存在的摩尔分数。

此式的适用范围是 $t=18\sim65℃$，$C=0.5\sim2mol/L$，但侯德榜[15]将它应用到 100℃，其准确度当然是值得怀疑的。但我们可以用它来作粗略的估计。

表 1-2-12   在 101.325kPa 下，CO_2 在水中的溶解度

温度/℃	15	25	35	45	55	65	75	85	100
CO_2 溶解度/(mol/L)	0.0455	0.0336	0.0262	0.0215	0.0175	0.0151	0.0170	0.0090	0.0065

设在湿分解塔底部，气相中 CO_2 的分压为 1kPa，溶液中 $[Na^+]=4.5\,mol/L$，溶液的温度为 100℃，则根据 (1-2-50) 式计算：

$$\frac{X^2}{1-X} = 0.09869\,(185-100)\times\frac{0.0065\times1}{4.5^{1.29}} = 0.007833$$

$$X = 0.08467$$

这就是说，在湿分解塔底部的 CO_2 分压如果为 1kPa，$NaHCO_3$ 就可以有 91.5％分解成为 Na_2CO_3，实际上由于分解时间不够长，所用蒸汽量不足，分解量只能达到 85％～89％。

湿分解时如采用较高的温度，则在式 (1-2-50) 中，$(185-t)$ 和 S 都相应减小，有利于 X 的降低。从式 (1-2-49) 也可以看出，高温有助于反应向右进行；其次高温时反应速度快。当溶液每升高 22～24℃，湿分解速度可以增加一倍。

重碱湿分解液的浓度和湿分解率视湿分解液的用途而异。要确定湿分解和湿分解液后加工过程的操作条件就需要研究 Na_2CO_3-$NaHCO_3$-H_2O 体系相图。

2.8.2 Na_2CO_3-$NaHCO_3$-H_2O 体系的液固平衡

35℃、100℃Na_2CO_3-$NaHCO_3$-H_2O 体系相图示于图 1-2-24，其溶解度数据取自文献[16]。

因为 2 mol $NaHCO_3$ 分解为 1 mol Na_2CO_3，故以 $2NaHCO_3$ 与 Na_2CO_3 的物质的量（摩尔）之和作图。横轴为两种碱的组成轴，其左端表示纯 $2NaHCO_3$，右端表示纯 Na_2CO_3，自左向右表示 Na_2CO_3 的摩尔百分数，也表示 $2NaHCO_3$ 的分解率。自右向左则表示 Na_2CO_3 的重碳酸化率。纵坐标表示体系的含水量，其单位为 mol H_2O/mol（$2NaHCO_3$-Na_2CO_3）。相图只画出本文讨论需要的部分，左边的 $NaHCO_3$ 溶解度线因为溶解度太小，而没有表示出来。

2.8.2.1   湿分解液用以生产倍半碱

倍半碱（$Na_2CO_3 \cdot NaHCO_3 \cdot 2H_2O$）中各成分含量为：

$$\text{Na}_2\text{CO}_3 \text{ 分率} = \frac{(\text{Na}_2\text{CO}_3)}{(\text{Na}_2\text{CO}_3) + \frac{1}{2}(\text{NaHCO}_3)} = \frac{1}{1 + \frac{1}{2}} = 0.667$$

$$\text{H}_2\text{O 含量} = \frac{(\text{H}_2\text{O})}{(\text{Na}_2\text{CO}_3) + \frac{1}{2}(\text{NaHCO}_3)} = \frac{2}{1 + \frac{1}{2}} = 1.333 \text{ mol/mol}(\text{NaHCO}_3 + 2\text{Na}_2\text{CO}_3)$$

所以倍半碱的组成点为（0.667，1.333），在相图上标为 T_r。

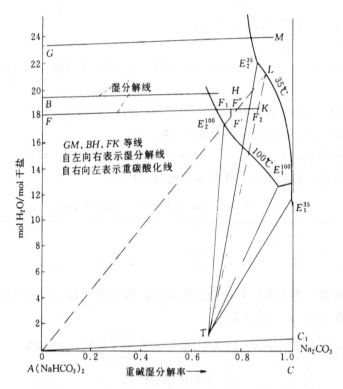

图 1-2-24　35 ℃、100 ℃ Na_2CO_3-NaHCO_3-H_2O 体系相图

（$\text{Na}_2\text{CO}_3 \cdot \text{H}_2\text{O}$ 和倍半碱结晶部分）

100℃时，倍半碱-NaHCO_3 共饱点 E_2^{100} 的 H_2O 含量为 17.45mol/mol（$\text{Na}_2\text{CO}_3 +$ 2NaHCO_3）。现取 18mol H_2O/mol（2NaHCO_3），（NaHCO_3 浓度为 $\frac{2 \times 84}{18 \times 18} \times 1000 = 520\text{g}/1000\text{g}$ H_2O）作为原料液，在图中为 F 点。在湿分解以前 NaHCO_3 是不能完全溶解的，只能以悬浮状态送入湿分解塔中。湿分解过程必须使重碱全部溶解，才能使固溶体中存在的 NH_4HCO_3 完全分解成为 NH_3 和 CO_2，然后逐出。

当湿分解过程进行到与 100℃下 NaHCO_3 溶解度线的交点 F_1 时，NaHCO_3 虽已溶解完毕，但系统点尚未进入倍半碱结晶区。当湿分解率达到 F_2 点时，系统点已落在 35℃倍半碱结晶量的最大处。当达到 85% 湿分解率的 K 点后，再将湿分解完成液缓缓降至 35℃，析出倍半碱。分离后的母液 L 加一定量的水和重碱进行循环生产。

2.8.2.2　湿分解液用作生产小苏打

上面已述及。共饱液 E_2^{100} 含 H_2O 17.45mol/mol（$\text{Na}_2\text{CO}_3 + 2\text{NaHCO}_3$），其中 Na_2CO_3 为 0.71mol/mol（$\text{Na}_2\text{CO}_3 + 2\text{NaHCO}_3$），所以只要悬浮液中 NaHCO_3 浓度为 $\frac{2 \times 84}{17.45 \times 18} \times 100 =$

534.9 [g/1000 g H₂O]，湿分解率大于71％，重碱悬浮液就可以转变成纯碱清液，NH_4HCO_3 也能完成分解。考虑到湿分解和重碳酸化的液固比不能太小，否则料液的输送和过滤都将困难，因而一般取每1000g水中含480g重碱，其在相图中的点为 B，其纵坐标值为：

$$\frac{1000/18}{480/(2\times84)}=19.4\ \text{mol H}_2\text{O/mol}(Na_2CO_3+2NaHCO_3)$$

当湿分解率大于66％时，悬浮液就完全转变为清液。为使重碱中 NH_4HCO_3 完全分解，生产中一般使湿分解率达70％～80％，湿分解完成液冷却到60℃送到碳酸化塔中，用窑气重新重碳酸化制取小苏打，碳酸化的最终温度为35℃，过滤后母液返回循环。

湿分解率不宜太高，否则不仅浪费加热用的蒸汽量，而且又增加了重碳酸化的负荷。

2.8.2.3 湿分解液用于苛化法制烧碱

因为生产1mol NaOH，用 $NaHCO_3$ 为原料与用 Na_2CO_3 为原料相比，石灰乳的用量要增加一倍。所以湿分解率要尽可能高，达到85％以上。

苛化法制烧碱石灰乳中含CaO每升约250g，苛化完成液中NaOH浓度为11％～12％。所以用于湿分解的重碱悬浮液含量为400g $NaHCO_3$/1000g H_2O。相当于23.3 mol H_2O/mol $NaHCO_3$ 在相图中为 G 点。

过 G 点作湿分解操作线，当湿分解率为90％时，湿分解液为 M。从相图可知，温度只要高于35℃，湿分解完成液就以溶液存在。而考虑湿分解速度及苛化法工艺要求一般使重碱悬浮液于90～100℃下湿分解，湿分解液直接送去苛化制造烧碱。

2.8.3 重碱湿分解的工艺流程

重碱湿分解的工艺流程见图1-2-25。

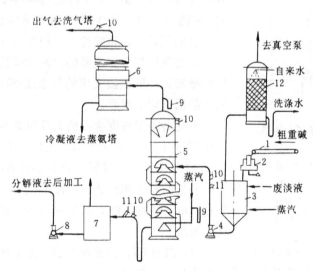

图 1-2-25 重碱湿分解工艺流程

1—重碱皮带输送机；2—加料器；3—化碱桶；4—泵；5—分解塔；6—气体冷却塔；
7—分解液贮桶；8—分解液泵；9—压力计；10—温度计；11—取样口；12—洗气塔

粗重碱由皮带输送机1和加料器2加入化碱桶3中，并加入蒸去氨后的炉气冷凝液或其它含碱的净杂水，制成重碱悬浆，送入湿分解塔5的顶部。在塔下部通入蒸汽，按式（1-2-49）进行湿分解反应，并进行下列诸反应：

$$NH_4HCO_3 \longrightarrow NH_3\uparrow +CO_2\uparrow +H_2O$$

$$NaHCO_3+NH_4Cl \longrightarrow NaCl+NH_3\uparrow+CO_2\uparrow+H_2O$$

分解液在塔底引出,送入分解液贮桶7,然后用泵送去苛化或制造小苏打和倍半碱。湿分解塔的顶部出气含 NH_3 和 CO_2 经气体冷却塔6冷凝出一部分冷凝液(称为淡液)后,在洗气塔(图中未示出)中洗涤,含 NH_3 洗水可与冷凝液一并送往蒸氨塔蒸馏,CO_2 则经压缩后送去碳酸化。

湿分解塔系泡罩和填料的混合塔,如图1-2-26所示。上部采用泡罩结构,为的是避免重碱悬浆堵塔。当部分分解为纯碱以后,$NaHCO_3$ 溶入液相,此时无虞再会堵塔,所以塔的下部就可以采用填料塔以增大气液相的接触面积使 CO_2 逸出并降低流体阻力。图1-2-26所示的湿分解塔有6个外溢流泡罩。填料层高度为17m,用箅子板分两层填装。塔的下部有4m高的塔体作为分解液贮槽使用。

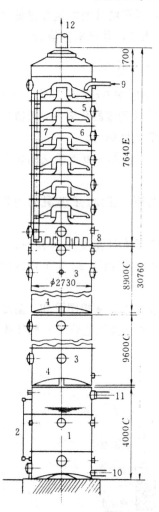

图1-2-26 湿法重碱分解塔
1—贮桶;2—液面计;3—填料层;
4—箅子;5—泡罩段;6—泡罩;
7—溢流管;8—气、液分布板;
9—重碱浆液入口;10—分解液出口;
11—蒸汽入口;12—气体出口

2.9 氨的回收

在碳酸化母液中含有大量的氯化铵及碳酸氢铵,在氨碱法中则将它分解成氨循环使用。每生产1t纯碱,需有 $0.4\sim0.5tNH_3$ 在系统中循环。因此如何减少循环过程中氨的损耗是一个极为重要的问题。在所有的氨碱厂中,都将各种含氨溶液收集起来,用加热蒸馏法将 NH_3 回收。在一般氨碱法工厂中,每生产1t碱需消耗 $2\sim5$ kg NH_3。而在最先进的记录中,每吨纯碱只损耗 NH_3 1 kg。

送到蒸氨部分回收氨的料液除碳酸化母液外,还有炉气冷凝液,补充氨损失用的氨水或 NH_4HCO_3 固体以及氨盐水贮槽沉降的泥浆。

上述各种溶液混合后的大致组成为 CNH_3 55tt,FNH_3 25tt,NaCl 26tt,CO_2 16tt。此外,还要加入 $(NH_4)_2S$ 或 Na_2S 作防腐用,也需要以 H_2S 形式蒸出。

料液的总体积约为 $6\sim7m^3/t$ 碱,其中重碱母液约为 $5.4\sim6m^3$,各种淡液为 $0.5\sim0.8m^3$。所谓淡液是氨浓度很稀的溶液。

淡液中含有碱(Na_2CO_3 或 $NaHCO_3$),因而 NH_3 很容易蒸出。为了减少重碱母液蒸氨塔的负荷,大型碱厂都设置单独淡液蒸馏塔另行蒸馏。

氨是以游离氨和结合氨两种不同的形式存在,对它们的蒸馏方法当然也就不同。对游离氨只要简单加热即可蒸出:

$$NH_4HCO_3 \longrightarrow NH_3\uparrow+H_2O+CO_2\uparrow$$

$$(NH_4)_2CO_3 \longrightarrow 2NH_3\uparrow+H_2O+CO_2\uparrow$$

$$(NH_4)_2S \longrightarrow 2NH_3\uparrow+H_2S\uparrow$$

对结合氨必须加石灰后才能加热逐出 NH_3:

$$2NH_4Cl+Ca(OH)_2 \xrightarrow{\triangle} 2NH_3\uparrow+H_2O+CaCl_2 \tag{1-2-51}$$

但由于碳酸化母液中有 CO_2 存在，如果直接加入石灰乳就会由于下列反应：

$$Ca(OH)_2+CO_2 \longrightarrow CaCO_3\downarrow+H_2O \tag{1-2-52}$$

而招致 CO_2 的损失和石灰乳用量的增加。故必须采用两段蒸馏：先将料液加热以逐出游离氨和 CO_2，然后再加入石灰乳使 NH_4Cl 分解成为游离氨而后再蒸出之。因此回收氨的蒸馏塔分为两个塔段，回收游离氨的塔段称为预热段；回收结合氨的塔段称为石灰蒸馏段，简称灰蒸段。在预热段和灰蒸段之间要加设预灰桶，将预热母液和石灰乳在此进行式（1-2-51）化学反应。

石灰乳会与溶液中的 SO_4^{2-} 生成 $CaSO_4\cdot2H_2O$，使蒸氨塔结疤，久而久之，就将蒸馏塔堵死。如何延长蒸氨塔的操作周期，也是制碱工作者的研究课题。

带化学反应的蒸馏和结疤堵塔使蒸氨过程复杂化。

2.9.1 蒸氨过程的汽液平衡

对 NH_3-H_2O 体系的汽液平衡，研究者先后有 E. Pirom[16]，И. И. Левин，А. Г. Ткачев 和 Л. М. Розенфельд[17]，他们的工作用图 1-2-27 表示。由预灰桶流入灰蒸塔的溶液，CO_2 已蒸出殆尽，故溶液可认为是仅含有 NaCl 和 $CaCl_2$ 的 NH_3-H_2O 体系。溶液中的 NaCl 会使水蒸气压略有下降，却使 NH_3 蒸汽压稍有升高。溶液中的 $CaCl_2$ 使水蒸气压下降较大，又由于与 NH_3 络合而使氨分压也下降。因此 $CaCl_2$ 和 NaCl 对 NH_3 分压的影响彼此抵消，认为与不含 NaCl 和 $CaCl_2$ 的纯 NH_3-H_2O 体系相近。图 1-2-28 表示灰蒸段 x-y 关系。

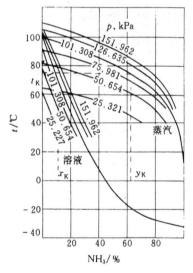

图 1-2-27　不同温度和压力情况下的
NH_3-H_2O 系统汽液平衡曲线

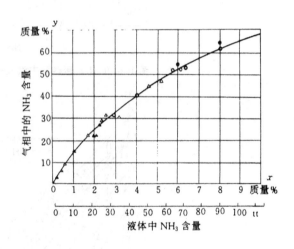

图 1-2-28　蒸馏液和氨水的 x-y 曲线
（图中△、○为不同作者的实验数据）

在 NH_3-CO_2-H_2O 溶液中，CO_2 和 NH_3 可以彼此降低对方的蒸汽压，这是由于两者发生化学反应生成 $(NH_4)_2CO_3$ 和 NH_2COONH_4 的缘故。

当 NH_3-CO_2 的水溶液中加入 NH_4Cl 时，NH_3 和 CO_2 的分压随之提高；加入 NaCl 时，对两者的分压影响甚微。图 1-2-29（a）、（b）、（c）表示不同压力时，预热段中溶液的汽液平衡，其中 x，y 表示液相、气相中 NH_3 的质量分数（％）；u，z 表示液相、气相中的 CO_2 质量分数（％）；p 表示压力（kPa 或 MPa），t 表示温度，此系统为三组分、二相体系，根据相律有 3 个自由度，故可以从 x,y,u,z,p,t 6 个变量中任意改变三个，而其余三个就可以由图 1-2-29（a）、 （b）、（c）求出。

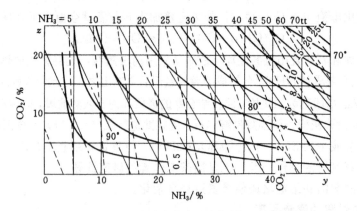

图 1-2-29（a）　预热段中汽液平衡相图（$p=64.6kPa$）

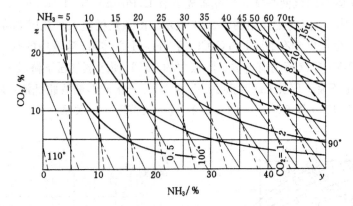

图 1-2-29（b）预热段中汽液平衡相图（$p=101.7kPa$）

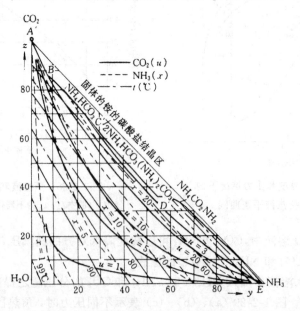

图 1-2-29（c）$p=0.1MPa$ 时，NH_3-CO_2-H_2O 汽液平衡相图
y—气相 $NH_3\%$；x—液相 $NH_3\%$；z—气相 $CO_2\%$；u—液相 $CO_2\%$

2.9.2 蒸氨流程与设备

蒸氨流程如图 1-2-30 (a、b，其中 b 为蒸氨塔详图)，它由母液预热器 1，预热段 4，石灰乳蒸馏段 5，预灰桶 6 及气体冷凝器 7 等五个主要设备组成。母液预热器和气体冷凝器两部分的作用是回收热量和降低氨气中的水分。它们由 7～10 个卧式冷却水箱组成。管外走热气，管内是母液或冷却水。冷母液由母液泵 10 送入母液预热器 1 的最下一个水箱，在管内曲折上流，穿过所有水箱，而从最上一个水箱出来进入分液槽 3，然后进入预热段 4，与蒸出的热气体换热，使温度升高到 70℃左右。同时，管外的热气体温度由 80～90℃降到 65～67℃后进入气体冷凝器，将其中的大部分水蒸气冷凝后，再把 NH_3 送入吸氨塔中用盐水吸收成为氨盐水。

经母液预热器预热后的母液进入预热段，预热段一般为填料塔，母液由上部经分液板加入，与下部来的热气体直接接触，蒸出所含的游离氨及二氧化碳，在母液中只剩下结合氨和氯化钠。

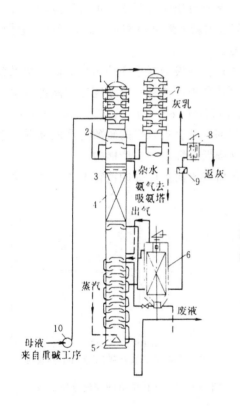

图 1-2-30 (a)　蒸氨流程简图

1—母液预热器；2—精馏段；3—分液槽；
4—预热段；5—石灰乳蒸馏段；
6—预灰桶；7—气体冷凝器；8—加石灰
乳缸；9—石灰乳流堰；10—母液泵

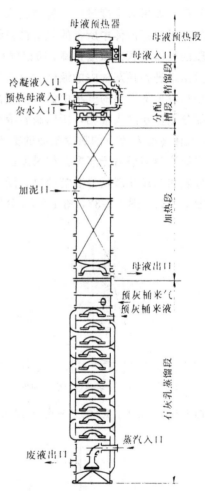

图 1-2-30 (b)　蒸氨塔

从预热段出来的预热母液进入预灰桶与石灰乳混合，预灰桶上装有搅拌器，使母液与石灰乳充分混合，将结合氨转变为游离氨，生成的氨气就直接进入加热段，而液相进入灰蒸段进行蒸馏。灰蒸段设有 10 多个单菌帽泡罩板。预灰桶出来的含石灰乳母液加入该段的上部，与由塔底上升的蒸汽逆流接触。99%以上的氨被蒸出，含微量氨的废液由塔底排出。

蒸馏塔所需热量是由塔底进入的 0.17MPa 低压蒸汽供给，每生产 1t 纯碱约需要 1.5～2.0t 蒸汽。这是氨碱厂中最大的耗能点。

2.9.3 蒸氨工艺条件

蒸馏塔所用的水蒸气是蒸汽机排出的 0.16～0.17MPa 的乏汽，由灰蒸塔的底部直接通入。通入量以使预热段底部液体温度达 100℃，尽量除净 CO_2 为度。一般蒸汽消耗量为 1.5～2t/t 纯碱。

气体冷凝器的出气要控制在 60～62℃。过高时，出气带水蒸气太多，会使吸氨系统的氨盐水稀释严重。出气温度太低，在管道中会生成 NH_4HCO_3 和 NH_2COONH_4 等固体，堵塞管道。

对于蒸氨来说，减压是有利的，故一般在预热段顶部保持 670Pa 的微微真空，使预灰桶保持常压。如果真空度过度，就会漏入空气，冲稀氨气，影响吸收。

预热段底部液体中所含的氨全部是结合氨，其平衡氨分压应等于零。但自灰蒸段上升到预热段的气体中氨的浓度很高，所以气相中的氨将部分重新溶解到液相中。正由于这一原因，预热段出口进到预灰桶中的液体含有浓度比较高的氨。

预热段顶部逸出的气相中氨浓度很高，如果比入口新料液的氨平衡分压高的话，结果会有一部分氨重新溶入液相，所以新料液必须在母液预热器中加热到一定温度后才能进入预热段。由气体冷凝器流下的热冷凝液的氨浓度一般较浓，($FNH_3$185～210tt，CO_2 140～160tt) 最好送去淡液蒸馏塔另行蒸馏。如果返回加入预热段顶部，就会被入口的碳酸化母液稀释，造成部分氨和二氧化碳反复蒸馏冷凝，既浪费热能，又降低蒸馏塔的生产能力。

图 1-2-31，图 1-2-32，图 1-2-33 分别定性地表示塔内不同高度处的液相氨的平衡氨蒸汽

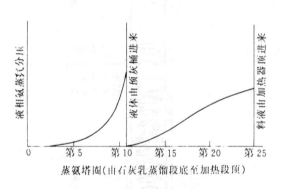

图 1-2-31 液相中氨的蒸汽平衡分压曲线

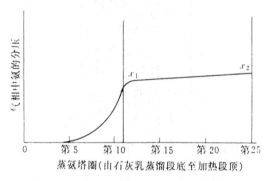

图 1-2-32 气相中氨的理论分压曲线

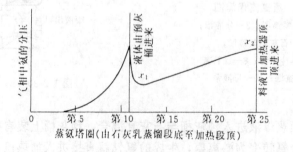

图 1-2-33 蒸馏塔不同高度气相中氨的实际分压曲线

分压，气相氨的理论蒸汽分压和实际氨蒸汽分压。所谓理论氨蒸汽分压是指氨气不重新溶入液相的情况。

蒸出的氨可在两处重新溶入液相，一是在预热母液经分配槽与气相直接接触处（x_2）；二是在预热塔的底部与下方上升的由灰蒸段蒸出的浓氨气直接相接触处（x_1）。正因为重新溶入液相，图 1-2-32 的 x_1，x_2 两点要较图 1-2-33 的 x_1，x_2 为低。

塔内各层液体成分见表 1-2-13。

表 1-2-13 蒸氨塔内各塔圈的液体成分表

	自下数的塔圈数	重氨/(g/L)	游离氨/(g/L)	结合氨/(g/L)	二氧化碳/(g/L)
加热段	21	83.4	39.0	44.4	26.2
	20	74.0	30.7	43.3	9.0
	19	66.0	23.1	42.9	3.8
	18	62.8	20.4	42.4	2.0
	17	60.5	18.5	42.0	1.2
	16	57.7	16.2	41.5	0.71
	15	55.0	13.8	41.2	0.33
	14	53.0	12.1	40.9	0.20
	13	52.6	12.1	40.5	0
	12	39.0	39.0	0	0
灰蒸段	11	9.7	9.7	0	0
	10	4.0	4.0	0	0
	9	1.9	1.9	0	0
	8	1.0	1.0	0	0
	7	0.6	0.6	0	0
	6	0.33	0.33	0	0
	5	0.20	0.20	0	0
	4	0.13	0.13	0	0
	3	0.05	0.05	0	0
	2	0.03	0.03	0	0
	1	0.017	0.017	0	0

每吨纯碱送往蒸馏塔的各种液体量（m^3）：

碳酸化母液 5.4～6.0m^3；

过滤洗水，炉气冷凝液 0.6～1.0m^3；

石灰乳 2.0～2.5m^3；

加热直接蒸汽冷凝液 2.0～2.5m^3；

废液总量 10～12m^3；

废液成分（g/L），大致如下：$CaCl_2$ 95～115；$NaCl$ 50～51；$CaCO_3$ 6～15；$CaSO_4$ 3～5；$Mg(OH)_2$ 3～10；SiO_2 1～5；CaO 2～5；$Fe_2O_3 + Al_2O_3$ 1～3，NH_3 0.006～0.030；相对密度 1.10～1.13，总固体的 3%～6%（体积）。

2.9.4 蒸馏塔的热衡算及降低能耗途径

蒸馏塔的热量衡算见表 1-2-14。

表 1-2-14 蒸馏塔的热量衡算 (1t 纯碱)[18]

收　入	MJ/t	%	支　出	MJ/t	%
30℃母液带入	649.7	9.63	NH_4HCO_3 分解热量	314.0	4.66
95℃灰乳带入	984.4	14.60	$(NH_4)_2CO_3$ 分解热量	180.7	2.70
30℃冷凝液带入	87.6	1.30	NH_3 挥发热量	974.4	14.44
反应热	111.0	1.65	110～115℃蒸馏废液带走热	2925.7	58.20
			出气带走热量	896.1	13.30
蒸汽带入	4911.8	72.82	塔下跑气	447.5	6.60
			热损失	6.0	0.10
合计	6744.5	100.0	合计	6744.4	100.0

从蒸馏塔废液带走的热量占蒸馏塔总能耗的 58.2%，回收这部分热量是十分重要的。但回收又是一项技术性很高的课题，因为蒸馏液中含有悬浮物，腐蚀性又很强，如果采用普通的热交换技术，很易在热交换器表面形成结疤、堵塞流通。所以一般多采用闪蒸技术来回收这部分热量。

2.9.4.1 闪蒸及真空蒸馏

最简单的回收热量方法是采用一级闪蒸流程[19]。通常利用蒸氨塔塔底废液温度 110～115℃，（其相应的纯水蒸气压为 0.15～0.17MPa）和母液预热段（约 0.094MPa）之间的压力差，将从塔底流出的废液设一闪蒸器减压，闪蒸出一部分低压蒸汽，直接送至预热段底部加热蒸氨母液；或送至单独设置的真空蒸馏塔中去蒸馏滤碱母液；或送去淡液蒸馏塔去蒸馏淡液。但因为压差有限（约 0.03～0.04MPa），所能回收的热量很少。每生产 1t 纯碱只能回收 150～170kg 蒸汽，绝大部分热量仍随废液排走。

为了提高二次蒸汽的压力并扩大其使用范围，可以采用的二级闪蒸流程。蒸氨废液的蒸汽压力为 0.15～0.17MPa，经一效闪蒸后约降到 0.12～0.13MPa，在第二级闪蒸器中，用蒸汽喷射泵（以一定压力的生蒸汽驱动）加压，送入淡液蒸馏塔作蒸馏用）。二次闪蒸后，可使闪蒸器压力降低到 0.073～0.080MPa，使纯碱生产成本降低 1.2%。

也可以采用多级闪蒸流程来回收热量。其主要设备为一系列闪蒸器，废液连续通过。每一级闪蒸器的压力低于前一级，由于废液温度略高于每一级中在对应压力下的温度而沸腾。最终废液的温度降到 58～60℃。分离出来的蒸汽通往换热器中加热其它液体，例如加热锅炉的供给水。

2.9.4.2 干法加灰蒸馏

减少蒸氨能耗的又一办法是往调和桶中加入干石灰。1 k mol（56.0kg）石灰用水消化时

$$CaO + H_2O \longrightarrow Ca(OH)_2 + 650.34kJ \qquad (1-2-53)$$

所放出的热量可以使 28.7kg 水气化。如果将干石灰直接加入预灰桶中就可以显著降低蒸氨所用的蒸汽。

图 1-2-34 表示了干石灰蒸馏和真空吸氨系统的工艺流程。

2.9.5 蒸馏塔结疤原因及除疤方法[20]

预热母液中含有少量 SO_4^{2-}，在调和槽中遇见石灰乳和 $CaCl_2$，即反应生成 $CaSO_4$

$$SO_4^{2-} + Ca(OH)_2 \longrightarrow CaSO_4(s) + 2OH^- \qquad (1-2-54)$$

$$SO_4^{2-} + CaCl_2 \longrightarrow CaSO_4(s) + 2Cl^- \qquad (1-2-55)$$

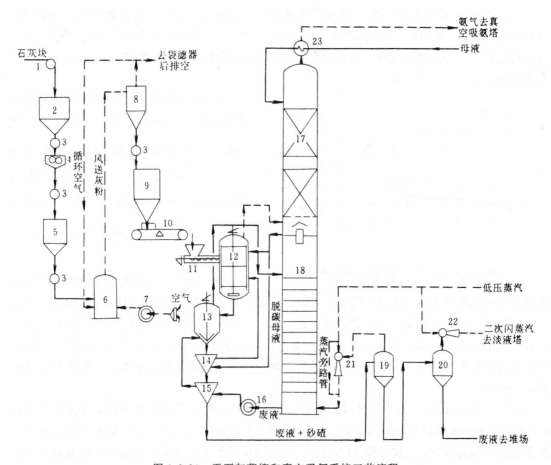

图 1-2-34　干石灰蒸馏和真空吸氨系统工艺流程

1—石灰皮带；2—灰仓；3—旋转阀；4—中碎机；5—中碎仓；6—磨粉机；7—鼓风机；
8—旋风分离器；9—灰粉仓；10—计量皮带秤；11—螺旋进灰机；12—预灰桶；13—砂阱；
14—母液洗砂器；15—废液洗砂器；16—废液泵；17—蒸氨塔预热段；18—蒸氨塔石灰段；
19—一级闪蒸器；20—二级闪蒸器；21—一级喷射器；22—二级喷射器；23—氨冷凝器

如果预热段出来的溶液含有未完全分解的$(NH_4)_2CO_3$，就会与$Ca(OH)_2$反应生成$CaCO_3$沉淀。

$$(NH_4)_2CO_3 + Ca(OH)_2 \longrightarrow CaCO_3 + 2NH_3 \uparrow + 2H_2O \uparrow \qquad (1-2-56)$$

生成的$CaSO_4$和$CaCO_3$会在预灰塔壁和灰蒸塔壁上结疤，也会在泡罩塔盆上沉积。沉积物除上述两种物质外，还有SiO_2和Fe_2O_3。经过$1\sim6$个月，就要停塔清扫。

结疤机理和疤的化学组成曾是许多文献探讨的课题。

$CaSO_4$有三种结构：石膏（$CaSO_4 \cdot 2H_2O$），半水石膏（$CaSO_4 \cdot \frac{1}{2}H_2O$）和无水石膏（$CaSO_4$）。在蒸氨液中由于有$CaCl_2$和$NaCl$的存在，$CaSO_4$溶解度和水合物的转变温度与纯水中的不同。在纯水中的溶解度先随温度升高而升高，然后下降。如20℃时溶解度为2.0g/L，40℃时为2.1g/L，而在100℃降为1.6g/L。

$CaSO_4$由于同离子效应，故其溶解度随$CaCl_2$的浓度之增加而降低；却随$NaCl$浓度之增加而增加。$Ca(OH)_2$和NH_3在溶液中之存在，对$CaSO_4$的溶解度影响甚微。图1-2-35是$CaCl_2$和$NaCl$对$CaSO_4$溶解度的综合影响。

图 1-2-35 中实线为 $Ca(OH)_2$ 加入预热母液后 5 分钟测定的 $CaSO_4$ 溶解度线，虚线表示 $Ca(OH)_2$ 加入 1h 后的溶解度线，两条曲线的纵坐标差说明 $CaSO_4$ 溶液很易形成过饱和，并表示出过饱和度的消失速度很慢。通常约需要 30min，过饱和度才能降到 $0.02\sim0.4tt$，即近于完全消除。

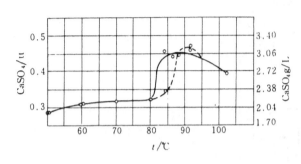

图 1-2-35　$CaSO_4$ 在蒸馏塔中的溶解度

在 80℃ 以下的温度直接生成稳定固相的 $CaSO_4 \cdot 2H_2O$；在 $80\sim88℃$ 先生成 $CaSO_4 \cdot \frac{1}{2}H_2O$ 介稳相而后转变为 $CaSO_4 \cdot 2H_2O$；在 $88\sim94℃$ 直接生成稳定的 $CaSO_4 \cdot \frac{1}{2}H_2O$；而在 94℃ 以上时，先生成 $CaSO_4 \cdot \frac{1}{2}H_2O$ 介稳相而后在转变成稳定的 $CaSO_4$。

大连化工厂对灰蒸段和预灰桶的疤垢进行 X 射线衍射分析和热分析，发现预灰桶的疤垢主要成分是 $CaSO_4 \cdot 2H_2O$ 和 $CaCO_3$，含无水 $CaSO_4$ 极小。而在灰蒸段的各塔圈中，自上而下，温度逐渐升高，疤垢中的 $CaSO_4 \cdot 2H_2O$ 和 $CaCO_3$ 逐渐减少，半水石膏和 $CaSO_4$ 逐渐增多。这和 Я Р. Гольдщтейи[21] 的理论是一致的。因此认为灰蒸塔的结疤是由于预灰桶中的硫酸钙过饱和度没有来得及消除，而进入灰蒸塔中继续析出的。

波兰 S. Kaminski[22] 进行了各种絮凝剂对灰铸铁圈结疤和利用絮凝剂消除原先疤垢的试验。他们使用的絮凝剂有美国 Allied Colloid 公司生产的 Antiprex A.B.C（原用于防止锅炉和水管结疤），Magnafloc 阳离子型 140、292、352，阴离子型 139 和非离子型 351 以及波兰国产的一些絮凝剂实际结果表明，当絮凝剂浓度各为 2mg/L，其结疤速度从 $3.4mg/dm^2 \cdot h$ 分别降到 $1.1mg/dm^2 \cdot h$ 和 $1.9mg/dm^2 \cdot h$。

当原先疤厚为 $53.2\sim60.1mg/dm^2$，加入 Magnafloc 155 和 Antiprex. A 两种絮凝剂的速度均为 10mg/L，实验表明 3h 后疤垢就开始溶解，最后可以溶解殆尽。

2.9.6　蒸馏废液废渣的处理

蒸馏废液每升约含 $CaCl_2$ $90\sim120g$，NaCl $45\sim55g$，CaO $2\sim4g$，$CaCO_3$ $10\sim20g$，$Mg(OH)_2$ $3\sim10g$，SiO_2 $1\sim5g$。所含的固体物质为 $CaCO_3$，SiO_2，Fe_2O_3 和 Al_2O_3，其数量和组成因所用的石灰石而异，大致为 $CaCO_3$ $35\%\sim50\%$，$Mg(OH)_2$ $5\%\sim8\%$，$CaSO_4$ $2\%\sim4\%$，NaCl $2\%\sim4\%$，Fe_2O_3 1.5%，酸不溶物 2% 及其它。悬浮液相对密度 $1.11\sim1.13$（33℃）。

每生产 1t 纯碱约排出废液 $10m^3$，含固体物质 $300\sim350\,kg$。

国内外处理废液和废渣的传统方法是利用海湾、山谷、空地或堤坝，将废液导入其中，令其沉降。清液任其流入河道或用泵送入海洋。这样污染环境，为害海域，影响渔业生产和水产养殖。如在内地建厂，还可能污染地下水源。废渣堆积，形成"白海"，茫茫万倾，极目凄凉，既侵占土地，又严重影响海域风光。

由此可见，废液废渣严重危及氨碱法自身，国内外有很多氨碱厂就因此而被迫停产或改产。

俄罗斯等国把废液注入油田，英国将废液注入已开采的盐田中，但这都是消极之举，下面举些国内外综合利用废液和废渣的方法。

2.9.6.1 用废液生产再制盐和氯化钙

澄清后的废液只含 $CaCl_2$ 和 NaCl，可以利用溶解度的不同而分开。生产 NaCl 或作为再制盐返回制碱或作为餐桌盐出售；生产 $CaCl_2 \cdot 2H_2O$ 用作冷冻剂和道路防滑剂；生产无水 $CaCl_2$ 作为干燥剂。

工业流程如下：废液先送至盐滩上自然蒸发，浓缩至含 $CaCl_2$ 120g/L，送入化盐桶中补加部分原盐，制成 $CaCl_2$ 90g/L，NaCl 220g/L 的盐钙卤水，经预热器预热后送入双效蒸发器逆流蒸发以析出再制盐，氯化钙溶液再经升膜器和降膜蒸发器蒸发制成二水氯化钙。

如欲制片状 $CaCl_2 \cdot 2H_2O$，则将降膜蒸发器蒸发出来的 $CaCl_2$ 70%～72% 溶液放入用蒸汽保温的贮槽内，自流进入滚筒式制片机，滚筒内表面用冷却水冷却，使滚筒外表面的液体氯化钙凝固成 1～2mm 厚的固体 $CaCl_2 \cdot 2H_2O$，然后用刮刀刮下即成片状，冷却到 60～70℃ 包装出售。

要制取高质量的 $CaCl_2$ 产品，将蒸发到 40% $CaCl_2$ 的溶液，先将 NaCl 分离，再用盐酸调节 pH 值，再加入漂白粉使杂质 $S_2O_3^{2-}$、SO_3^{2-} 和 Fe^{2+} 氧化，然后再加入 $Ca(OH)_2$ 将其中的 SO_4^{2-} 和 Fe^{3+} 沉淀。

2.9.6.2 清废液晒盐兑卤晒盐

经排渣场沉降后的清废液约为 9.1°Bé，pH=11.5，其组成（g/L）为：$CaCl_2$ 48.42，NaCl 41.3，$Ca(OH)_2$ 1.12，$CaSO_4$ 3.33，$MgCl_2$ 6.2，首先送入清废液池以调节晒盐淡旺季的用量与碱厂连续排放废液量不同的矛盾，然后利用曲线走水，使其蒸发到 15°Bé，将 $CaCl_2$ 含量提高到 84g/L 与 13.3°Bé 的卤水（本例是用地下卤水的情况，他处也可用海水预先浓缩而成的卤水），组成（g/L）为 $CaSO_4$ 3.92，$MgSO_4$ 9.43，$MgCl_2$ 15.83，NaCl 110.8，按清废液/卤水＝1/5（体积）掺兑，此时清废液中的 $CaCl_2$ 即与地下卤水中的 $MgSO_4$ 反应，生成 $CaSO_4 \cdot 2H_2O$ 沉淀从而从溶液中除去，澄清后的掺兑液为 13.1°Bé，组成（g/L）为 $CaCl_2$ 7.02，$CaSO_4$ 3.99，$MgCl_2$ 18.28，NaCl 92.5，送入蒸发池浓缩至 25.1°Bé，达到 NaCl 饱和点，进入结晶池产盐。继续晒至 27.3°Bé，NaCl 析出率达 80%。产盐后的苦卤含（g/L）：$MgCl_2$ 115.8，NaCl 112.6 进入苦卤池，回收副产品。所晒制的原盐含 NaCl 96.47%，堪称上乘。这样，制碱工业和制盐工业就成了亲密的合作伙伴。

2.9.6.3 废渣的利用途径

① 废渣中的主要成分为 CaO、SiO_2，天津碱厂洗去 Cl^- 以后，烧制成 425 号水泥。

② 将废渣经过滤和用海水洗涤后按一定比例配以炉渣，石灰和石灰石粉，挤压成型，当水分降至 4% 时，通入 CO_2（36%）进行碳酸化，制成碳化砖，其强度优于普通红砖。

③ 用作土壤改良剂。波兰大都为酸性土壤，利用蒸馏废渣作为土壤的调理剂；我们在湘、赣、闽、滇四省的红壤中用废泥作试验，结果表明，在酸性土壤中作物的增产率在 2%～5%；在苹果种植中作试验，不仅增产还有一定治理病虫害的作用，施用后，土壤 pH 值明显变化，加强了有效微生物的活动，可促进有机物的分解。

④ 用作胶凝材料。天津市新型建筑材料工业公司研究室和焦作化工三厂联合开发了以废渣为主要原料，配以少量炉灰渣和硫酸盐烧结成低温水泥，产品可与 400 号水泥相比。

参 考 文 献

1 Федотьев ПП，Z. phys. Chem. 1904，49；167～172；Z. Ang. Chem. 1904，44；1047～1649

2 Neumann B.，Domke R. Z. Elektrochem. 1928，39；136

3　内田章五，工化，1940，43：496，499；1941，44，146，150，394，397，400

4　Reinders W，Nicolai HW. Rec Trav. Chim. 1947，66：471

5　Микулин ГИ. Тр. ВИСП，1947．（5），转见 Викторов ММ. Графическме расчеты В Технологии Минеральных Веществ. Госхимиздат，1954

6　Jai Capai and A. Gupia，Chem. Eng. World 1980，14(1)

7　Юшекевич，Н. Ф. ЖПХ. 1930(28～30)，1928

8　Pischinger and others，Przemvsl Chem. 1956，(12)：629；1957，(9)：524

9　Белопольский АП. ЖПХ. 1946，19：1162～1188，1259～1264，1265～1269；1947，20：331～334，557～563，1133～1154，1235～1241

10　Pisent BRW，Pearson L. and Roughton FJW. Trans. Faraday Soc. 19

11　Andrew SPS. Chem. Eng. Sci. 1954，3，279

12　А. П. Белопольский. Производство соды и Сульфата Аммония из Мирабилита Госхимиздат. 1940

13　Markalons F. and Nyint J. Chem Promysl. 1965，(2)：618～620

14　Harte CR，Baker EM. Absorption of CO_2 in aqueous sodium carbonate—bicarbonate solution I. E. C. 1933. 25：1128

15　侯德榜．制碱工学．下册．北京：化学工业出版社，1961

16　Pirom E. Chem. Met. Eng. ，1922，25(15)

17　Левин ИИ Ткачев АГ，Розенфельд ЛМ. холодилвные Мащины. Пащепромиздат. 1939

18　郭立武．纯碱工业．1981，(4)：4

19　王军，夏亭，高志兴．纯碱工业．1997，(1)：13

20　金玉珽．含硝卤水直接制碱过程中用蒸馏废液除硝的工业研究．纯碱工业．1993，(1)：9

21　ГольдшTейИ Я. Р. 著．大连碱厂译．纯碱制造．1956(内部出版)

22　Kaminski S. 等．絮凝剂对氨碱法蒸馏系统中硫酸钙结疤的影响(内部资料)

第三章 联合法制纯碱

氨碱法的最大缺点是氯化钠利用率低；排放大量的蒸氨废液和废渣，不但原料无法完全利用，而且还严重污染环境，阻碍在内陆地区建厂。早在 1872 年德国人 Schreib 就提出循环法制碱的设想：从重碱母液中分离出氯化铵，又从氯化铵母液中分离出重碱，使过程循环进行。这样既充分利用了食盐，又杜绝了蒸氨废液的生成。1947 年荷兰人 Reinders 和 Nicolai[1] 研究了循环法相图，为循环法奠定了理论基础。

因为循环法是以食盐、合成氨厂的氨和二氧化碳为原料，联合生产纯碱和氯化铵两种产品的，故又称为联合法制碱。我国著名化工专家侯德榜博士在 1939 年开始研究这一工艺，称为侯氏制碱法。

3.1 联合法制碱的相图分析

联合法分为两个过程，第一过程为制碱过程，主要是含 NH_3-$NaCl$ 的溶液进行碳酸化，生成 $NaHCO_3$ 沉淀：

$$NH_3 + NaCl + CO_2 + H_2O \longrightarrow NaHCO_3 \downarrow + NH_4Cl \qquad (1\text{-}3\text{-}1)$$

这一过程的生产条件，可以用第二章的氨碱法相图进行讨论，分离 $NaHCO_3$ 以后的母液，称为母液 I 。其中含 NH_4Cl、$NaCl$、NH_4HCO_3 等溶质。

第二过程是使母液 I 中的 NH_4Cl 结晶析出。因为母液 I 中的 $NaHCO_3$ 已达饱和，而 NH_4Cl 却是未饱和的，要想使 NH_4Cl 单独析出而又不让 $NaHCO_3$ 析出，就必须想方设法降低 $NaHCO_3$ 的浓度同时又降低了 NH_4Cl 的溶解度。如果将母液 I 氨化，就发生如下两反应：

$$NH_3 + HCO_3^- \longrightarrow NH_4^+ + CO_3^{2-} \qquad (1\text{-}3\text{-}2)$$

$$NH_3 + HCO_3^- \Longleftrightarrow NH_2COO^- + H_2O \qquad (1\text{-}3\text{-}3)$$

反应的结果，溶液中的 HCO_3^- 浓度降低了，这就使得 $NaHCO_3$ 不再有析出的可能；若同时降低温度和加入 $NaCl$ 固体，NH_4Cl 就会大量析出。析出 NH_4Cl 固体以后的母液称为母液 II 。再吸氨、吸 CO_2 制取重碱。如此第一、二过程循环交替进行。

3.1.1 联碱相图

母液 I 是 Na^+、NH_4^+ // HCO_3^-、Cl^-、H_2O 四元体系，现在又增加了 NH_3，反应结果生成了 CO_3^{2-} 和 NH_2COO^-，一共增加了三种物质，独立组分数是多少呢？新增加的三种物质由于有 (1-3-2)、(1-3-3) 两个方程式联系着，其独立组分只增加一个，即在原先的四元体系基础上增加一个组分成为五元体系。

那么，在 NH_3、CO_3^{2-} 和 NH_2COO^- 这三种物质中，究竟把哪一种物质作为独立组分呢？选择独立组分是随意性的，为方便起见，可以将 NH_3 作为新增加的独立组分看待。这样，母液 I 氨化后就成为 Na^+、NH_4^+ // HCO_3^-、Cl^-、NH_3、H_2O 五元体系。

要表示某一恒定温度下这一五元体系的相图，需要四度空间，但可以把 NH_3 和 H_2O 的组成从五元体系中抽出，另用 p 值（mol NH_3/mol 干盐）和 m 值（mol H_2O/mol 干盐）两个参数表示液相中的 NH_3 和 H_2O 含量，剩下的 Na^+、NH_4^+、HCO_3^-、Cl^- 四种离子，可以用复分解盐对的相图表示。这种复分解盐对相图的绘制方法，与第二章氨碱法相图相同。

在研究联合法制碱相图时，把体系中的全部 CO_2 都看做 HCO_3^-，而把满足了 $[NH_4^+]=[Cl^-]+[HCO_3]-[Na^+]$ 这一电性中和关系式后所剩余的氨就认为是未化合的，以 NH_3 形式存在于溶液之中。这只是一种为了便于相图表示的假定。这种假定，不需再考虑溶液中有 CO_3^{2-}、NH_2COO^- 等离子的存在，但丝毫不影响相图的真实性和可靠性，因为相图所要研究的只是在液相表观组成下的液固平衡。

制碱过程的 $NaHCO_3$ 母液（下称为母液Ⅰ），应落在 $NaHCO_3$ 结晶区内而靠近 $NaHCO_3+NH_4HCO_3+NH_4Cl$ 的三盐共饱点 P_1，故测定了制碱温度下不同 NH_3 含量时的 P_1 点及 $NaHCO_3$ 和 NH_4Cl 二盐共饱线上若干点的溶解度。其中 Reinders 和 Nicolai[1] 测定了 35℃ 和 25℃；前田宰三郎[2,3] 测定了 5℃、15℃、30℃，我国大连化工厂[4] 测定了 30℃ 的溶解度。

制氯化铵过程的 NH_4Cl 母液（下称为母液Ⅱ）应落在 NH_4Cl 结晶区内，以接近 $NH_4Cl+NaCl+NaHCO_3$ 三盐共饱点 P_2 最为理想，故测定了低温及不同 NH_3 含量下的 P_2 点及 $NaHCO_3+NH_4Cl$ 二盐共饱线上的若干点溶解度，其中 Reinders 和 Nicolai 测定了 0℃、10℃ 和 15℃。前田宰三郎测定了 5℃、15℃；中国大连化工厂测定了 -10℃、0℃、10℃ 和 20℃，为了后文讨论方便，现将 Reinders 和 Nicolai 的数据节录于表 1-3-1（0℃ 数据从略），并在图 1-3-1 中绘出了 P_1 点和 P_2 随 NH_3 含量的变化轨迹。

表 1-3-1 Na^+、NH_4^+//HCO_3^-、Cl^-、NH_3、H_2O 体系溶解度[1]

温度 /℃	实验序号	液相组成/(摩尔/摩尔干盐)				固　　相
		$x(NH_4^+)$	$y(HCO_3^-)$	$p(NH_3)$	$m(H_2O)$	
35	P_1	0.865	0.144	0	6.050	$NaHCO_3+NH_4HCO_3+NH_4Cl$
	130	0.864	0.155	0.034	5.050	$NaHCO_3+NH_4HCO_3+NH_4Cl$
	138	0.862	0.171	0.072	5.880	$NaHCO_3+NH_4HCO_3+NH_4Cl$
	139	0.864	0.194	0.103	5.750	$NaHCO_3+NH_4HCO_3+NH_4Cl$
	131	0.836	0.133	0.031	6.030	$NaHCO_3+NH_4Cl$
	136	0.826	0.120	0.039	6.040	$NaHCO_3+NH_4Cl$
	135	0.790	0.100	0.033	6.100	$NaHCO_3+NH_4Cl$
	134	0.828	0.135	0.073	6.000	$NaHCO_3+NH_4Cl$
	137	0.783	0.110	0.081	6.070	$NaHCO_3+NH_4Cl$
	142	0.795	0.153	0.141	5.800	$NaHCO_3+NH_4Cl$
	141	0.719	0.122	0.137	5.810	$NaHCO_3+NH_4Cl$
	P_2	0.580	0.035	0	5.800	$NaHCO_3+NH_4Cl+NaCl$
25	P_1	0.835	0.135	0	6.45	$NaHCO_3+NH_4HCO_3+NH_4Cl$
	86	0.831	0.258	0.184	5.74	$NaHCO_3+NH_4HCO_3+NH_4Cl$
	93	0.840	0.348	0.318	5.18	$NaHCO_3+NH_4HCO_3+NH_4Cl$
	94	0.856	0.480	0.516	4.20	$NaHCO_3+NH_4HCO_3+NH_4Cl$
	101	0.869	0.527	0.597	3.87	$NaHCO_3+NH_4HCO_3+NH_4Cl$
	126	0.633	0.194	0.314	5.71	$NaHCO_3+NH_4Cl$
	127	0.735	0.221	0.361	6.00	$NaHCO_3+NH_4Cl$
	129	0.622	0.211	0.388	5.60	$NaHCO_3+NH_4Cl$
	130	0.723	0.251	0.414	5.76	$NaHCO_3+NH_4Cl$
	P_2	0.516	0.030	0	6.18	$NaHCO_3+NH_4Cl+NaCl$
	102	0.522	0.064	0.075	6.03	$NaHCO_3+NH_4Cl+NaCl$
	103	0.529	0.096	0.150	5.91	$NaHCO_3+NH_4Cl+NaCl$
	104	0.531	0.107	0.180	5.86	$NaHCO_3+NH_4Cl+NaCl$
	105	0.533	0.116	0.205	5.84	$NaHCO_3+NH_4Cl+NaCl$
	125	0.540	0.159	0.340	5.68	$NaHCO_3+NH_4Cl+NaCl$

温度 /℃	实验 序号	液相组成/(摩尔/摩尔干盐)				固　相
		$x(NH_4^+)$	$y(HCO_3^-)$	$p(NH_3)$	$m(H_2O)$	
25	128	0.541	0.165	0.380	5.66	$NaHCO_3+NH_4Cl+NaCl$
	76	0.565	0.234	0.493	5.09	$NaHCO_3+NH_4Cl+NaCl$
	77	0.587	0.267	0.616	4.79	$NaHCO_3+NH_4Cl+NaCl$
	79	0.610	0.322	0.779	4.33	$NaHCO_3+NH_4Cl+NaCl$
	96	0.608	0.316	0.805	4.30	$NaHCO_3+NH_4Cl+NaCl$
	126	0.633	0.194	0.314	5.71	$NaHCO_3+NH_4Cl$
	127	0.735	0.221	0.361	6.00	$NaHCO_3+NH_4Cl$
	129	0.622	0.211	0.388	5.60	$NaHCO_3+NH_4Cl$
	130	0.723	0.251	0.414	5.76	$NaHCO_3+NH_4Cl$
	Ⅱ	0.510	0	0	6.30	$NaCl+NH_4Cl$
	Ⅳ	0.763	1.000	0	17.9	$NaHCO_3+NH_4HCO_3$
	35	0.531	0	0.180	6.31	$NaCl+NH_4Cl$
	36	0.560	0	0.320	6.32	$NaCl+NH_4Cl$
15	P_1	0.814	0.120	0	7.20	$NaHCO_3+NH_4HCO_3+NH_4Cl$
	Ⅱ	0.453	0	0	6.75	$NH_4Cl+NaCl$
	P_2	0.453	0.024	0	6.65	$NaHCO_3+NH_4Cl+NaCl$
	106	0.458	0.062	0.090	6.60	$NaHCO_3+NH_4Cl+NaCl$
	144	0.463	0.090	0.180	6.48	$NaHCO_3+NH_4Cl+NaCl$
	145	0.476	0.150	0.330	6.26	$NaHCO_3+NH_4Cl+NaCl$
	147	0.482	0.180	0.410	6.16	$NaHCO_3+NH_4Cl+NaCl$
10	P_1	0.740	0.110	0	7.60	$NaHCO_3+NH_4HCO_3+NH_4Cl$
	Ⅱ	0.415	0	0	6.90	$NH_4Cl+NaCl$
	P_2	0.415	0.020	0	6.84	$NaHCO_3+NH_4Cl+NaCl$
	114	0.422	0.060	0.080	6.74	$NaHCO_3+NH_4Cl+NaCl$
	115	0.433	0.115	0.220	6.55	$NaHCO_3+NH_4Cl+NaCl$
	116	0.443	0.160	0.350	6.40	$NaHCO_3+NH_4Cl+NaCl$
	122	0.450	0.190	0.430	6.30	$NaHCO_3+NH_4Cl+NaCl$
	117	0.453	0.210	0.480	6.22	$NaHCO_3+NH_4Cl+NaCl$
	120	0.625	0.178	0.226	6.90	$NaHCO_3+NH_4Cl$
	121	0.763	0.215	0.261	7.15	$NaHCO_3+NH_4Cl$
	118	0.573	0.205	0.380	6.55	$NaHCO_3+NH_4Cl$
	123	0.565	0.240	0.465	6.50	$NaHCO_3+NH_4Cl$
	124	0.638	0.279	0.523	6.58	$NaHCO_3+NH_4Cl$
	153	0.445	0	0.153	6.93	$NH_4Cl+NaCl$
	152	0.468	0	0.317	6.91	$NH_4Cl+NaCl$

　　从图 1-3-1 可以看出，在温度恒定下，随着吸氨量 p 的增加，P_1 点先是垂直地向上而后稍稍偏右移动；P_2 点则一直向上偏右移动。而在同样吸氨量 p 下，随着温度的降低，P_2 点显著地偏向左侧。

　　图 1-3-2 是根据表 1-3-1 中的 25℃ 数据绘制的相图。从图上可以看出，随着吸氨量 p 的增加，$NaHCO_3$ 结晶区缩小，而 NH_4Cl 结晶区扩大。如果再辅以冷冻，则 NH_4Cl 的结晶区就可以进一步扩大。这就为从母液Ⅰ中制取 NH_4Cl 纯品提供了可能。

3.1.2　原则性流程

　　在图 1-3-3 中绘出了 35℃ 无 NH_3 和 10℃ 含 NH_3 0.35 (mol/mol 干盐) 时的 Na^+、NH_4^+/

66

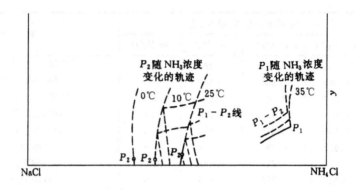

图 1-3-1 不同温度和 NH_3 量下，P_1 及 P_2 点的变化轨迹

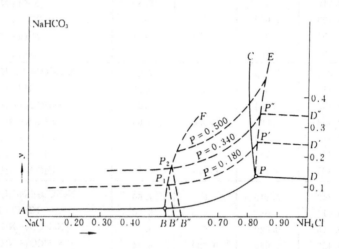

图 1-3-2 25℃不同 NH_3 量的 Na^+-NH_4^+ // HCO_3^--Cl^--H_2O 体系相图

HCO_3^-、Cl^-、H_2O 体系相图。

暂设碳酸化的最终温度为35℃，其母液 I 在图 1-3-3 中为 I，它处于 35℃ 的 $NaHCO_3$ 结晶区内。当母液 I 吸氨后成为氨母液 I 时，在相图上体系点的位置并未变化，但由于结晶区移动了，I 点由 35℃$NaHCO_3$ 结晶区变成了 10℃ 的 NH_4Cl 结晶区。如果冷冻到 10℃，就会析出 NH_4Cl 晶体。除冷冻外，还可用 NaCl 和 NH_4HCO_3 盐析，增加 NH_4Cl 的析出量。

当氨母液 I 进行碳酸化时，相当于往体系中加入 NH_4HCO_3，故体系点就沿着 ID 连线移到 E，它处于 10℃ 的 NH_4Cl 结晶区内，析出 NH_4Cl 固体，液相移动到 F。经冷冻析出 NH_4Cl 的过程称为冷析过程；F 母液则称为冷析母液或半母液 II。

当母液 F 加入 NaCl（其组成点为 B），使体系点达到 G 时，又会析出 NH_4Cl 固体。这一 NH_4Cl 结晶过程，称为盐析过程，其 NH_4Cl 母液称为盐析母液或称为母液 II。母液 II 吸氨时，在相图上停留在 II 点不动，溶液称为氨母液 II。此时由于吸氨的放热效应，温度升高到 40℃ 以上。

当加入少量 NaCl 固体时，体系点到达 H。这是第二次加盐，加入的 NaCl 量不一定完全溶解而以悬浮状态送去碳酸化。

在含 NH_3 溶液碳酸化时，相当于加入 NH_4HCO_3，于是体系点沿着 HD 连线移动到 K，它落在 35℃ 的 $NaHCO_3$ 结晶区内。如果碳酸化最终温度为 35℃，析出 $NaHCO_3$ 后又得到母液

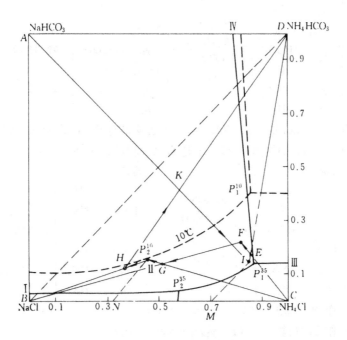

图 1-3-3　联合法制碱的相图

粗实线表示 35℃ 的溶解线；

粗虚线表示 10℃，$P=0.35$ 的溶解度线

Ⅰ 。从而构成了一个闭合循环，交替加入 NH_3、CO_2 和 $NaCl$，生产出重碱和 NH_4Cl 两种产品。

综上所述，联合制碱法的原则性流程应该安排如下：

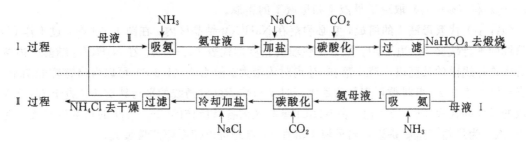

在第一、第二两个过程中，都添加 NH_3、CO_2 和 $NaCl$，只不过加入量有多有少，各步的温度也有所不同而已。这种在两个过程中都要加盐、吸氨、碳酸化的流程称为两次加盐、两次吸氨、两次碳酸化流程。

在联合制碱法中，由于过程循环进行，从理论上讲，$NaCl$ 和 NH_4HCO_3 的利用是充分的，不再存在像氨碱法中的钠利用率和氨利用率的高低问题。在联合法中，所要追求的工艺指标是每一次循环中所得到的最大 $NaHCO_3$ 和 NH_4Cl 产量。而循环产量主要决定于母液 Ⅰ 和母液 Ⅱ 的组成，下面就来研究这种关系。

以 1mol 干盐的母液 Ⅱ 为基准，作第一过程的物料衡算。式中的符号同表 1-3-1。其中 x 表示阳离子中 NH_4^+ 的摩尔分数；y 表示阴离子中 Cl^- 的摩尔分数，p 表示每 mol 干盐的 NH_3 mol 量；m 表示每 mol 干盐的 H_2O mol 量。下标 1、2 分别代表母液 Ⅰ 和母液 Ⅱ；系数 a,b,c,d,e,r 均为 mol 量。第一过程的总反应式为：

$$
e\left\{\begin{array}{ll}
\text{母液 II} \\
x_2 & NH_4^+ \\
1-x_2 & Na^+ \\
y_2 & HCO_3^- \\
1-y_2 & Cl^- \\
p_2 & NH_3 \\
m_2 & H_2O
\end{array}\right\}+\left\{\begin{array}{l}
aNaCl \\
bNH_3 \\
cCO_2 \\
dH_2O
\end{array}\right\}\xrightarrow{e}\left\{\begin{array}{ll}
\text{母液 I} \\
x_1 & NH_4^+ \\
1-x_1 & Na^+ \\
y_1 & HCO_3^- \\
1-y_1 & Cl^- \\
p_1 & NH_3 \\
m_1 & H_2O
\end{array}\right\}+\gamma NaHCO_3 \qquad (1\text{-}3\text{-}4)
$$

因为第一过程生产 1mol 的 $NaHCO_3$，第二过程必然生产 1mol 的 NH_4Cl，两个过程中共用去 1mol 的 $NaCl$、NH_3、CO_2 和 H_2O，于是第二过程的总反应式为：

$$
e\left\{\begin{array}{ll}
\text{母液 I} \\
x_1 & NH_4^+ \\
1-x_1 & Na^+ \\
y_1 & HCO_3^- \\
1-y_2 & Cl^- \\
p_1 & NH_3 \\
m_1 & H_2O
\end{array}\right\}+\left\{\begin{array}{l}
(\gamma-a)NaCl \\
(\gamma-b)NH_3 \\
(\gamma-c)CO_2 \\
(\gamma-d)H_2O
\end{array}\right\}\rightarrow\left\{\begin{array}{ll}
\text{母液 II} \\
x_2 & NH_4^+ \\
1-x_2 & Na^+ \\
y_2 & HCO_3^- \\
1-y_2 & Cl^- \\
p_2 & NH_3 \\
m_2 & H_2O
\end{array}\right\}+\gamma NH_4Cl \qquad (1\text{-}3\text{-}5)
$$

对式（1-3-4）作 Na^+ 衡算　　$(1-x_2)+a=e(1-x_1)+\gamma$ $\qquad (1\text{-}3\text{-}6)$

对式（1-3-4）作 Cl^- 衡算　　$(1-y_2)+a=e(1-y_1)$ $\qquad (1\text{-}3\text{-}7)$

（1-3-6）、（1-3-7）两式相减

$$\gamma=e(x_1-y_1)-(x_2-y_2) \qquad (1\text{-}3\text{-}8)$$

式 (1-3-8) 中的 γ 为每一循环中，1摩尔干盐的母液 II 所产生 $NaHCO_3$ 和 NH_4Cl mol 量。γ 的数值的大小就代表循环产量的大小。

由式 (1-3-8) 可以看出，当 (x_1-y_1) 增大和 (x_2-y_2) 减少时，γ 的数值都增加，而 (x_1-y_1) 和 (x_2-y_2) 取决于母液 I 和母液 II 的组成。

(x_1,y_1) 代表母液 I 的组成，它必须落在 $NaHCO_3$ 结晶区内，在图 1-3-3 中，过 I 作 BD 对角线的平行线交 BC 边于 M，则 BM 线段的长度即代表 (x_1-y_1)。在 $NaHCO_3$ 结晶区内各点所作这样线段的长度以母液 I 落在 P_1 点时为最大。故由式 (1-3-8) 可以得出这样的结论：每当母液 I 落在 P_1 点时循环产量为最大。过 II 点作 BD 对角线的平行线交 BC 边于 N，BN 线段的长度即代表 (x_2-y_2) 值，在 NH_4Cl 结晶区内各点所作的 (x_2-y_2) 的长度以母液 II 落在 P_2 点时为最短。这就是说，当母液 II 落在 P_2 点时可以使循环产量最大。

在整个循环过程中，$NaCl$、NH_3、CO_2 和 H_2O 只允许加入，并只允许以 NH_4Cl、$NaHCO_3$ 形式取出，因此式 (1-3-4) 中的系数 a、b、c、d 及式 (1-3-5) 中的系数 $(\gamma-a)$，$(\gamma-b)$，$(\gamma-c)$，$(\gamma-d)$ 都必须为正值，即 a、b、c、$d\geqslant 0$ 而又 $\leqslant\gamma$。可由物料衡算得出如下关系：

由式 (1-3-7)：　　　　$a=e(1-y_1)-(1-y_2)$ $\qquad (1\text{-}3\text{-}9)$

由式 (1-3-4) 作全氨衡算

$$b=e(x_1+p_1)-(x_2+p_2) \qquad (1\text{-}3\text{-}10)$$

由式 (1-3-4) 作 CO_2 衡算，并将式 (1-3-8) 的 γ 关系代入其中，可得：

$$c=ex_1-x_2 \qquad (1\text{-}3\text{-}11)$$

对式 (1-3-4) 作 H_2O 衡算：

$$d=e(x_1+m_1)-(x_2+m_2) \qquad (1\text{-}3\text{-}12)$$

式 (1-3-8) ～式 (1-3-12) 五个方程式表明，a、b、c、d、r 五个系数都是 x_1、y_1、x_2、

y_2 和 e 的函数。在选定母液 I 和母液 II 以后，就可以假定某一 e 值来试算这五个系数。如果它们都是正值，且又小于 γ，那么所选的母液 I 和母液 II 就可以构成良好的循环。反之，如果它们之中有一个为负值或大于 γ，则所选用的这对母液 I 和母液 II 就不可能进行稳定的循环生产。

母液 I 和母液 II 虽然以落在 P_1、P_2 点时循环产量最大，但为了选择构成良好循环的母液 I 和母液 II 的操作点及操作时容许的波动幅度，往往将母液 I 选在 $NaHCO_3$ 结晶区的内部，将母液 II 选在 NH_4Cl 结晶区的内部，当然尽可能地靠近 P_1 点和 P_2 点。

在上面的讨论中，反应组分 $NaCl$、NH_3、CO_2 和 H_2O 是分两次加入的。如果某种反应组分只在第一或只在第二过程中加入，则生产流程就可以简化。

在第一过程中加入 CO_2 是碳酸化制取 $NaHCO_3$ 所必需的，不得省略。如果省去第 II 过程的碳酸化就成了一次碳酸化流程。作式（1-3-5）的 CO_2 衡算，并令 $(r-c)=0$，即得：

$$y_2 = e y_1 \tag{1-3-13}$$

或由式（1-3-4）作 CO_2 的衡算，并令 $r=c$，得：

$$x_2 = e x_1 \tag{1-3-14}$$

第 II 过程的吸氨是中和 HCO_3^-，以免 $NaHCO_3$ 与 NH_4Cl 同时析出，这是省略不得的。但可省去第一过程中的吸氨，成为一次吸氨流程。令式（1-3-10）中的 $b=0$，即可得出一次吸氨流程的条件为

$$e(x_1 + p_1) = x_2 + p_2 \tag{1-3-15}$$

第 II 过程中的加 $NaCl$ 是为了盐析 NH_4Cl 所必需的，因此不能省略。令式（1-3-9）中的 $a=0$，即得一次加盐流程的条件为

$$e(1 - y_1) = 1 - y_2 \tag{1-3-16}$$

如果既要采用一次碳酸化，又要一次加盐，则必须同时满足式（1-3-14）和式（1-3-11），则得

$$y_1 = y_2 \qquad e = 1.00 \tag{1-3-17}$$

采用一次吸氨，一次碳酸化和一次加盐的流程，就必须同时满足式（1-3-14）、式（1-3-10）和式（1-3-11）。

从上面的讨论中，按吸氨、碳酸化和加盐的次数就可以得多种联合制碱流程。

在二次碳酸化流程中，由于母液 I 要再次吸收 CO_2，就必须吸收大量的 NH_3，才能避免 $NaHCO_3$、NH_4HCO_3 与 NH_4Cl 一起析出。因此氨母液 I 和母液 II 中的氨蒸气压较一次碳酸化流程中的要高，氨损失较多，环境条件较差。但由于二次碳酸化增加了母液 II 中的 NH_4^+ 含量，加强了 NH_4Cl 的盐析作用。

采用二次加盐时，由于在氨母液 II 中 $NaCl$ 中溶解度有限，$NaCl$ 是以悬浮状态进入碳酸化塔中，食盐中的 Ca^{2+}、Mg^{2+} 等杂质会影响纯碱的质量，所以除原苏联和 Reinders-Nicolai 等少数工厂采用两次加盐外，世界上大部分联碱厂都只采用一次加盐。

流程中分两次吸氨，氨母液 I 和氨母液 II 中的 NH_3 的浓度比较均衡，氨蒸气压较低，可以减少氨的损失，改善环境，所以世界上的联碱厂除日本外都采用两次吸氨流程。在二次吸氨流程中，第 II 过程的吸氨量只占总吸氨量的 30%～40%，主要的还是在第一过程中加入氨的。

我国侯氏制碱法采用一次碳酸化，一次加盐和二次吸氨流程。

3.1.3　制碱过程的生产条件

式（1-3-8）已经指出，循环产量以母液 I 落在 P_1 点，母液 II 落在 P_2 点时为最高。

在 P_1 点有 $NaHCO_3$、NH_4HCO_3 和 NH_4Cl 三个固相，加上气相、液相共为 5 个相。这一体系中有 5 个独立组分，因此根据相律，在 P_1 点有自由度 $F=C-P+2=5-5+2=2$。现在我们就以温度和 NH_3 浓度作为两个独立变量来讨论制碱过程的生产条件。

从表 1-3-2 的 Reinders 和 Nicolai 数据，摘录出各温度下不含 NH_3 的 P_1 点数据如表 1-3-2。

表 1-3-2 不同温度，$NH_3=0$ 时的 $NaHCO_3+NH_4HCO_3+NH_4Cl$ 共饱点 P_1 的组成

温度/℃	$x_1=NH_4^+$	$y_1=HCO_3^-$	(x_1-y_1) 值
35	0.865	0.144	0.721
25	0.835	0.135	0.700
15	0.814	0.120	0.694
10	0.790	0.110	0.680
0	0.760	0.090	0.650

由表中 (x_1-y_1) 的值可以看出，当温度升高时，(x_1-y_1) 值增加，因而根据式（1-3-8），循环产量 γ 随之增加。而且与氨碱法生产不同，在联合法生产中，由于母液 II 中带来了一部分 NH_4Cl，氨母液 II 中的 TCl^- 浓度可以使母液 I 在 35℃ 下达到 P_1 点的组成。但是温度升高时，溶液中 CO_2 的平衡分压增大，使碳酸化度下降，故在工业生产中，母液 II 的温度一般都维持在 30～35℃ 之间，只有德国的新 Zahn 法采用 40℃ 操作，但被认为是得不偿失，不足以效法的。

氨母液 II 中的 TNH_3/TCl^- 之比值在联碱工业中称之为 β 值，提高 β 值是提高循环产量的重要因素。但重碱中所含的 NH_4HCO_3 量随 TNH_3/TCl^- 比值增加而增加，当 $\beta<1.1$ 时，析出重碱中 NH_4HCO_3 的质量分数约为 3%～4%；而当 β 值 >1.1 时，重碱中的 NH_4HCO_3 含量就升高到 4%～8%，而且氨在气相中的损失也随之增加。生产时母液 I 中的 β 保持在 1～1.06；考虑到在碳酸化过程中，NH_3 会被吹出一部分，氨母液 II 中的 β 应保持在 1.08～1.12。

3.1.4 氯化铵结晶的条件

表 1-3-3 所列的数据是 $NH_3=P=0.3$（mol/mol 干盐）时，不同温度下 P_2 点的组成。是从表 1-3-1 的数据内插或直接得到的。

表 1-3-3 $P=0.3$（mol/mol 干盐）时 P_2 点的组成

温度/℃	P_2 点组成/（mol/mol 干盐）			备　注
	$x_2=NH_4^+$	$y_2=HCO_3^-$	x_2-y_2	
15	0.473	0.148	0.325	由 144，145 序号内插
10	0.443	0.148	0.295	由第 115，116 号内插
0	0.350	0.130	0.220	由 138 号直接得到

由表 1-3-3 可以看出，当 NH_4Cl 结晶温度降低时，(x_2-y_2) 的差值减小，再由式（1-3-8）可知，循环产量 γ 就增大。但是随着 NH_4Cl 结晶温度的降低，冷冻费用就随之增加；溶液的粘度随之提高，NH_4Cl 晶体与母液的分离变得困难，并且当温度降至 -17～-30℃ 时，溶液完全冻结。因此在工业上采用的最低温度为 -10℃。相图计算证明，制碱过程和氯化铵结晶过程的温度差以 20～25℃ 最为相宜。如原苏联、波兰的一些联合制碱厂两过程间的温度差采用 35～40℃，只有同时采用两次加盐时才能提高循环产量。

反之，如果两过程间的温度差过小，就会使循环产量下降；当温度差小于 10℃ 时，循环制碱无法进行。我国联碱厂的母液 I 温度为 33℃左右，而母液 II 的温度控制在 10℃左右。

α 值是氨母液 I 中自由氨（FNH_3）与 CO_2 滴度或摩尔浓度之比，即 $\alpha=(FNH_3)/(CO_2)$，前已述及，必须在氨母液 I 中加入足够量的氨以中和 HCO_3^- 使成为 CO_3^{2-} 和 NH_2COO^-，才能在 NH_4Cl 结晶时不至有 $NaHCO_3$ 和 NH_4HCO_3 析出。过高的 α 值也是没有必要的，它会使 NH_3 损失加大，操作条件恶化。

α 值与 NH_4Cl 的结晶温度有关，一般生产中 α 值保持在表 1-3-4 所列数值。

表 1-3-4　结晶温度与氨母液 I 中的 α 值之关系

结晶温度/℃	20	10	0	−10
α 值	2.35	2.22	2.09	2.02

γ 值是指母液 II 中 Na^+ 浓度与结合氨之比，即 $\gamma=Na^+/CNH_3$，此值标志着加入 NaCl 的多少。在生产中为了提高 NH_4Cl 产率就要多加 NaCl，但过多时就会有 NaCl 混杂在 NH_4Cl 产品中，故应将 γ 值控制在一定的范围内，当 NH_4Cl 结晶温度为 10～15℃时，γ 值一般控制在 1.5～1.8 之间。

3.2　联合法工艺流程

联合法制碱的生产流程如图 1-3-4 所示，其第一过程与氨碱法相似。

母液 II 进入喷射吸氨器 1 吸氨。喷射吸氨器可以垂直安装也可以水平安装。由于在联合法中以合成氨厂等的纯氨气为原料，几乎没有尾气，所以吸氨后不必另加气液分离器。吸氨后进入氨母液 II 桶 3 贮存，然后用氨母液 II 泵 4 送入清洗塔 5 进行预碳酸化，再转入制碱塔 7 制碱。从清洗塔和制碱塔顶部出来的尾气，进入气液分离器 11 将夹带的氨盐水回收，返回制碱塔中。尾气然后进入尾气洗涤塔 12，用淡液吸收其中的微量氨，氨增浓后的淡液也用作真空过滤机的洗水。

制碱塔 7 出来的重碱悬浆自压进入出碱槽 8，然后进入真空过滤机 9 过滤，得到的粗重碱送去煅烧。重碱母液与真空气体一起进入气液分离器 11，母液经 U 形管自流入母液 I 桶 15，用母液 I 泵 16 送往第二过程，真空气体经过滤净氨塔 13 洗涤后，再由真空泵 14 放空。

氨母液 I 经喷射吸氨器 17 吸氨后，温度由 30～35℃升高到 40～45℃称为热氨母液 I，进入热氨母液 I 桶 18，用热氨母液 I 泵 19 送入母液换热器 20。母液换热器共 5 台，其中的第一台为水冷却器，用水道水冷却，后面 4 台串联与冷母液 II 换热。冷却后的氨母液 I 温度接近结晶临界点进入冷氨母液 I 桶 21，由冷氨母液 I 泵 22 送往氯化铵结晶器进行结晶。

NH_4Cl 结晶是分冷析和盐析两步完成的。从简化流程和节省冷冻量来看，应该将两步合在一起完成。但这样做时，NH_4Cl 的过饱和度很大，而介稳结晶区又很窄，因此冷却器很易结疤堵死，无法连续工作。如果采用先冷析而后再盐析，在冷析结晶管 23 中约析出全部 NH_4Cl 的三分之一后，再送入盐析结晶器 24 中，加入 NaCl 进行盐析时，温度虽稍有回升，过饱和度稍有下降，使 NH_4Cl 结晶的最终温度达到 15℃。由于盐析结晶器不再设置冷却器，也就避免了在冷却器表面上 NH_4Cl 结疤的问题。

依氯化铵晶体的流向，冷析-盐析流程又可分为并料取出和逆料取出两种流程，图 1-3-4 中所表示的是并料取出流程。现在就它的晶浆的流向说明如下。

冷氨母液 I 由泵 22 送入冷析结晶器 23 中，与自外冷器 31（液氨蒸发致冷）中回来进入

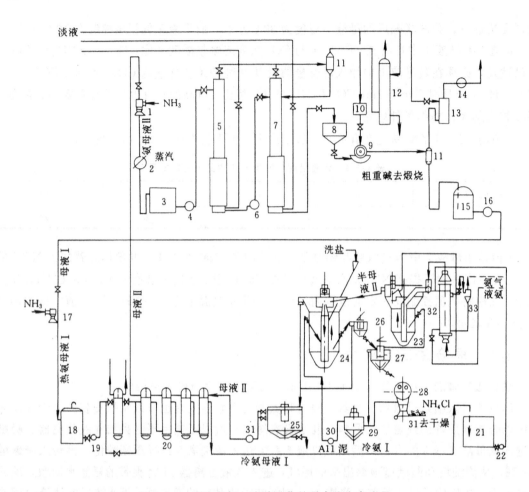

图 1-3-4　两次吸氨一次碳酸化的联合法生产流程

1—喷射吸氨器；2—预热器；3—氨母液Ⅱ桶；4—氨母液Ⅱ泵；5—清洗塔；6—倒塔泵；7—制碱塔；8—出碱槽；9—真空过滤机；10—洗水桶；11—气液分离器；12—尾气洗涤塔；13—过滤净氨塔；14—真空泵；15—母液Ⅰ桶；16—母液Ⅰ泵；17—喷射吸氨器；18—热氨母液Ⅰ桶；19—热氨母液Ⅰ泵；20—母液换热器；21—冷氨母液Ⅰ桶；22—冷氨母液Ⅰ泵；23—冷析结晶器；24—盐析结晶器；25—母液Ⅱ桶；26—第一增稠器；27—第二增稠器；28—离心分离机；29—滤液桶；30—滤液泵；31—外冷器；32—气液分离器；33—运铵皮带

分配箱上的循环母液一起流入冷析结晶器的中央循环管内，下行至器底，再折回向上穿过悬浆层，使晶体生长，而溶液中的 NH_4Cl 过饱和度也随之消失。如此周而复始地循环，成长后的晶体经晶浆取出管取出，在第二增稠器中增稠。在冷析结晶器中冷析后的母液称为半母液Ⅱ依靠位差自动流入盐析结晶器 24 的中心循环管顶部入口处，借轴流泵的驱动在中心循环管内往下流动，原盐及 NH_4Cl 滤液在中心循环管的中部加入中心管中，晶浆在中心循环管底部流出，经过悬浮的晶浆段和澄清段，又进入中心循环管的顶部入口，如此溶液一边循环，NaCl一边溶解，NH_4Cl 一边结晶。成长后的晶浆经取出管流入第一增稠器 26，盐析结晶器与第一增稠器溢流的清液即为母液Ⅱ，收集于母液Ⅱ桶 25 中，经母液换热器 20 换热后返回第一过程。第一增稠器的底流为 NH_4Cl 浓浆，流入第二增稠器 27，与冷析结晶器的出口晶浆一起增稠。其底流用离心机 28 过滤，滤饼 NH_4Cl 用皮带 31 送去干燥，第二增稠器的溢流液与离心机的滤液一起进入滤液桶 29，用滤液泵 30 送回盐析结晶器 24。

在这一流程中，氯化铵晶体是分别由冷析结晶器和盐析结晶器取出的，这就是并料取出流程名称的由来。在这一流程中，第一增稠器的增稠晶浆中夹带着母液Ⅱ和过剩的固体盐，再送至第二增稠器与进入的冷析晶浆一起增稠。所以第二增稠器是混合结晶增稠器。在这里冷析晶浆中夹带的半母液Ⅱ，将过剩的固体NaCl溶解，使盐析晶浆得到净化，使氯化铵产品中NaCl含量下降。增稠后的冷析和盐析晶浆一并过滤，混合结晶增稠器的溢流和离心分离机的滤液是母液Ⅱ和半母液Ⅱ的混合液，共同进入滤液桶经泵送回盐析结晶器的中央循环管，流到盐析结晶器的晶床层与固体NaCl相遇，未反应的半母液Ⅱ得以充分利用。但是半母液Ⅱ被母液Ⅱ冲稀，溶解NaCl的能力下降。并料流程在冷析结晶器中可以得出粒度较大、纯度较高的精制氯化铵，能满足一般工业用途的要求。如果要进一步提高质量，还可在离心分离机28上用稀盐酸洗涤滤饼，将其中的Na_2CO_3、$(NH_4)_2CO_3$、NH_4OH等碱性物质，并将NaCl冲洗去一部分，使氯化铵的质量略有提高。

图1-3-5是逆料取出流程。用气升法或晶浆泵把盐析晶浆送入冷析结晶器1的晶床之中，与大量半母液Ⅱ相遇，使过剩的NaCl结晶溶解。这样，盐析结晶器2的加盐量就可以增加，使之达到共饱点，即使偶尔出现过量，也可以在冷析结晶器的晶床中溶解，不致使氯化铵产品中的NaCl不合格，从而使盐析结晶器的控制不致过分苛刻。与并料流程相比，总的产品纯度可以提高，对原盐的粒度要求不高，即使粒度较大，大小参差不齐，仍能得出合格的氯化铵产品。此外由于盐析结晶器允许在接近氯化钠浓度的条件下操作，因此母液Ⅱ的结合氨可以降低，从而提高了产率，每吨纯碱的各种母液体积相应地可以减少，所以逆料取出的优点是明显的。在盐析氯化铵中，NaCl可达3%，仅作农肥使用。这是盐析时，NaCl控制过量所致。

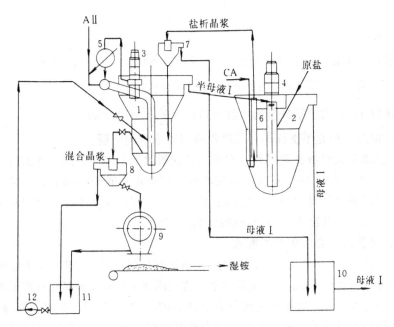

图1-3-5 逆料取出的NH_4Cl结晶流程

1—冷析结晶器；2—盐析结晶器；3—冷析主循环泵；4—盐析循环泵；5—外冷器；6—气升晶浆取出管；7—晶浆增稠器；8—冷析增稠器；9—离心过滤机；10—母液Ⅱ桶；11—滤液桶；12—滤液泵；CA—压缩空气

3.3 联合法的运作要点

3.3.1 循环系统的水平衡

联合法是封闭循环的，系统内的各种母液的体积必须保持恒定，不能膨胀。要做到这一点，进入系统的水量不能大于从系统中取走的水量。否则，就不得不排放一部分，这样既影响环境，又浪费氨和盐等原料。所以保持母液平衡是进行正常生产的前提和保护环境、节能降耗的基本要求。

现在先来看看循环系统中消耗掉的水量。水有三个出处：一是化学反应用去的水；二是重碱滤饼带走的水；三是 NH_4Cl 成品带走的水。现在对这三项水量分别计算如下：

① 每合成 1t 纯碱（同时也联产 1t 氯化铵）所需的水量可按反应式计算

碳酸化：
$$NaCl + NH_3 + CO_2 + H_2O \longrightarrow NaHCO_3 \downarrow + NH_4Cl \qquad (1\text{-}3\text{-}18)$$

煅烧：
$$2NaHCO_3 \longrightarrow Na_2CO_3 + H_2O \uparrow + CO_2 \uparrow \qquad (1\text{-}3\text{-}19)$$

后一反应产生的 H_2O 经过煅烧气送入炉气冷凝塔形成含 NH_3、Na_2CO_3、$(NH_4)_2CO_3$ 的凝缩液而离开循环系统，所以循环系统中消耗的水为式（1-3-18）所示。因此消耗的水量为：

$$\frac{1000 \times 2 \times 18.016}{106} = 340 \text{（kg）}$$

式中　106，18.016 分别为 Na_2CO_3 和 H_2O 的相对分子质量。

② 根据 $NaHCO_3$ 晶体的粒度和均匀程度，一般用真空过滤机所得的重碱滤饼中水分在 $18\% \sim 21\%$ 范围之内，良好时为 $16\% \sim 20\%$，相应的烧成率为 $53.1\% \sim 51.4\%$，而 1t 纯碱所需的粗重碱量为烧成率的倒数，即 $1.883 \sim 1.946t$，因此 1t 碱由粗重碱带出系统外的水分为 $(1.883 \sim 1.948) \times (0.16 \sim 0.20) = 300 \sim 390 \text{（kg）}$

③ 合成 1t 纯碱就联产 1t 氯化铵，其中含 H_2O 4%，故 1t 氯化铵带走 H_2O 量 $= \dfrac{0.4}{0.96} \times 1000 = 42 \text{（kg）}$

加入的水量有：

① 洗涤盐带入的水量——1t 纯碱按反应式（1-3-17）需 $NaCl = \dfrac{1000 \times 2 \times 58.45}{106} = 1103 \text{（kg）}$

式中　58.45，106 为 $NaCl$ 和 Na_2CO_3 的相对分子质量。

洗涤盐含 H_2O 5%，故洗涤盐带入水量 $= 1103 \times \dfrac{0.05}{0.95} = 58 \text{（kg）}$

② 氯化铵过滤后一般是不洗涤的，所以没有引入水量的问题。

由此可见，如果要使母液总量平衡，在真空过滤机过滤重碱时，所加入的洗水不应超过 $340 + (300 \sim 390) + 42 - 58 = 624 \sim 714 \text{（kg）}$ 在联碱生产中水量能否平衡主要决定于过滤洗水的用量，而重碱结晶的好坏对过滤洗水的用量影响极大。因此欲使系统水量保持平衡，首先要提高重碱的结晶质量。其次为严格控制洗盐的含水量。

3.3.2　钙镁杂质对联合法生产的影响

联合法所用的洗盐，其中仍含有 Ca^{2+}、Mg^{2+}，当加到盐析结晶器中时，由于母液中有 NH_3 和 CO_2 存在，会生成 $CaCO_3$、$MgCO_3$ 及其复盐。这些固体杂质，如被氯化铵产品带走，倒也无妨。因为从使用角度来看，农用氯化铵带有少量 Ca^{2+}，Mg^{2+} 杂质，并不会影响使用效果，况且两者都是植物的中量营养元素，尤其镁是营造叶绿素的元素。可惜这些沉淀太细，一部分随同母液Ⅱ进入喷射吸氨器随之进入氨母液Ⅱ桶沉降。盐中钙镁含量的增加会使氨母液Ⅱ泥量增加，排放时不仅处理麻烦，而且使氨及盐的损失增加。还会使沉降后的氨母液Ⅱ的浊度增加，在碳酸化时，使重碱粒度变细、直接影响到过滤后重碱的水含量和水不溶物含量，须增加原料和能量的消耗。在造成母液膨胀的诸因素中，氨母液Ⅱ的碳酸化是否正常起着决定性的作用。如果碳酸化失常，重碱质量差，过滤及洗涤困难，洗水增加，就会使母液膨胀。

在氨母液Ⅱ澄清桶中澄清后的氨母液Ⅱ的浊度应不大于 200×10^{-6}，Ca^{2+} 的澄清率约为 $80\% \sim 90\%$，而 Mg^{2+} 的澄清率却少于 50%。现在工厂中常添加聚丙烯酸作助沉剂以提高二者的澄清效率。

3.4 联合制碱法的设备

① 碳酸化塔。联合法所用的碳酸化塔与氨碱法所用的相同，但运作情况稍有不同。这是由于联合法中的氨母液Ⅱ所含结合氨要比氨碱法中的氨盐水所含的结合氨高出 $36 \sim 40tt$，因而在联合法的碳酸化塔中吸收 CO_2 的速度变慢，反应段往上移，碳酸化尾气中的 CO_2 含量增高。其结果单位容积的纯碱产量不及氨碱法的碳酸化塔。

碳酸化塔制碱一段时间形成的碱疤是用氨母液Ⅱ注入塔中，塔底鼓入中和气进行清洗的，由于氨母液Ⅱ中含有大量 NH_4Cl，可与碱疤进行化学反应

$$NaHCO_3 + NH_4Cl \longrightarrow NaCl + NH_3 + CO_2 + H_2O$$

它会加速碱疤的溶解，因此碳酸化塔的清洗要比氨碱法快。

② 氯化铵结晶器。分为冷析结晶和盐析结晶器，两者构造大同小异。图 1-3-6 为冷析结晶器，其本体由钢板卷焊而成，按悬浮液在结晶器中的分级情况，由下而上分为四个部分，即锥底，悬浮段 1，过渡段 2 和澄清段 3，结晶器内设有中心循环管 4。在悬浮段中部附近装

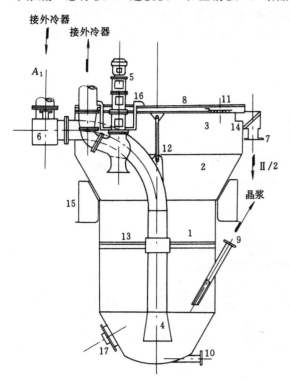

图 1-3-6 冷析结晶器构造

1—悬浮段；2—过渡段；3—贮液澄清段；4—中心循环管；
5—主轴流泵；6—分配箱；7—溢流箱；8—器盖；
9—晶浆取出管；10—排放管；11—观察孔；12—吊环；
13—支撑架；14—过滤网；15—承座；
16—轴流泵吊装座；17—人孔

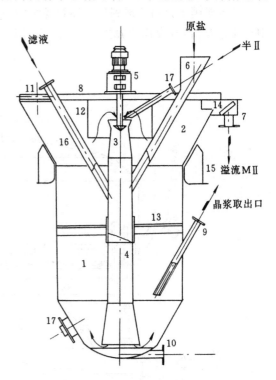

图 1-3-7 盐析结晶器构造

1—直筒段；2—澄清段；3—中心管入口及螺旋浆；
4—中心管及放大管；5—轴流泵驱动；6—加盐斗及管；
7—溢流箱；8—盖；9—晶浆取出管；10—排放管；
11—观察孔；12—遮罩；13—支撑架；14—过滤网；
15—承座；16—滤液管；17—半Ⅱ取入管

有晶浆取出管 9，锥底装有母液排放管 10 和供排渣用的人孔 17 等。

冷析需冷源，故设有外冷器。冷析结晶器设有二组轴流泵，每组两台，以备一组外冷器被结疤，传热能力下降，需要停工清洗时启用另一组外冷器。每一台轴流泵直接和一台外冷器相联，一起开停。轴流泵自动抽取母液送往外冷器，再循环回到分配箱上，自流入中央循环管内，到达器底，再经环隙向上穿过晶浆悬浮层，将溶液的过饱和度消失，而使晶体成长。新鲜的氨母液 I 经过计量后也流入分配箱内，与消失了过饱和度的半母液 II 相遇，并降低氨母液 I 的过饱和度。

反应后的半母液 II 自动地由顶部溢流槽 7 流出，送往盐析结晶器。冷析结晶器停用时，由底部排放管 10 将结晶器内的全部物料放出，暂时贮存于母液贮槽内，立即由泵送往工作的冷析结晶器中。然后冲洗干净，沉淀和泥砂由底部人孔挖出。

盐析结晶器（图 1-3-7）的体积要比冷析结晶器大，轴流泵的循环量也较大。为了加入 NaCl 需设置加盐漏斗，为了使盐能顺利地送入中心循环管，加盐管要设计成 60°的倾斜度。

外冷器专供半母液 II 冷却之用，是列管式换热器结构。管内走半母液 II，自下而上流动，管间用液氨蒸发制冷。由于管内受带有晶体的母液冲刷腐蚀，如用碳钢制造，换热管虽然采取了酚醛烤漆防腐，使用寿命也只为 3～5 年。现在都以纯钛管制造，极耐 NH_4Cl 腐蚀，由于没有酚醛涂层，传热系数也大为提高。

日本旭硝子公司考虑到外冷器容易结疤，需不时更换清洗，因而改为直接冷却母液进行 NH_4Cl 结晶。冷却介质为氟里昂 F-12（CF_2Cl_2），将氟里昂液体直接通入冷析结晶器的晶浆内，

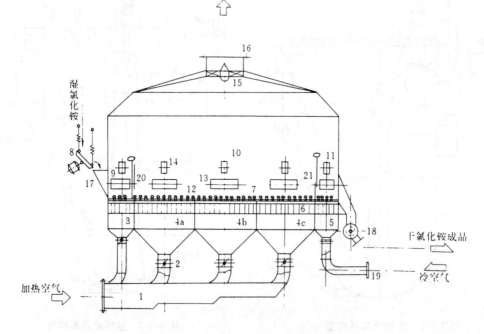

图 1-3-8　箱式沸腾床氯化铵干燥炉

1—热风总管；2—热风支管及蝶阀；3—前室；4（a、b、c）—主沸腾干燥床；5—冷却室；6—预分布栅；
7—风帽；8—振动给料器；9—预热室；10—箱室；11—观察孔；12—冷却沸腾床；13—清扫孔；14—观察孔；
15—旋翼除尘器；16—出气口；17—进料溜槽；18—出料机；19—冷风入口；20—预热室进口挡板；
21—出料溢流口挡板

在减压下气化而致冷，使半母液 II 析出 NH₄Cl 晶体。气化后的氟里昂经冰机压缩后由冷凝器冷凝为液体循环使用。使 NH₄Cl 的结晶流程简化，操作容易，节省能量和基本投资。

③ 氯化铵沸腾干燥炉。我国长期以来，农业用氯化铵是未加干燥的。湿氯化铵存放稍久，就结成一整块，不易破碎，使用极不方便；在运输过程中，由于氯化铵严重潮解，使输送的车厢和船仓遭受腐蚀。后来经过干燥才出售。图 1-3-8 为箱式沸腾床氯化铵干燥炉。用低压蒸汽间接加热空气作为热源。

3.5 原盐的洗涤

在联合法生产纯碱时，原料氯化钠是以固体形式加入的。如果原盐质量高，含杂质少，只需粉碎即可直接加到盐析结晶器中。但是我国的联合法碱厂都以海盐为原料，含钙、镁杂质较高。如果直接加入，这些杂质就会进入成品纯碱，并且会使各种母液的浊度增大，影响碳酸氢钠和氯化铵晶体的成长，使晶粒变细，不利于过滤和干燥；再者，钙镁容易成碳酸盐在设备和管线上结疤。故氯化钠在进入循环系统以前，必须对钙镁进行精制。

原盐精制方法有洗涤法和重结晶法，对联碱来说，多采用前者。

重结晶法先将原盐用水溶解制成饱和盐卤，再用石灰-纯碱法除去钙镁离子，然后用三效或四效蒸发、浓缩结晶出氯化钠，因耗能太大，工业上很少采用。

洗涤法将原盐的 MgCl₂ 和 CaSO₄ 等杂质用 NaCl 饱和溶液洗涤，将这些杂质溶解除去。由于联碱生产要求氯化钠必须粉碎至一定的细度，故洗涤与粉碎结合在一起进行。图 1-3-9 为多次多段洗涤海盐的流程图。

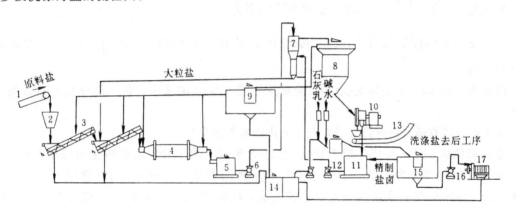

图 1-3-9 粉碎洗涤盐法工艺流程

1—原盐皮带输送机；2—中间仓；3—螺旋洗盐机；4—球磨机；5—盐浆罐；6—盐浆泵；7—分级器；
8—立洗桶；9—溢流液澄清桶；10—离心分离机；11—母液桶；12—母液泵；
13—洗涤盐皮带输送机；14—脏卤地槽；15—盐卤澄清桶；16—脏卤泵；17—压滤机

原盐用筛除去杂草及铁块等杂物后，经中间仓 2 流入两台串联的螺旋洗盐机 3 中，用固液比为 1∶2 的澄清盐卤逆流洗涤。初洗后的盐粒在球磨机 4 中粉碎到 0.5mm 以下，用盐卤稀释后一起进入盐浆罐 5，再用盐浆泵 6 送至分级器 7，用澄清后的盐卤作为分级液进行分级。不合格的粗盐粒从底部流出返回洗盐机 3 中，细盐粒随分级液带到立洗桶 8 中再次进行洗涤，并增稠成为 60%～80% 盐浆，用离心分离机 10 脱水制成色泽洁白的洗涤盐，含水分约 4%～5%，直接送往冷析结晶器使用。立洗桶 8 的溢流液进入澄清桶 9，澄清除去泥砂后循环使用。离心机的滤液用作分级液，澄清桶和洗盐机排出的脏卤，或者送往氨碱法工厂制成氨盐水，或者用石灰-纯碱法处理后重复使用。

我国多数联合法工厂的洗涤质量指标如表 1-3-5 所示。

表 1-3-5　洗涤盐质量技术指标

项目	NaCl	Ca^{2+}	Mg^{2+}	SO_4^{2-}	水不溶物	H_2O
含量/%	94.5	0.09	0.06	0.25	0.15	5.0

粒度/目	10~20		20~40		<40	
%	<3		≤27		>70	

3.6　用变换气碳酸化制碱[5]

联合法制碱所用的 CO_2 是来自合成氨厂变换工段的回收气体。如果用变换气直接碳酸化制碱，既净化了合成气，又制得了碳酸氢钠。从简化流程来看是一箭双雕。联合法本来的含义是利用合成氨厂的二氧化碳和氨生产纯碱和氯化铵，将合成氨和纯碱两大工业结合起来。用变换气直接碳酸化制碱，就更加充实了联合生产的内涵。但一系列的技术经济问题降低了联合生产的应用前景。

（1）以煤为原料制氨时，1t 氨约需变换气 4300 m^3，其中含 CO_2 28%，含 CO_2 量＝4300×0.28＝1204 m^3；制造 1t 纯碱需 CO_2 520 m^3，故如果用变换气直接碳酸化制碱，生产 1t 氨的 CO_2 只能生产纯碱＝$\frac{1204}{520}$＝2.32t（也即 NH_4Cl 的量）。

1t 氯化铵的实际氨耗为 0.340t，因此 1t 氨可加工成 NH_4Cl＝$\frac{1}{0.340}$＝2.94t（也即为 Na_2CO_3 的量）

因此所产的 CO_2 不能满足将 NH_3 全部加工成 NH_4Cl 的要求，有一部分氨必须以氨水出售。

那么可否用重碱煅烧的炉气来补充二氧化碳的不足呢？

重碱煅烧时，一半 CO_2 成为炉气逸出，含量在 92% 以上，是碳酸化的理想原料。但炉气中由于煅烧炉压力波动，往往含有 O_2 气，尤当煅烧炉清扫时，有大量空气进入，O_2 含量更高。如用炉气与变换气一起送去碳酸化，就会使合成气中带 O_2 进而使合成氨催化剂中毒。

利用高浓度 CO_2 的炉气碳酸化，既可改善重碱的质量，又可提高碳酸化塔的生产能力。弃而不用，甚为制碱工作者所惋惜；反之，如果先将全部煅烧炉气优先利用，变换气就不可能全部用的氨盐水碳酸化来进行净化。比较可行的办法是在保证全部变换气脱去 CO_2 的前提下，利用一部分炉气来弥补 CO_2 的不足。这就必须划出部分碳酸化塔用炉气制碱，其碳酸化尾气净氨后放空。但这样安排将对操作带来不便。

（2）变换气中的 CO_2 含量仅 28%，煅烧炉气中的 CO_2 92%，下段气的压力（表压）为 0.30~0.32MPa，如维持同样的 CO_2 分压，变换气入碳酸化塔的压力要在 1.0~1.1MPa，因此碳酸化塔必须按能承受这样压力进行设计。

变换气出碳酸化塔后，要将 NH_3 除净到 0.29%，CO_2 降至 0.5% 以下，才能送去铜氨液洗涤。

清洗塔的洗去碱疤所用的中和气（即清洗气）只能用制碱塔的尾气，舍此别无其它气体可用作清洗气。

根据这些要求，变换气制碱的流程应该这样安排：变换气先进入制碱塔制碱，出气再进入清洗塔用作清洗气，然后进入净氨塔先用稀氨水洗涤，最后用清水洗涤。排出的稀氨水直接作为农用肥料。清水除补入稀氨水中小部分外，多余的就要排放。

（3）用煤造气，脱硫工段只能除去无机硫，全部有机硫仍留在气体中，经变换后，大部分有机硫变为硫化氢。变换气中的硫含量往往超标，进入碳酸化塔时会生成各种硫化物（详见第 2.5.9 节），其中 FeS 和元素硫的颗粒很细，悬浮在溶液中，既妨碍重碱晶体的成长，又堵塞过滤机的滤布，增加过滤的难度，使重碱含水量和含 NaCl 量增高，影响重碱的烧成率和煅烧重碱的能耗。故要求变换气进行二次脱硫，使含硫量降至 50.1mg/m^3 以下。

（4）变换气制碱时，碳酸化取出液中的 CNH$_3$ 要较浓气制碱低 2～3tt，因而每吨碱的母液 I 量要大 0.6m^3 左右，碳酸化塔的容积利用系数仅为浓气制碱时的 73%～79%。

但变换气制碱由于省去合成氨厂的脱二氧化碳工序，因而每吨碱可以省电 50kW·h，总投资也要节省，成本相应地下降了 5.38～3.86 元（1980 年价格）。

3.7 氨碱法与联合法的比较

（1）原料利用率 在氨碱法中，就氯化钠原料来说，钠利用率仅为 75%～76%，氯离子未加利用，几乎全部以氯化钙溶液形式排弃。即使将它利用来加工成氯化钙产品，市场销售量也极为有限。因此就氯化钠的全部利用率而言仅在 28%～30% 之间。而联碱中氯和钠两种元素都得了利用，利用率在 96% 以上。

联合法是利用合成氨副产二氧化碳来生产的，不用石灰石和焦炭特地生产 CO$_2$。

（2）废渣废液 在氨碱法生产中，每生产 1t 纯碱排出废液 10m^3，排出废渣 150～300kg，影响环境，处理困难，这一难题就限制了在内地建厂，也成为美国的氨碱厂纷纷倒闭的原因之一。在联合法生产中，虽然在洗盐过程中产生盐泥，和在母液 Ⅱ 吸氨过程中产生氨 Ⅱ 泥，但为量极少，处理要容易得多。如果将洗盐作业设置在盐场中，盐泥的处理就不再成为问题。

（3）基建投资 联合制碱法省去了采运石灰石和石灰窑、窑气除尘设备、化灰机，石灰蒸氨塔，预灰桶等一系列设备，并由于所用的是合成氨，惰气含量低，吸收速度极快，从而可以用喷射吸氨器代替庞大的吸氨塔。虽然要增设洗盐设备，但制碱部分总投资仅为氨碱法的 56%，而制氯化铵部分的投资要比同样氮产量的尿素厂高 22%。

（4）生产成本 联合法的每吨纯碱生产成本仅为氨碱法的 61%～62%。

（5）产品质量 联合法所产纯碱含 NaCl 及水不溶物较高，但仍符合国家一级品的要求，且有的联合碱厂，也可达到特级品的要求。由于联合法用浓 CO$_2$ 气生产，纯碱的平均粒度大于 110μm，堆积密度大于 0.6，而一般氨碱法产品，粒度约在 90μm 左右，堆积密度约在 0.5 左右。

3.8 氯化铵的肥效[6,7]

氯化铵在工业上广泛用于电镀、干电池制造、染料生产以及印刷和医药等部门，而在农业上则用作肥料，后者为其主要用途。

氯化铵的质量标准如表 1-3-6 所示。

表 1-3-6　氯化铵产品质量标准

指标名称	农业用	工业用	
		一级品	二级品
NH_4Cl/%	≥96.5	≥99.5	≥99.0
NaCl/%	≤3.0	≤0.2	≤0.5
H_2O/%	≤1.0	≤1.0	≤1.5
Fe_2O_3/%	—	≤0.003	≤0.01
全碱度	≤1	≤0.02	≤0.08
颜色	白色或微黄	白	白

氯化铵特别适用于水稻，在日本用于水稻，连续 7～8 年施用，比硫酸铵要多增产 5%～6%；在印度、泰国、菲律宾等热带国家，增产效果更显著，比尿素要多增产 10% 以上。用于小麦、玉米、棉花增产也比尿素高。

中国农业科学院土壤化肥研究所（后改为山东土壤化肥研究所）称：氯化铵在国内外早已是定型化肥品种，如用法得当，能显著增产，尤其在水田和石灰质土壤中使用，肥效最好，是一种很好的氮肥。据大连化工研究设计院（原制碱研究所）调查报告认为：氯化铵用于排灌良好的水稻田，不仅增产显著，且肥效快而持久，水稻抗病害强，在南方各省水稻产区使用比碳酸氢铵、硫酸铵要好。有的省如广东认为比尿素还好，对其它粮食作物如玉米、小麦也有增产效果。

近期的国内外研究，进一步揭示了氯化铵具有良好肥效的原因为：

（1）氯是农作物必需的营养元素之一，施用适量浓度的氯化铵有助于作物的生长发育。由于氯元素在光合成的电子传递系统放氧过程中起一种酶的活化剂作用，有助于作物生长发育。

（2）施用氯化铵比单独施用尿素，作物的发育状况要良好些，这是由于氯离子抑制了硝化作用的进行，减少氮的损失，提高了植物对氮肥的作用率。

如果氯化铵和尿素按纯氮量 1∶1、1∶3 混合使用，可发挥氯离子的生理作用，既能抑制尿素失氮，又能克服氯离子过高烧苗，为合理利用氮肥提供了新途径。

3.9　热法生产氯化铵[8]

热法生产氯化铵也称热法联碱。系将氨碱法生产中的重碱过滤母液加热，将其中的 NH_4HCO_3 和 $(NH_4)_2CO_3$ 分解，在溶液中只留下 NaCl 和 NH_4Cl。然后利用两者随温度变化时溶解度的变化差异而将它们分离。由于脱氨过程和蒸发过程都在较高的温度下进行，因而称之为"热法"联碱，而前述用冷冻将 NH_4Cl 的分离方法，就被称之为冷法联碱。

冷法联碱需以固体氯化钠为原料。而热法联碱可以用卤水为原料制碱，再从氨碱法制碱的过滤母液中用蒸发法制得氯化铵。所以以地下卤水为原料进行联合法生产，热法具有无可比拟的节能优点。

3.9.1　生产原理

重碱过滤母液含 NH_4HCO_3 和 $(NH_4)_2CO_3$，加热时即分解为 NH_3 和 CO_2，可从液相中逸出。

$$NH_4HCO_3 \longrightarrow NH_3\uparrow + H_2O + CO_2\uparrow$$

$$(NH_4)_2CO_3 \longrightarrow 2NH_3 + H_2O + CO_2\uparrow$$

如将过滤母液视为含有 $NaHCO_3$ 和 NH_4Cl，加热时也可分解放出 NH_3 和 CO_2。

$$NH_4Cl + NaHCO_3 \longrightarrow NaCl + NH_3\uparrow + H_2O + CO_2\uparrow$$

脱氨后的溶液为 $NaCl$-NH_4Cl-H_2O 三元溶液，可以用相图进行分离，兹将 25℃、100℃ 两温度下的溶解度列于表 1-3-7，绘成相图如图 1-3-10。

表 1-3-7　25 ℃、100 ℃下，NaCl-NH₄Cl-H₂O 体系溶解度

温度/℃	组成点	液相（质量%）		液相，g/100g H₂O		固相
		NaCl	NH₄Cl	NaCl	NH₄Cl	
25	a_{25}	0	28.28	0	39.4	NH₄Cl
	E_{25}	16.82	16.16	25.1	24.1	NaCl+NH₄Cl
	b_{25}	26.43	0	35.9	0	NaCl
100	a_{100}	0	43.57	0	77.3	NH₄Cl
	E_{100}	10.82	34.13	19.7	62.0	NaCl+NH₄Cl
	b_{100}	26.23	0	39.4	0	NaCl

蒸去 NH_3 后的重碱过滤母液（每 100g H_2O 含 NaCl 8.46g，NH_4Cl 20.30g）的组成点落在 F 点，与上一循环的 NH_4Cl 母液 C 混合成溶液 A，在 100℃ 下蒸发到 G，析出 NaCl 固体而得 NaCl 母液 E_{100}；将 E_{100} 母液冷却到 25℃，析出 NH_4Cl 而得 NH_4Cl 母液 C，过滤后将 C 与新的重碱滤过母液兑合，进行新一轮的循环。

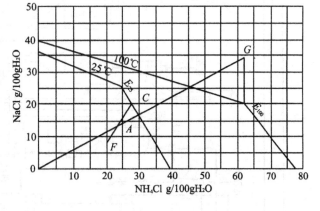

图 1-3-10　25℃、100℃下，NaCl-NH₄Cl-H₂O 体系三元相图

3.9.2　生产流程及生产条件

图 1-3-11 为我国中间试验流程。重碱滤过母液进入板式换热器 2 与脱氨气换热后进入脱氨塔 3 的上部。脱氨塔底部设有列管式再沸器 5，将过滤母液中的 NH_3 和 CO_2 蒸出，导入板式换热器 2 和气液分离器 1 分离出液体，氨气送去吸氨塔用盐水吸氨。液体回到蒸氨塔作为回流液。

脱氨液流入脱氨液贮槽 4，用脱氨液泵 38 送至双效蒸发器 6 的第一效，蒸发后流入兑合罐 8，与滤铵液混合进入蒸发器第二效继续蒸发，析出 NaCl。盐浆进入分盐器 10，第二效蒸发器的真空度由水力喷射泵产生，第一效和第二效外热器中产生的冷凝液流入冷凝水贮槽 11。

分盐器 10 中的 NaCl 盐浆由盐浆泵 13 送往旋流器 14，分出的清液回到蒸发器 6 的第二效，底流进入增稠器 15 进一步增稠后离心机 16 分离出 NaCl，用螺旋喂料机 17 送入热风干燥器 18 干燥。干盐经旋风分离器 19 分出干盐进入贮仓 20，秤量包装以食用盐出售。干燥用的热空气是由鼓风机 22 送入空气加热器 21 后再进入干燥机 18 的，然后排入大气中。

滤盐液和增稠器 15 溢流液一并流入滤盐液贮槽 24，增稠器 15 和滤盐液贮槽 24 均需用冷凝水保温，用滤盐液泵 25 送往氯化铵结晶器 30，由轴流泵 31 抽吸母液通入外冷器 32 进行

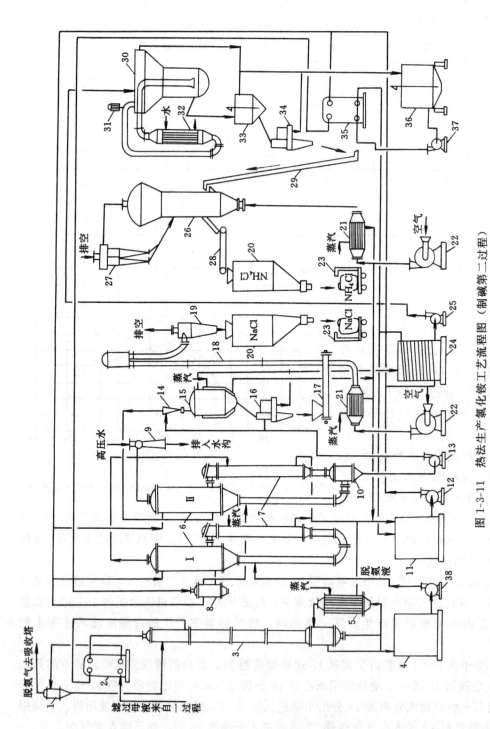

图 1-3-11 热法生产氯化铵工艺流程图（制碱第二过程）

1—气液分离器；2—板式换热器；3—脱氨塔；4—脱氨液贮槽；5—再沸器；6—双效蒸发器；7—外热器；8—兑合罐；9—喷射器；10—分离器；11—冷凝水贮槽；12—冷凝水泵；13—盐浆泵；14—旋流器；15—增调器；16—离心泵；17—螺旋喂料机；18—热风干燥机；19—旋风分离器；20—贮仓；21—空气加热器；22—鼓风机；23—氯化铵包装机；24—滤盐液贮槽；25—滤盐液泵；26—干燥泵；27—布袋过滤器；28—皮带运输器；29—埋刮刀输送机；30—氯化铵结晶机；31—轴流泵；32—外冷器；33—增调器；34—离心机；35—板式换热器；36—滤铵液贮槽；37—滤铵液泵；38—脱铵液泵

清液循环冷却和晶浆悬浮结晶，析出的 NH_4Cl 由结晶器下部放出，经增稠器 33 增稠，再用离心机 34 分离，湿氯化铵经埋刮刀输送机 29 送往沸腾干燥炉 26，以经过加热器 21 加热的热空气进行干燥，干燥后的氯化铵经皮带运输机 28 送往贮仓 20，包装出售。气体经干燥炉顶部引出，经过滤布袋 27 分离后排入大气。

　　滤铵液经泵 37 送至板式换热器 35 与冷凝水换热提高温度后送至兑合罐 8 与第一效蒸发液兑合，再送至第二效蒸发器蒸发。因为滤铵液与脱氨液的组成最为相近，两者相混可以析出较多的氯化钠。

　　生产时蒸发终点要严格控制，第二效的蒸发深度如果不足，NaCl 就不能充分析出，使循环液量增大；反之如果蒸发过量，NH_4Cl 将与 NaCl 一起析出，影响 NaCl 的纯度；在 NaCl 过滤时，要加以保温，防止温度降低析出 NH_4Cl。这就是增稠器 15 和滤盐液贮槽 24 也需要用冷凝水保温的原因。

　　氯化铵溶液的强烈腐蚀性，尤其是蒸发器及其外热器更为严重，需要用纯钛制造。这就是阻碍热法氯化铵生产推广的原因。

参 考 文 献

1　Reinders W. and Nicolai HW. Rec. Trav. Chim. 1947,66,471

2　前田宰三郎，八幡室、植村等，日本《工业化学》1959,62.33

3　前田宰三郎，日本《旭硝子研究报告》,1959.9(1),49～65

4　陆冠钰等．用循环法制造碳酸氢钠和氯化铵的研究．大连化学工业公司．(内部资料对外不交流)

5　傅孟嘉．纯碱工业．1998,(1):7

6　沈阳农学院土化系，辽宁农科院土肥所，大连化学工业公司等．氯化铵肥效及硝化抑制效应试验．纯碱工业．1984.(3):8

7　全国含氯化肥研究协作组．含氯化肥科学施肥和机理研究三年小结．纯碱工业．1993,(1):1

8　侯德榜．纯碱工学．北京：化学工业出版社,1990

第四章　天然碱加工与其它制碱方法

4.1　天然碱的分布及其成因

世界上的天然碱就其赋存形态区分为两类：一类是盐碱湖的卤水及其沉积，这类盐碱湖分布于中国北方、蒙古、俄罗斯、哈萨克斯坦、非洲肯尼亚、美国加利福尼亚及墨西哥等地的干旱及半干旱地区；另一类是埋于地下的倍半碳酸钠（$Na_2CO_3 \cdot NaHCO_3 \cdot 2H_2O$）为主的矿物。美国 Wyoming 州的绿河地区（Green River）贮量在 1000 亿 t 以上；中国河南桐柏境内吴城和安棚两地贮量各在 1.2～1.3 亿 t 之间。

4.1.1　中国天然碱湖

中国天然碱的 67% 集中于内蒙，主要分布在鄂尔多斯盆地北部和二连盆地中段，巴丹克林沙漠和海拉尔盆地东南部。所有盐碱湖都处于沙漠区和半沙漠区。四周多被沙丘所环绕，气候干燥，风多雨少，通过汇水而聚集于湖盆中，多数碱湖呈干涸或半干涸状态。

伊克昭盟地处河套，东西北三方均临黄河，潴有大小湖泊 72 个，其中有的是石盐湖，有的是芒硝湖，有的是碱湖。在大多数湖中，盐、碱、硝三者兼容，只是各组分相对含量高低不等而已。如果 Na_2CO_3 和 $NaHCO_3$ 含量较高，则就称之为碱湖，如石盐或芒硝含量较高，则就称之为石盐湖或芒硝湖。

内蒙各湖面积视湖水高低而变化，湖水高低又随雨季、旱季而变动。每年春夏多东南风，从黄海、东海带来水蒸气，出现雨天，湖水高涨。秋冬季节多西北风，空气干燥，湖水蒸发，随之干涸。加上冬季严寒，天然碱冻结成为片碱（$Na_2CO_3 \cdot 10H_2O$）或倍半碱（$Na_2CO_3 \cdot NaHCO_3 \cdot 2H_2O$）析出。故如欲旱采，应多集中于冬季进行。

内蒙地区，碱贮量最大者当推锡林格勒盟的查干诺尔（在二连附近），累计探明储量 1100 万 t Na_2CO_3，列为我国碱湖之首。与河南吴城，安棚两地的地下碱矿并列为我国三大天然碱矿。

对天然碱湖的成因，国内尚无人研究。迄今为止，国外也只是初步推测，缺乏强有力的证据足资证明天然碱的来源和碱湖形成的顺序。但是下列各种天然碱矿形成机理却是研究得很清楚的：

① 非洲的 Rift 峡谷天然碱是由于碱性碳酸盐岩或碱性岩石的淋滤。

② 美国加利福尼亚的 Searles 湖起源于富含碳酸钠的热泉水的蒸发。

③ 非洲 Natron 天然碱，本是 Na_2SO_4 湖，由于细菌分解还原为硫化钠，接着被碳酸化形成了碳酸钠。世界上大部分小型碱湖都是这样生成的。

④ 蓄水层火成岩或土壤经水淋滤得到了碳酸钠或碳酸氢钠混合物，如果该体系中（CO_3^{2-} + HCO_3^- + SiO_3^{2-} 离子的电荷总和大于 Ca^{2+} + Mg^{2+} 和其它二价，三价的电荷总和时，经过蒸发之后就会形成纯碱沉积，许多小型混合盐类的沉积就起源于此。

⑤ 许多小型碱矿中的 CO_3^{2-} 离子来源于吸收大气中的 CO_2；美国 Colorado 州的 Piceance Creek 盆地的碳酸钠所含 CO_2 来自有机质的分解；非洲 Magadi 湖的热温泉水中的碳酸钠所需 CO_2 来自深层火山喷发。由于存在着 $CO_3^{2-} + H_2O + CO_2 \rightleftharpoons 2HCO_3^-$ 汽液平衡，溶液中的 Na_2CO_3 可以部分转变为 $NaHCO_3$，也可以反向进行，$NaHCO_3$ 部分分解成 Na_2CO_3，在中国的

盐碱湖中，$NaHCO_3$ 和 Na_2CO_3 都是共存的。

在中国盐碱湖中常见的几种天然碱矿石[1]如下。

(1) 片碱——冬季气温严寒，Na_2CO_3 在水中的溶解度陡降，在湖表面成新碱结晶析出，即为片碱。主要成分为 $Na_2CO_3 \cdot 10H_2O$，片碱呈层状，一般可分三层：上层为风化产物 $Na_2CO_3 \cdot H_2O$；中层则为纯度较高的 $Na_2CO_3 \cdot 10H_2O$；下层含有泥砂。具有代表性的片碱成分为：Na_2CO_3 34.35%；$NaCl$ 3.26%；Na_2SO_4 14.22%。

(2) 二层碱——是碱湖底层的"老"碱，结晶完好，颗粒较粗，常被泥矿覆盖，主要成分为 $Na_2CO_3 \cdot 10H_2O$。片碱就是湖水溶解二层碱以后的再结晶产物。二层碱的代表性的组成为：Na_2CO_3 33.40%，$NaCl$ 13.58%，Na_2SO_4 8.71%；水不溶物 12.12%。

(3) 马牙碱——主要成分为 $Na_2CO_3 \cdot Na_2HCO_3 \cdot 2H_2O$，结晶断面形似马牙，因而得名。生长期较长，约需二三十年，其代表性组成 Na_2CO_3 19.05%、Na_2HCO_3 19.40%、$NaCl$ 2.61%、Na_2SO_4 1.13%，质量较为稳定，可直接用于羊毛洗涤脱脂。

(4) 锅口碱——开采马牙碱的坑口多呈锅口状，在锅口处逐渐形成新生的碱晶体称为锅口碱。锅口碱中 Na_2SO_4 含量较高，其组成为 Na_2SO_4 11.38%、Na_2CO_3 33.5%、Na_2HCO_3 11.37%、$NaCl$ 5.78%。

4.1.2 中国地下天然碱矿

河南省境内有吴城碱矿和安棚碱矿两处，这是我国已经查明的仅有两处地下碱矿，也是中国目前查明的最大两处天然碱矿。这两处碱矿为二郎山阻隔，吴城碱矿居于东南，安棚碱矿居于西北，两处直线距离 30km。吴城矿埋深 700m，安棚矿埋深 2080m。吴城碱矿在 1971 年左右发现，安棚碱矿于 1976 年始被发现。吴城盆地属于低矮的丘陵地区，标高 130～160m，属淮河水系，而安棚属汉水水系。两矿属于多雨地带，每年降雨量为 1000mm，蒸发量为 1500mm，夏季气温为 36～38℃，最高气温为 40℃；冬季温度为 -6～-7℃，最低气温为 -10～ -12℃。

吴城天然碱矿一般厚度为 0.5～3m，矿石品位以 Na_2CO_3 计可达 50%，碱矿平均含倍半碱 77% 和碳酸氢钠 23%，贮量大约相当于 1.2 亿 t 碳酸钠。面积为 4.6km²，矿床有 36 层。每层矿的下面是褐色油页岩，上覆的是含砂泥质白云岩。下部的 15 层倍半碱一般厚 0.5～1.5m，最厚 2.38m，矿层只含倍半碱和重碳酸钠。每层倍半碱和其下面的油页岩一起，一般厚 4～6m。上部 21 个矿层含石盐和倍半碱，一般厚 1～3m，最厚 4.56m，上部为倍半碱和油页岩的联合层，厚 8～12m。

吴城盆地完全封闭，南陡北缓，南端低凹处最深约 2000m，天然碱矿呈多层状。该区始新世时曾有火山活动。碳酸钠来源于温泉。温泉水可以在白云质油页岩形成之初开始流动，而结束于天然碱沉积的末期。

安棚碱矿位于泌阳凹陷，面积 13km²，也有 1.3 亿 t Na_2CO_3 贮量，天然碱覆在油页岩之上和伏于泥岩之下。有一地段共有 11 层天然碱，累计厚度为 30m。其余地段仅有 1～2 层天然碱，大多数厚 1～3m，最大者为 4.7m。一些钻孔还遇到过含天然碱的白云岩和充填有 Na_2CO_3、$NaHCO_3$ 卤水的多孔白云岩。其成因也归之于天然碱泉水的蒸发而产生的沉积。

4.2 天然碱的开采

4.2.1 旱采

旱采是以固体矿开采。不论是碱湖所产的天然碱，还是埋于地层深处的天然碱，均可采用旱采。

碱湖的碱矿由于埋藏较浅，适于露天开采，而埋于地层较深者则需用井巷开采。开采碱湖中的天然碱矿，由于较为松软，一般无需打眼爆破，可用采掘机直接采掘。采空区卤水即行渗入，重新结晶，因而边坡稳定性较好。采掘有季节性要求，覆盖层的剥离与矿石的开采，多在冬春季节进行，雨季要停止剥离，甚至采掘也应停止。

美国绿河地区和我国桐柏地区的天然碱矿都是薄矿体，顶板和底板多为页岩。在美国，如果顶板和底板的页岩较为稳固，一般就采用房柱法开采，如果顶板和底板的页岩较差，就采用长臂式崩落法开采。

4.2.2 溶采

碱湖中的碱卤只要用泵提取，视浓度高低或经日晒后，或直接送至工厂加工。有的碱湖已经干涸，需要注水将其溶解，然后用泵抽取。在冬季气候严寒，碱湖中的 Na_2CO_3 和 Na_2SO_4 都成十水碱和芒硝析出，溶采就难以进行。

美国绿河的晶碱石矿由于浅层矿已日趋枯竭，所以早在 30 多年前就有人提出溶采。中国桐柏县的吴城碱矿由于埋在 700km 的深处，地压很大，加上矿层又薄，旱采困难。所以一开始就建议采用溶采。

所谓溶采就是将水或 NaOH 溶液注入矿体将其溶解成为溶液采出。用水和 NaOH 溶液进行溶采都可用 Na_2CO_3-$NaHCO_3$-H_2O 相图进行讨论。由于吴城、安棚的地温为 75℃，所以用 75℃相图讨论最相宜。

表 1-4-1 是 75℃ Na_2CO_3-$NaHCO_3$-H_2O 体系的溶解度数据，图 1-4-1 是根据表 1-4-1 数据绘制的相图。

表 1-4-1 Na_2CO_3-$NaHCO_3$-H_2O 体系溶解度数据[2]

编号	液相质量%		固　　相
	$NaHCO_3$	Na_2CO_3	
a	16.1	0	$NaHCO_3$
1	13.3	5.0	$NaHCO_3$
2	11.15	10.0	$NaHCO_3$
3	9.5	15.0	$NaHCO_3$
E_1	9.05	17.00	$NaHCO_3$ + $Na_2CO_3 \cdot NaHCO_3 \cdot 2H_2O$
4	6.7	20.0	$Na_2CO_3 \cdot NaHCO_3 \cdot 2H_2O$
5	3.75	25.0	$Na_2CO_3 \cdot NaHCO_3 \cdot 2H_2O$
6	2.0	30.0	$Na_2CO_3 \cdot NaHCO_3 \cdot 2H_2O$
E_2	1.9	30.4	$Na_2CO_3 \cdot NaHCO_3 \cdot 2H_2O$ + $Na_2CO_3 \cdot H_2O$
b	0	31.2	$Na_2CO_3 \cdot H_2O$

图中 aE_1，E_1E_2 和 E_2b 分别为 $NaHCO_3$、倍半碱和 $Na_2CO_3 \cdot H_2O$ 的饱和线，CaE_1、$T_rE_1E_2$ 和 $B'E_2b$ 分别为 $NaHCO_3$、倍半碱和 $Na_2CO_3 \cdot H_2O$ 的结晶区。

如果倍半碱用清水溶采，由于天然碱的溶解速度很低，出井液的浓度是很稀的。又由于出井液中含有重碳酸盐，蒸发时会放出 CO_2，用作下一效的加热蒸汽时，传热系数很低，因此不可能用作下一效蒸发器的加热蒸汽。

先研究倍半碱矿用水溶采的情况。倍半碱加水时，可用 AT_r 连线表示。由于倍半碱是不相称溶解的复盐，当加水达到 I 点以前，液相一直停留在 E_1 点不动，而固相由 T_r 向 C 点变动。最后到达 C，留下的固相全为 $NaHCO_3$ 了。由于溶采时，地下碱量与液体量相比是无限

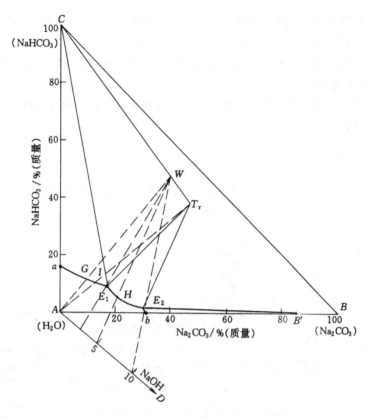

图 1-4-1　75℃ Na_2CO_3-$NaHCO_3$-H_2O 体系相图

图中 aE_1-E_1E_2-E_2b 分别为 $NaHCO_3$-倍半碳酸钠和 $Na_2CO_3 \cdot H_2O$ 的溶解度线

大的，因此不断溶采的结果，势必出现 $NaHCO_3$ 的积累。$NaHCO_3$ 会在倍半碱的表面形成"障壁"，阻止倍半碱的继续溶解。

吴城碱矿是倍半碱和碳酸氢钠的混合物，其组成落在 C-T_r 联线上。其下层矿以无 NaCl 计为 Na_2CO_3 38.83%，$NaHCO_3$ 49.97%，H_2O 13.19%，为 W 点所表示。由于 $NaHCO_3$ 含量比倍半碱还多，因此障壁效应将更为严重。

如果用烧碱溶液作为溶剂去进行溶采。既可以加速倍半碱的溶解速度；又可以降低出井液的重碳酸化度，故可采用多效蒸发；还可以消除"障壁"效应。这是由于下列反应，使 $NaHCO_3$ 与 Na_2CO_3 一起溶解的缘故。

$$Na_2CO_3 \cdot NaHCO_3 \cdot 2H_2O + NaOH \longrightarrow 2Na_2CO_3 + 3H_2O \qquad (1\text{-}4\text{-}1)$$

$$NaHCO_3 + NaOH \longrightarrow Na_2CO_3 + H_2O \qquad (1\text{-}4\text{-}2)$$

用烧碱溶液去溶解倍半碱-重碳酸钠的混合矿也可以用图 1-4-1 的 Na_2CO_3-$NaHCO_3 \cdot H_2O$ 体系相图进行讨论和定量计算。只需要在图上补加一条 NaOH 辅助轴即可。

NaOH 辅助轴 AD 与 Na_2CO_3 轴 AB 之间的夹角为 36.39°，如果 AB、AC 轴上 1% Na_2CO_3 和 1% $NaHCO_3$ 的长度为 1 单位，则在 AD 轴上 3.382 单位表示 1% NaOH。这种表示法的数学推导可以参考文献 [3]、[4]。

用烧碱溶液溶采天然碱矿，依烧碱溶液浓度不同，可以得到不同的 $NaHCO_3$/Na_2CO_3 比的饱和溶液，这可以借助 NaOH 辅助轴读出。例如，如果要用吴城天然碱矿制取 E_1 溶液，只要连接 E_1W 并外延之，与 NaOH 辅助轴的交点，得 NaOH 含量为 2.8%，这就是所用烧碱溶液的浓度。所得 E_1 溶液中含 Na_2CO_3 17.0%，$NaHCO_3$ 9.05% 折合成 Na_2O 为 13.28%。

当出井液组成落在 E_1E_2 溶解度线上，矿床中所含的 $NaHCO_3$ 也全部溶解。如果所用的 $NaOH$ 浓度愈大，得到的出井液就愈向 E_2 偏斜，其中的 Na_2CO_3 含量就愈高，后加工制成固体纯碱所需的蒸汽量就愈低，但苛化制取烧碱溶液的负荷却大大加重。综合考虑，出井液以落在 E_1 点附近较为经济。

从上述分析可以看出：用烧碱溶液溶采，出井液中可以含有一部分 $NaHCO_3$；所用的烧碱溶液的浓度是很低的。

4.3　天然碱用倍半碱法生产纯碱

食品机械和化学公司［美］（简称FMC）用绿河地区的粗倍半碱的原料，先经精制得到纯倍半碱，再经煅烧而得纯碱，这一工艺称为倍半碱工艺。其生产流程如图1-4-2[1]。

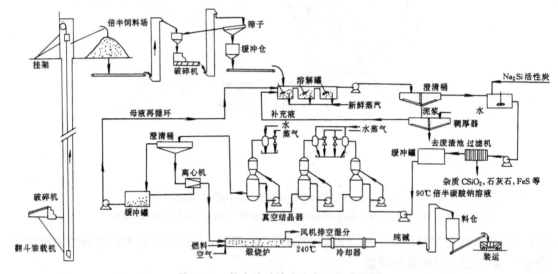

图 1-4-2　倍半碳酸钠法生产工艺流程图

由于倍半碱的溶解能力不大，所以要先经锤式破碎机细碎到20目（0.8mm）然后才能较快地溶解。

溶解在三级串联的溶解槽中进行，溶解槽带有搅拌装置，溶解温度将近沸点，溶液几乎达到饱和。由于溶解温度很高，所以溶解槽要加保温并要加盖，但盖又不能太严，以免溶解槽在带压下作业。在溶解时，倍半碱溶液会放出一部分 CO_2。

溶液送至四层澄清桶澄清，为了加快澄清速度，要加入絮凝剂。从豆科种子中提取的Burtonite-78，瓜耳胶jagual-507，聚丙烯酰胺和水解聚丙烯腈都是高效絮凝剂[5]。先将絮凝剂稀释到0.034%，然后加入澄清桶，使溶液中絮凝剂的含量达到 $(0.5\sim1.5)\times10^{-6}$。含量千万不能太高，达到 5×10^{-6} 就将大大降低下一道工序倍半碱的结晶质量。

为了回收泥渣中的碱分，澄清桶的底流加水送至增稠器增稠后排放。上部溢流的清液经加热后，返回溶解槽溶解新的矿石。

澄清桶的溢流液进入调节槽，早期的工艺是加入活性炭脱色的，然后再经叶片式压滤机过滤，活性炭只用一次，即予排异。经多年生产实践，不用活性炭脱色，也可以保证产品的白度。

在调节槽中加入硫化钠除铁剂除去从矿石中带来的铁和热溶液腐蚀设备而生成的镍和铬。

过滤后的倍半碱液进入缓冲槽,加入烷基苯磺酸钠晶习改性剂和有机消泡剂等添加剂,才进入结晶器中进行结晶。

由于倍半碱容易形成针状结晶及其晶簇,很难对这些晶体进行沉降和脱水,也难以使这些晶体的密度和纯度合格,添加上述的晶习改性剂后虽对结晶的质量有一定程度的改善,但效果不够理想。

蒸发结晶器为多效外循环真空蒸发器,蒸发温度不能超过80℃,以免倍半碳酸钠分解。一效蒸发温度为80℃,二效为60℃,三效为40℃,顺流操作。器内维持较高的晶浆层,以利于很好地控制晶体粒度和晶习,从而得到比较均匀的产品。晶浆密度控制质量分数在15%～30%之间,如果控制在20%～25%更好。

结晶器通过真空蒸发而降温。在第三级气压式冷凝器中用冷却水将第三级蒸汽冷凝。返回的澄清桶溢流液和过滤液(母液)先作为第二级,然后作为第一级的冷却介质(在图1-4-2中未详细标出)。这样溢流液和滤液既起到冷却剂和冷凝剂的作用,又升高了自身的温度,为返回溶解槽溶解矿石和作为补充水创造了条件。结晶器的级数愈多,热效率就愈高,但为了简化操作和减少投资,多采用2～3级。

加热后的母液返回下一循环去溶解矿石,为了避免$NaCl$、Na_2SO_4、Fe_2O_3、Al_2O_3、SiO_2等杂质积累而影响产品的质量,母液应该适量排放。排出的母液与第一级溶解槽分离出来的泥浆一起送入泥渣池中将泥渣沉积下来,从环境保护出发,卤水送去生产十水碱或用重碳酸化生产小苏打。

倍半碱离心分离后送至煅烧炉煅烧成为纯碱,倍半碱的最适煅烧温度为220～230℃,停留时间为30min,所得产品为轻质纯碱,其堆积密度为0.77kg/L,含$NaCO_3$ 99.7%,$NaHCO_3$ 0.25%。

我国桐柏碱矿将要扩建,其生产流程与此相同,只是它用溶采方法采矿,其总碱度为120g/L,蒸发时耗蒸汽量比美国绿河碱厂要高。

4.4 天然碱用一水碱法生产纯碱

倍半碱法的最大缺点是从溶液中结晶出的产品量很小,因此溶液循环量很大。改进的方法是将矿石先行煅烧成Na_2CO_3,然后再用水浸取,提纯,蒸发而得一水碱结晶,过滤后的固体再煅烧而得纯碱,其流程图如图1-4-3[1]。

其生产工艺流程如下:

矿石经破碎至1.3cm,筛分后进煅烧炉煅烧。

当煅烧温度达到120℃时,倍半碱即开始分解:

$$2Na_2CO_3 \cdot NaHCO_3 \cdot 2H_2O \longrightarrow 3Na_2CO_3 + CO_2\uparrow + 5H_2O - 104.2kJ^{[6]}$$

当温度达到200～250℃时[7],天然碱中的SiO_2或硅酸盐矿物开始生成硅酸钠

$$SiO_2 + Na_2CO_3 \longrightarrow Na_2SiO_3 + CO_2\uparrow$$

含渣碳酸钠的溶液在蒸发时会使蒸发器结垢,并增加了产品中的杂质,故在200℃以上的高温煅烧是不合适的。目前都在150～200℃之间煅烧15min[8]。

浸取为一放热过程,其溶解热为28.4kJ/mol Na_2CO_3。

矿石中的碳酸钠钙石(shortite $Na_2CO_3 \cdot 2CaCO_3$),针碳酸钠钙石(gaylussite $Na_2CO_3 \cdot CaCO_3 \cdot 5H_2O$)和钙水碱(pirssonite $Na_2CO_3 \cdot CaCO_3 \cdot 2H_2O$)都会溶解,导致设备结垢,增加溶液的含钙量。如果用作浸取的水含钙量过高,也会形成钙水碱水垢。为此浸取用水应尽

量利用蒸发器的冷凝水，不足部分则用离子交换树脂处理过的河水补充。

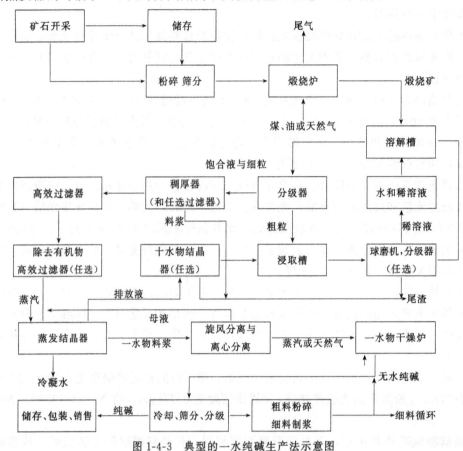

图 1-4-3 典型的一水纯碱生产法示意图

浸取液中的 Na_2CO_3 含量如在 $4\%\sim6\%$ 以上时，钠钙石是不溶解的，所以以煅烧后的矿石应该进行逆流浸取；并用河水进行矿渣的初级洗涤，使 Na_2CO_3 含量大于 6.2%，然后再用它去浸取。

浸取的浑碱液进入螺旋分级器分离出粗颗粒的不溶物。分离后的溶液进入澄清桶澄清约 $4h$，从澄清桶底部排出的泥渣，加补充水进入增稠器，增稠后的废渣与螺旋分级器排出的废渣一起排弃，溢流出来的清洗液送回溶解槽循环使用。

澄清槽溢流液呈黄棕色并比较混浊，经叶片式过滤机，将残存的小颗粒除去。在调节槽内加入三聚磷酸盐消泡剂约 1×10^{-6}。

清碱液蒸发结晶用三效蒸发结晶器。各效并流进料，用泵强制循环。蒸发后的浆液含 30% Na_2CO_3，各自排至出料总管。料浆先用旋液分离器分离，然后用离心机分离，母液返回到蒸发器继续蒸发。

分离得到的一水碳酸钠滤饼用螺旋送料器送至流化床干燥器干燥，热源为 $1.4MPa$ 的水蒸气，出料温度为 $100℃$，冷却到 $65℃$ 后包装，产品为重质纯碱，密度为 $1.057kg/L$。

4.5 纯碱和天然碱重碳酸化法生产小苏打

重碱的主要成分是碳酸氢钠，是氨碱法和联碱法生产纯碱的中间产物。但因为它含有 NH_4HCO_3，故不能将重碱直接作为小苏打应用。如用重结晶法将重碱提纯，一来纯度无法满足要求，二来其中的 NH_3 无法回收利用，故工业上也不采用。在工业上制造小苏打，是将煅烧后的纯碱制成溶液，或者将重碱湿分解成为纯碱溶液，再用石灰窑气重碳酸化制取小苏打。乍看起来既要将 $NaHCO_3$ 分解，又要重新碳酸化，这种工艺似乎是很不合理的。但从除去其中的 NH_3，又要将其回收的观点来看，用这种方法生产小苏打倒是最合理的。

如果在纯碱厂内生产小苏打，就可利用氨碱厂的 CO_2 和落地的和不合格的废纯碱为原料，成本低，投资少。

在天然盐碱湖中的卤水和沉积都多多少少含有 $NaCl$ 和 Na_2SO_4。如果含这些杂质低时，就可以用前述的倍半碱法或一水碱法制造纯碱。反之，如果含这些杂质较多，就不可能用简单的物理方法将它与杂质分离，只能用重碳酸化法使其中的 Na_2CO_3 转变为溶解度较小的 $NaHCO_3$ 沉淀。所得的 $NaHCO_3$ 视市场需要或干燥后直接作为商品出售，或煅烧成为纯碱出售。由于前者售价高，利润大，我国天然碱厂多采用之。这样，天然碱卤重碳酸化不仅是制取小苏打的一种方法，而且也是天然碱加工的一条途径。用这种方法生产小苏打，就要比用纯碱为原料生产来得经济。

天然碱用重碳酸化加工，需要以 Na_2CO_3-$NaHCO_3$-Na_2SO_4-$NaCl$-H_2O 五元体系相图为理论基础。对这一体系的溶解度，J. E. Teeple[9] 测定了 20℃、С. З. Макаров 和 Г. С. Седельников[10] 测定了许多温度下的溶解度，今将 35℃ 的溶解度数据列于表 1-4-2 并绘成图 1-4-4。

表 1-4-2　35℃下，Na_2CO_3-$NaHCO_3$-Na_2SO_4-$NaCl$-H_2O 体系溶解度

编号	液相组成 溶液=100%（质量）				体系组成 干盐=100%（质量）						固 相
	NaCl	NaHCO₃	Na₂CO₃	Na₂SO₄	a NaCl	b NaHCO₃	c Na₂CO₃	d Na₂SO₄	$a+d$	H₂O	
A	26.55	—	—	—	100	—	—	—	100	277	NaCl
B	—	10.70	—	—	—	100	—	—	100	835	B
C	—	—	33.0	—	—	—	100	—	100	203	C_1
D	—	—	—	32.95	—	—	—	100	100	203	S_0
1	23.5	—	—	6.0	79.7	—	—	20.3	100	239	$NaCl+S_0$
2	25.99	1.24	—	—	95.4	4.6	—	—	95.4	267	$NaCl+B$
3	16.1	—	16.8	—	48.9	—	51.1	—	48.9	204	$NaCl+C_1$
4	2.5	—	31.0	—	7.5	—	92.5	—	7.5	199	C_7+C_1
5	—	—	29.8	5.2	—	—	85.1	14.9	14.9	186	$br+C_1$
6	—	2.43	—	30.88	—	7.3	—	92.7	92.7	200	$B+S_0$
7	24.41	1.23	—	3.11	84.64	4.58	—	10.78	95.42	247	$NaCl+B$
8	22.53	1.30	—	6.12	75.23	4.34	—	20.43	95.66	234	$NaCl+S_0+B$
9	13.98	2.09	—	15.24	44.65	6.68	—	48.67	93.32	219	S_0+B
11	—	4.90	17.30	—	—	22.07	77.93	—	0	350	$B+T_r$
12	—	0.40	33.0	—	—	1.20	98.80	—	0	199	C_1+T_r
13	—	—	13.3	20.8	—	—	39.01	60.99	60.99	193	S_0+br
14	23.84	1.05	3.13	—	85.08	3.75	11.17	—	85.08	257	$NaCl+B+T_r$
15	16.97	2.10	5.52	—	69.01	8.54	22.45	—	69.01	307	$B+T_r$

编号	液相组成 溶液=100%（质量）				体系组成 干盐=100%（质量）						固　相
	NaCl	NaHCO$_3$	Na$_2$CO$_3$	Na$_2$SO$_4$	a NaCl	b NaHCO$_3$	c Na$_2$CO$_3$	d Na$_2$SO$_4$	$a+d$	H$_2$O	
16	14.85	2.56	6.72	—	61.54	10.61	27.85	—	61.54	314	$B+T_r$
17	7.61	3.59	11.57	—	33.42	15.77	50.08	—	33.42	339	$B+T_r$
18	21.41	0.61	7.42	—	72.72	2.07	25.20	—	72.72	240	$NaCl+T_r$
19	17.85	0.57	13.23	—	57.40	1.80	41.80	—	57.40	216	$NaCl+T_r$
20	15.52	0.61	17.04	—	46.79	1.84	51.37	—	46.79	201	$NaCl+C_1+T_r$
21	12.08	0.11	18.46	—	39.41	0.36	60.23	—	39.41	226	C_1+T_r
22	8.30	0.12	21.96	—	27.32	0.39	72.28	—	27.32	229	C_1+T_r
23	1.97	0.57	30.27	—	6.00	1.74	92.26	—	6.00	205	$C_1+C_7+T_r$
24	—	2.28	4.77	26.87	—	6.72	14.66	79.22	79.22	195	S_0+B
25	—	2.43	9.37	20.79	—	7.46	28.75	63.79	63.29	207	S_0+B+T_r
26	—	1.50	12.13	21.31	—	4.29	34.72	60.99	60.99	186	S_0+br+T_r
27	—	3.36	11.59	14.10	—	11.57	39.89	48.54	48.54	244	$B+T_r$
28	—	4.16	14.52	7.02	—	16.18	56.50	27.32	27.32	289	$B+T_r$
29	—	1.09	21.41	10.49	—	3.30	64.90	31.80	31.80	203	$br+T_r$
30	—	0.44	29.45	4.49	—	1.28	85.66	13.06	13.06	191	$br+T_r+C_1$
31	21.4	—	3.9	6.1	68.15	—	12.42	19.43	87.58	218	$NaCl+S_0+br$
32	15.6	—	16.3	2.3	45.61	—	47.66	6.73	52.34	192	$NaCl+C_1+br$
33	21.31	1.61	3.13	5.82	67.82	3.69	9.97	18.52	86.34	218	$NaCl+S_0+B+T_r$
34	20.49	0.89	4.24	5.59	65.65	2.85	13.59	17.91	83.56	220	$NaCl+S_0+T_r+br$
35	15.44	0.27	16.24	1.96	45.53	0.80	47.89	5.78	51.31	195	$NaCl+C_1+T_r+br$
36	—	0.20	33.05	—		0.6	99.40	—	0	102	C_1+C_7

在 35℃ 时，体系中有七个固相，即氯化钠（NaCl），无水硫酸钠（Na$_2$SO$_4$，简写为 S_0），十水硫酸钠（Na$_2$SO$_4$·10H$_2$O，简写为 S_{10}），十水碳酸钠（简写为 C_{10}），碳酸氢钠（NaHCO$_3$ 简写为 B），倍半碳酸钠（Na$_2$CO$_3$·NaHCO$_3$·2H$_2$O，简写为 T_r）和芒硝碱（Na$_2$SO$_4$·Na$_2$CO$_3$，burkeite，简写为 br）。后两种复盐的存在，使相图的图形变得复杂，天然碱的分离变得困难。

以 A 代表 NaCl，B 代表 NaHCO$_3$，C 代表 Na$_2$CO$_3$，D 代表 Na$_2$SO$_4$，并以 a，b，c，d 代表干盐中这四种盐的质量百分组成。这种具有一个共同离子（此体系中为 Na$^+$）的四种盐和水组成的五元体系，如果暂不考虑水，则其相图可用正四面体（立体图）来表示。四个顶点 A，B，C，D 分别表示 NaCl，NaHCO$_3$，Na$_2$CO$_3$ 和 Na$_2$SO$_4$。但是为了便于应用，又必须将这种立体图投影成三个投影面：将其中的一个投影面取与正四面体的两个相对棱边平行，称之为正方形投影面；另一个投影面将正四面体的两个顶点重合在一起，称为三角形投影面。体系中的水含量须用第三个投影面表示。

关于这种相图的性质和用法，如读者要作深入的分解，可以参阅文献[4，11]。

据 D. E. Garrett[1]，墨西哥天然碱厂要使碳酸氢钠结晶良好，CO$_2$ 吸收和 NaHCO$_3$ 结晶的最适温度应高于 38℃；现取 35℃ 作为碳酸化塔的出口温度来进行讨论。图 1-4-4 是 Na$^+$ ∥

HCO_3^-，CO_3^{2-}，Cl^-，SO_4^{2-}，H_2O 五元体系相图中的 $NaHCO_3$ 和 $Na_2CO_3 \cdot NaHCO_3 \cdot 2H_2O$ 结晶区部分。其中 $NaHCO_3$ 结晶区由 B-2-8-6，B-11-25-6，6-8-34-25，B-2-14-11，2-14-34-8，34-14-11-25 各平面围成。靠近 C 顶角的有 C_1 和 C_7 结晶区，为了使图面清晰起见，没有全部表示出来。

今以表 1-4-3 中国某天然碱标本组成为例，讨论由它制备的盐碱卤的重碳酸过程。

表 1-4-3 中国某天然盐碱湖的沉积层标本组成

成分	Na_2CO_3	$NaHCO_3$	Na_2SO_4	NaCl	水不溶物	H_2O
原矿质量分数/%	24.25	2.23	10.96	1.52	4.95	56.09
干盐质量分数/%	62.24	5.73	28.13	3.90	12.70	1.44

将表中的干盐组成表示在图 1-4-4（a），（b）上，分别为 f_0' 和 f_0。由相图可知，在 35℃ 时，组成点落在倍半碳酸钠结晶区内。

以上述的天然碱 100kg 干盐配成碱卤，完全重碳酸化时，其干盐组成为：

盐　　类	质量/kg	质量分数
Na_2CO_3	0	0
$NaHCO_3$	$5.73 + 62.24 \times \dfrac{2 \times 84}{106} = 104.37$	0.7652
Na_2SO_4	28.13	0.2062
NaCl	3.90	0.0286
合　　计	136.4	1.000

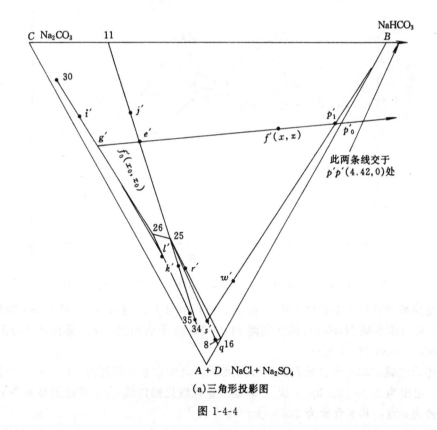

（a）三角形投影图

图 1-4-4

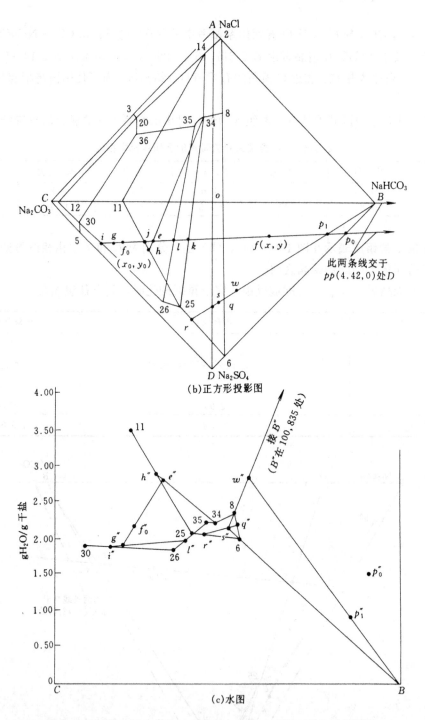

图 1-4-4　35℃，$Na^+ // Cl^-$、HCO_3^-、CO_2^{2-}、SO_4^{2-}-H_2O 五元相图

将其组成表示在图 1-4-4（b）中为 p_0 点，（a）中为 p'_0，连结 $f_0 p_0$ 和 $f'_0 p'_0$ 即为重碳酸化操作线。它与倍半碱-$NaHCO_3$ 的共饱面 34-14-11-25 平面相交，反向延长之又与倍半碱-芒硝碱的共饱面 36-30-26-35 相交。

以上述天然碱 100kg 干盐配制的饱和溶液 f_0，其含水量可以通过（b）、（c）两投影面的投影关系，定出为 2.20 [kg/kg 干盐]。确定出重碳酸化操作线 $f_0 p_0$ 穿过倍半碱-$NaHCO_3$ 共饱面的位置为 e 点，其水含量为 2.80 [kg/kg 干盐]。

从表 1-4-3，已知天然碱含水 144 [kg/kg 干盐]，所以溶解时每 100kg 干盐应加 H_2O＝220－144＝76kg。

每 100kg 干盐含 Na_2CO_3 62.24kg，从表 1-4-3 可知，完全重碳酸化后体系中的干盐为 136.4kg，故完全重碳酸化后每 100kg 干盐含 H_2O 量为：

$$\frac{220-62.24\times18/106}{136.4}=1.535 \ [kg/kg \ 干盐]$$

在图 1-4-4（c）水图上为 p''_0。

在工业生产中，重碳酸化度很难达到 100％，一般只能达到 95％。如设重碳酸化度为 95％，则重碳酸化后体系的组成可计算如下：假设 100kg 干盐的天然碱所配制的碱卤，经重碳酸化后剩余的 Na_2CO_3 为 x kg。重碳酸化度为 95％，则 Na_2CO_3 的摩尔分数为 0.05，于是：

$$\frac{2(Na_2CO_3)}{NaHCO_3+2(Na_2CO_3)}=\frac{\dfrac{2x}{106}}{\dfrac{5.73}{84}+\dfrac{2\times62.24}{106}}=0.05$$

式中 106、84 分别为 Na_2CO_3 和 $NaHCO_3$ 的相对分子质量，解上方程式得 x＝3.3kg，所以重碳酸化后干盐组成可计算如下：

盐 类	质 量/kg	质量分数
Na_2CO_3	3.30	0.0245
$NaHCO_3$	$5.73+(62.24-3.3)\times\dfrac{(2\times84)}{106}=99.14$	0.7373
Na_2SO_4	28.13	0.2092
$NaCl$	3.90	0.0290
合 计	134.47	1.000

重碳酸化后的含水量＝$\left[144-(62.24-3.3)\times\dfrac{18}{106}\right]\times\dfrac{1}{134.47}=0.996$ [kg/kg 干盐]在正方形投影图（b）上的点为 p_1，在三角形投影图（c）上的点为 p'_1，由于 p_1 落在 $NaHCO_3$ 结晶区内，将先析出 $NaHCO_3$ 固体。溶液就沿着 $NaHCO_3$ 结晶射线（Bp_1 连线的延线）移动，如水量合适，最终将达到 $NaHCO_3$-Na_2SO_4 的共饱面上的 s 点（含水 2.13 [kg/kg 干盐]）。当达到 s 点时，$NaHCO_3$ 析出量就是最高的。如继续析出，就将有 Na_2SO_4 掺杂其中。如果达到 s 点，重碳酸化后的 p_1 含水应为 0.504 [kg/kg 干盐]。

而根据上面的计算，天然碱卤重碳酸化后的含水量为 0.996 [kg/kg 干盐]，大于 0.504 [kg/kg 干盐]。同时又不能采用蒸发减少水分（蒸发时 $NaHCO_3$ 会分解），因而 $NaHCO_3$ 母液不可能落在 s 点，只能落在 w 点，此时析出 $NaHCO_3$ 固体量为

$$134.47\times\frac{pw}{Bw}=134.47\times\frac{0.3585-0.07}{0.5-0.07}=90.22kg$$

碱（包括 Na_2CO_3 62.24g，$NaHCO_3$ 5.73g）的提取率为：

$$\frac{90.22}{5.73+62.24\times\dfrac{2\times84}{106}}=\frac{90.22}{104.37}=86.44\%$$

上述计算是从相图角度出发的，实际上如此高的天然碱卤在重碳酸化时，有 $NaHCO_3$ 固体堵塔的可能，所以应降低送去重碳酸化的天然碱卤的浓度。但采用这种方法，重碱的提出率就不可避免地要降低。

从图 1-4-4 可以看出，在高浓度碱卤区内存在着倍半碱结晶区。采用过高的碱卤重碳酸化就有可能析出倍半碱。此外，高浓度碱卤会增加碱卤的粘度，因而，离心分离时，除净 Na_2SO_4 和 NaCl 就较困难。通常采用的天然碱卤质量浓度为 160～180g/L（以 Na_2CO_3 计），而 Na_2SO_4 ≤80g/L，NaCl≤100g/L。如果 Na_2SO_4 和 NaCl 含量越低，则重碳酸化料液中的 Na_2CO_3＋$NaHCO_3$ 浓度就可以适当提高，重碳酸钠的收率也可相应地提高。

重碳酸化法生产小苏打的原则性流程图如图 1-4-5。

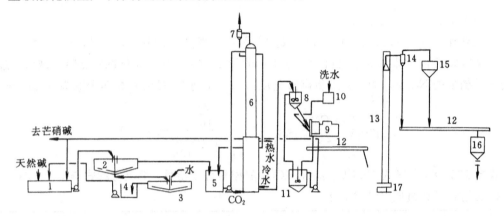

图 1-4-5　重碳酸化法生产小苏打示意流程

1—化碱槽；2—澄清桶；3—洗泥桶；4—杂水桶；5—清碱液桶；6—碳酸化塔；7—分离器；8—稠厚器；

9—离心机；10—洗水槽；11—滤碱液槽；12—皮带输送机；13—热风干燥管；14—旋风分离器；

15—袋式过滤器；16—成品仓；17—风机

将采得的固体天然碱溶解、澄清，必要时进行过滤，制得清碱卤的总碱度约 160～180g/L，由碳酸化塔顶部送入塔内，并维持一定液面高度。将净化后的石灰窑气由塔下部导入塔内，气液在塔内接触吸收，反应生成 $NaHCO_3$ 结晶。生产上为了获得较好的 $NaHCO_3$ 结晶，进塔碱卤的温度要在 60℃以上，出塔温度在 45～50℃。上面已讲过，墨西哥碱厂的出塔温度维持在 38℃。

在实际生产中碱卤的重碳酸化度可达 90%～95%，Na_2CO_3 收率可达 65%～70%。反应后的尾气中还含有 14%～18%CO_2，这是由于 Na_2CO_3 卤水吸收 CO_2 很慢的缘故。美国有一天然碱厂为了加速 CO_2 的吸收速度，在碳酸化塔内安有高速搅拌桨[1]。

碳酸化塔易被 $NaHCO_3$ 结疤，因此 3～4 塔一组，其中有一塔轮流清洗，由于 $NaHCO_3$ 疤坚硬，需要煮塔方法清洗。

洗涤小苏打的洗水最好用软水，因为硬水在滤布中会析出碳酸钙或氢氧化镁沉淀，堵塞滤网。由于水的粘度随温度升高而降低，故洗水温度不能太低。但温度太高，$NaHCO_3$ 在水中的溶解度就增大，会降低收率，因此洗水温度以 45～50℃为佳。

过滤得到的小苏打，经干燥后即作为成品出售。在美、墨西哥等国则煅烧成为纯碱出售。

过滤母液含 Na_2CO_3 1.2%、$NaHCO_3$ 6.4%，含 Na_2SO_4 和 NaCl 则较高。对它的处理也是急待研究的课题。如果排弃，则影响环境；排放回湖，则又影响湖水的组成。内蒙乌海市化工厂将滤碱母液进行苛化，再将清烧碱溶液蒸发，析出芒硝和芒硝碱的混合物，生产八五硝（即含 Na_2SO_4 85% 的产品），并回收烧碱。

内蒙查干诺尔天然碱则用 $NaHCO_3$ 滤液溶解上述芒硝和芒硝碱的混合物。此时混合物中的 NaOH 中和滤液中的 $NaHCO_3$ 就成了 Na_2CO_3-Na_2SO_4-NaCl-H_2O 四元体系。可以用蒸发法将芒硝碱和食盐分离。

　　100℃的 Na_2CO_3-Na_2SO_4-$NaCl$-H_2O 体系相图如图 1-4-6 所示。相图共有 Na_2SO_4、$Na_2CO_3 \cdot H_2O$、$NaCl$ 和 $mNa_2SO_4 \cdot Na_2CO_3$ 四个结晶区。溶液 P 处于芒硝碱结晶区内,当蒸发时就析出芒硝碱（组成落在 r 点）,液相沿 rp 连线移动直到 g 点,此后 $Na_2CO_3 \cdot H_2O$ 也与芒硝碱一起析出,达到 q 点为止。如果中间不加过滤,析出的芒硝碱与一水碱混合在一起,固相组成落在 m,干燥后作为产品出售。

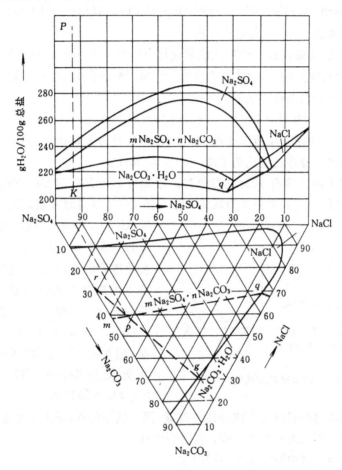

图 1-4-6　100℃,Na_2CO_3-Na_2SO_4-$NaCl$-H_2O 系统图

　　芒硝碱虽然在玻璃和洗衣粉上可作为原料使用,但世界各国都不把它列为正式产品。生产厂和用户应根据需要和可能,商定产品标准进行生产。

4.6　天然碱苛化法制烧碱

4.6.1　原理及工艺

　　天然碱苛化时,其中的 $NaCl$ 是不参加反应的,但 Na_2SO_4 在 $NaOH$ 低浓度的溶液中,也会与 $Ca(OH)_2$ 发生反应:

$$Na_2SO_4(l)+Ca(OH)_2 \longrightarrow 2NaOH(l)+CaSO_4(s)\downarrow \qquad (1-4-3)$$

故平衡常数　$K=\dfrac{K_1}{K_2}=\dfrac{[OH^-]^2}{[SO_4^{2-}]}=\dfrac{[Ca^{2+}][OH^-]^2}{[Ca^{2+}][SO_4^{2-}]}=\dfrac{5.5\times10^6}{9.1\times10^{-6}}=0.6 \qquad (1-4-4)$

设苛化液中 $Na_2SO_4=0.2mol/L=28.4g/L$

则根据式（1-4-4）， $[OH^-]^2=0.6\times0.2=0.12$， $[OH]^-=0.346$ $[mol/L]$，即 $[NaOH]=12.84g/L$

如果 $NaOH$ 质量浓度高于 $12.84g/L$，反应式（1-4-3）即向左进行，因此在较高的 $NaOH$，溶液中，不要考虑 Na_2SO_4 的苛化反应。

在天然碱卤水中，除 Na_2CO_3 外，还有 $NaHCO_3$，它也能同 $Ca(OH)_2$ 反应生成 $NaOH$，其反应式为：

$$NaHCO_3+Ca(OH)_2=\!=\!=\!=NaOH+CaCO_3+H_2O+4.9kJ/mol \qquad (1\text{-}4\text{-}5)$$

所用的石灰量要比 Na_2CO_3 苛化多一倍。

实际上苛化法制造烧碱时，是用洗涤苛化泥（$CaCO_3$ 为主）和蒸发析出盐（以 $NaCl$，Na_2SO_4，Na_2CO_3 为其成分）后所形成的杂水进行化碱，再以碱水消化石灰的。杂水中的 $NaOH$ 含量完全可将天然碱中的 $NaHCO_3$ 中和

$$NaHCO_3+NaOH\longrightarrow Na_2CO_3+H_2O+40.0kJ/mol \qquad (1\text{-}4\text{-}6)$$

天然碱含泥量大、颗粒小，沉降困难，但由 Na_2CO_3 制得的苛化泥，由于其中的 $CaCO_3$ 对天然碱泥有助沉作用，澄清速度反而提高，可达 $0.2m/h$。

苛化后清碱液中除了含有 10% 左右的 $NaOH$ 以外，还含有 $NaCl$、Na_2SO_4 和未苛化的 Na_2CO_3。在蒸发过程中它们都会成为固体析出。图 1-4-7 是清碱液组成为 $NaOH$ 11.53%；Na_2CO_3 1.08%；Na_2SO_4 1.41%；$NaCl$ 0.41% 在蒸发过程中的变化规律。$NaCl$ 因初始浓度较低，在蒸发过程中并不会析出，故其浓度随 $NaOH$ 浓度而一直增加，当 $NaOH$ 蒸浓到 50.5% 时，$NaCl$ 高达 1.75%；而 Na_2CO_3 和 Na_2SO_4 在蒸发初期，随 $NaOH$ 浓度增加而提高，随后下降。在蒸发末期，Na_2CO_3 下降到 1.1%。Na_2SO_4 下降到 0.2%。

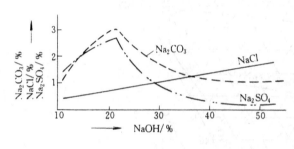

图 1-4-7　清碱液蒸发曲线

在蒸发过程中析出的碱渣主要成分是芒硝碱，因为其中的 Na_2SO_4 不能参加苛化反应，故只能作为产品出售，不能返回生产过程，再进行苛化。

这是与以纯碱为原料的苛化法所不同的地方。

4.6.2 天然碱苛化制烧碱的流程

由天然碱苛化法制烧碱的流程见图 1-4-8。

由盐碱湖采掘来的天然碱矿由车运来，倒入化碱槽 1 中，同时加入洗泥桶排出的含 $NaOH$ 洗水和其它含碱杂水。将天然碱化成 $130g/L$ 的溶液。化碱所需的热量由第三效蒸发器的二次蒸汽通过预热器 8 供给。预热后的碱液，一部分返回化碱槽继续化碱，一部分就送去化灰机消化石灰，温度升至 $85℃$。在化灰机中同时就起预苛化作用，苛化率可达 75%。然后进入苛化桶进一步苛化，温度升至 $95\sim100℃$，苛化率达 90%，$NaOH$ 含量约在 10% 以上，过量灰小于 2%。

苛化液进入三层澄清桶分配槽，然后分配流入各澄清层，各层清液须保持在 $60cm$ 以上，以保证各层流出的碱液不冒混，含量低于 150×10^{-6}，澄清桶底流液用压滤机压滤，压滤机的洗水为蒸发器的冷却水，洗水含 $NaOH$ $25\sim30g/L$，送去化碱槽化碱。苛化泥含 $NaOH$ 0.5% 以下，排至堆放场。

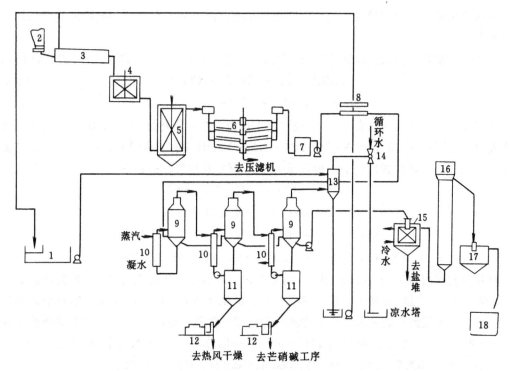

图 1-4-8　天然碱苛化法制烧碱工艺流程示意图

1—化碱槽；2—石灰仓；3—化灰机；4—碱灰乳槽；5—苛化桶；6—三层澄清桶；7—淡液桶；8—预热器；
9—蒸发罐；10—加热器；11—集盐器；12—离心机；13—大气冷凝器；14—水喷射器；15—冷析器；
16—升膜蒸发器；17—高浓桶；18—熬碱锅

澄清后的清碱液，经预热器 8 进入三效蒸发器 9 蒸发。三效蒸发器顺流操作，每效都设外热器 10，第二、三效分别设有集盐器 11 和循环泵。第一效的加热蒸汽为 0.7MPa，第三效的蒸发压力为 0.08MPa，此二次蒸汽送入大气冷凝器 13 中与碱液直接接触作为化碱工序的热源，不凝性气体进入水喷射泵 14，以使蒸发器第三效产生负压。

在第三效中，达到 46% 左右的蒸发完成液由旋液分离器进入两个串联的冷析器 15。在搅拌下以冷水间接冷却析盐，（图中只画出一个冷析器）使出液温度低于 35℃。盐渣由下部排出至盐堆。上部流出的清液，部分以液体烧碱出售，另一部分经加热至 80℃ 后入升膜蒸发器 16 蒸发成 70%NaOH 的浓碱液进入高浓桶 17，然后入熬碱锅 18，用直接火加热到 500℃，维持 1h 即可压火，当温度降到 340～350℃ 时，调色，取样合格后即出锅装桶。

由于苛化法制烧碱对许多天然碱组成都适用，生产成本较低廉，因而有广阔的应用前景。

4.7　其它制碱方法

4.7.1　路布兰法和改良路布兰法制碱

世界上芒硝（$Na_2SO_4 \cdot 10H_2O$）资源非常丰富，是丰度仅次于石盐（$NaCl$）的第二大可溶性钠盐。以俄罗斯、美国、加拿大和我国蕴藏量最大。我国内蒙、甘肃、新疆有众多的芒硝湖，江苏有芒硝矿，山西运城的解池有硝板（$MgSO_4 \cdot Na_2SO_4 \cdot 4H_2O$），四川有钙芒硝（$Na_2SO_4 \cdot CaSO_4$）。后两者也可以生产 Na_2SO_4。

用硫酸钠或芒硝来生产纯碱，早在 18 世纪末叶就由路布兰实现了。后来又提出了种种改进方法。

路布兰法最早是用硫酸和食盐合成的硫酸钠生产纯碱的。在产芒硝的国家就可以用天然芒硝为原料生产。

该法将硫酸钠，石灰石和煤粉相配合，在反射炉中于 900～1000℃共熔，此时进行如下反应：

$$Na_2SO_4 + 2C \longrightarrow Na_2S + 2CO_2 \uparrow \tag{1-4-7}$$

$$Na_2S + CaCO_3 \longrightarrow CaS + Na_2CO_3 \tag{1-4-8}$$

烧成物称为黑灰，用水在 4～6 个浸取槽中逆流浸取，最终达 25～27°B'e。浸取液因含硫化物而呈黄色或绿色，每升含 Na_2CO_3 225～275g、NaOH 50g 及少量 $Na_2S_2O_3$、Na_2S、硅铝酸钠等。通入来自石灰窑或反射炉来的烟道气（含 CO_2 及空气）进行下列反应而得到精制：

$$2NaOH + CO_2 \longrightarrow Na_2CO_3 + H_2O$$

$$Na_2S + CO_2 + H_2O \longrightarrow Na_2CO_3 + H_2S$$

$$2Na_2S + 2O_2 + H_2O \longrightarrow Na_2S_2O_3 + 2NaOH$$

$$2NaAlO_2 + CO_2 + 5H_2O \longrightarrow Na_2CO_3 + Al_2O_3 \cdot 3H_2O$$

精制液在带有刮刀的 Thelen 锅中，用黑灰炉的废热作为热源进行蒸发，最初析出的固体含 Na_2SO_4 和 NaCl 颇多，接近溶液的沸点时析出的则为 $Na_2CO_3 \cdot H_2O$，须分别收集以保证产品的纯度。一水碱因含结晶水及少量的硫化物而带灰黄色，经在 500～600℃下煅烧脱水颜色转白。所得成品组成如下：Na_2CO_3 96%～97%，NaCl 0.1%～0.5%，Na_2SO_4 0.1%～0.8%，$Na_2S_2O_3$ 0.1%，不溶物 0.1%～0.8%，NaOH<0.1%，H_2O<0.7%。

路布兰法制 1t 纯碱要产生残渣（主要为 CaS）1.5t 左右，此种残渣在大气中徐徐生成有恶臭的硫化氢气体及有毒废水，严重污染环境；在加工过程中又要经过几度高温处理，燃料消耗多；间歇性生产耗费人工又多；成品质量差。凡此种种缺点，都不足以与后起的索尔维法相竞争，终于被挤出了历史舞台。

前苏联国立应用化学研究所改进了路布兰法，称为 ГИПХА 法。在硫酸钠和煤灰高温还原时，不加石灰石，使之反应生成 Na_2S。

$$Na_2SO_4 + 2C \longrightarrow Na_2S + 2CO_2 \uparrow \tag{1-4-9}$$

所用的煤粉需按上述反应过量 25%～30%，反应在回转炉中进行，以煤或石油为燃料，进口炉气温度在 1300～1500℃，炉温可达 1050～1080℃，出炉气温度在 850～900℃。炉气含 CO_2 22%、SO_2 0.5%，经洗涤除去 SO_2 以后，冷却到 30℃，用于冷碳酸化。所得熔料中 Na_2S 含量可达 70%～72%。

熔料从炉中倾出，倒入铁桶中冷却，然后压成 20～25mm 小块，用热碱母液溶解，此时一部分 Na_2S 即与母液中的 $NaHCO_3$ 作用成为 NaHS：

$$Na_2S + NaHCO_3 \longrightarrow NaHS + Na_2CO_3 \tag{1-4-10}$$

过滤后的清液送入碳酸化塔，在 105～110℃用纯碱煅烧炉气进行热碳酸化，此时 Na_2S 与 CO_2 作用分解为纯碱和 H_2S 气体逸出。

$$Na_2S + CO_2 + H_2O \longrightarrow Na_2CO_3 + H_2S \uparrow$$

从热碳酸化塔出来的气体，含 H_2S 30%，经冷却后通入克劳氏炉燃烧，以回收硫磺。

碳酸化塔中排出的碱液，滤去固体杂质后，每升含 NaHS 3g，Na_2CO_3 215g，$NaHCO_3$ 45g，$Na_2S_2O_3$ 65g，与一部分 $NaHCO_3$ 母液混合，送去冷碳酸化，冷碳酸化所用的 CO_2 系硫化钠熔炉中所产生的 CO_2 气，浓度较低，也可混入一部分石灰窑气，使 CO_2 含量达 25%～26%。冷碳酸化所进行的反应为：

$$Na_2CO_3+CO_2+H_2O \longrightarrow 2NaHCO_3 \qquad (1\text{-}4\text{-}11)$$

排出的 $NaHCO_3$ 悬浮液用转鼓真空过滤机滤出 $NaHCO_3$，母液每升含 $NaHCO_3$ 75g，Na_2CO_3 30g，$Na_2S_2O_3$ 70g，Na_2SO_3 17g，Na_2SO_4 18g。滤饼经洗涤后送入煅烧炉煅烧成为纯碱，其组成为：Na_2CO_3 95.7%，$NaHCO_3$ 3.8%，杂质 0.5%。炉气用作热碳酸化，有人主张将 Na_2S 溶液与 $NaHCO_3$ 一起蒸煮，以代替热碳酸化，其进行反应为：

$$Na_2S+NaHCO_3 \longrightarrow NaHS+Na_2CO_3 \qquad (1\text{-}4\text{-}12)$$

$$NaHS+NaHCO_3 \longrightarrow Na_2CO_3+H_2S \qquad (1\text{-}4\text{-}13)$$

作如此变更以后，原先用于热碳酸化的浓 CO_2 气可省下来作为冷碳酸化之用，而 CO_2 的利用率和 $NaHCO_3$ 的质量均可提高。

4.7.2 芒硝湿法制纯碱及硫酸铵

在自然界中产出的硫酸钠大都是芒硝。如采用湿法制碱就不必先行脱水，生产工艺比之上面的路布兰法或改良路布兰法要合理得多。芒硝湿法制碱的基本反应为：

$$Na_2SO_4+2NH_4HCO_3 \longrightarrow 2NaHCO_3\downarrow+2(NH_4)_2SO_4 \qquad (1\text{-}4\text{-}14)$$

其生产工艺与以 NaCl 为原料的联合制碱法相似。它同时生产纯碱和硫酸铵肥料。由于硫酸铵不仅含氮，其中的硫素是植物的第四营养元素，因而使芒硝生产纯碱变得更加经济合理。提出这种生产方法的是前苏联肥料及杀虫剂研究所的 А.П.Белопольский[12]，他详细研究了各生产步骤的相图，并进行了中试。

与以 NaCl 为原料的联合法不同的是：①NaCl 可以溶于 NH_3 水中，而 Na_2SO_4 在 NH_3 水中的溶解度很低，它只能溶于 $(NH_4)_2CO_3$ 水溶液中，因此 NH_3 水必须先部分碳酸化才能溶解芒硝制成碳酸化的原料液。②碳酸化母液冷冻时，首先析出的是芒硝和 NH_4HCO_3，然后将其母液进行蒸发才能析出 $(NH_4)_2SO_4$，这两大差异，使得以 Na_2SO_4 制碱的联合流程比以 NaCl 制碱的联合流程要复杂一些。

图 1-4-9 是芒硝湿法制纯碱和硫酸铵的流程图[13]。将生产中各洗涤塔产生的稀氨水由稀氨水槽 1 送入氨吸收塔 2，使出口氨水质量浓度达 $100\sim105$g/L，吸收时放出的热量用冷水移走，最后又用冷却排管 3 冷却到 35℃。送入 CO_2 吸收塔吸收合成氨厂的释放 CO_2 气而成 $(NH_4)_2CO_3$ 溶液。流入芒硝溶解槽 5 溶解芒硝，待全部芒硝溶解后进入澄清桶 6 澄清，以除去钙镁杂质和泥砂。再将这些沉淀物质送入增稠器 7 增稠。所得清液每升含 Na_2SO_4 260g，NH_3 85g，CO_2 90g，$(NH_4)_2SO_4$ 6g，进入溶解槽 8，溶解回收的 $Na_2SO_4\cdot10H_2O$ 和 NH_4HCO_3。所得浓溶液每升含 Na_2SO_4 320g，NH_3 85g，CO_2 110g，$(NH_4)_2SO_4$ 8g，加热到 $40\sim45$℃送入碳酸化塔进行碳酸化：

$$Na_2SO_4+2NH_3+2CO_2+2H_2O \longrightarrow 2NaHCO_3\downarrow+(NH_4)_2SO_4 \qquad (1\text{-}4\text{-}14a)$$

取出温度为 $26\sim27$℃，钠利用率为 64%～65%，重碱过滤并洗涤后含 $NaHCO_3$ 79%，煅烧后含 Na_2CO_3 98.5%，Na_2SO_4 1.0%，其它 0.5%。

重碱母液每升含 $(NH_4)_2SO_4$ 200g，Na_2SO_4 125g，$NH_4HCO_3+(NH_4)_2CO_3$ 95g，与后面返回的硫酸铵母液在混合槽 18 中混合，送入冷冻槽 15 用氨冷却至 $-5\sim-10$℃，析出 $Na_2SO_4\cdot10H_2O$ 和 NH_4HCO_3 混合晶体，经过滤机 16 过滤后，晶体返回溶解槽 8 重新溶解。滤液每升含 $(NH_4)_2SO_4$ 325g，Na_2SO_4 22g，NH_3 13g，CO_2 26g，流入母液桶 17。再送入分解塔 23 将 CO_2 分解出去，然后入蒸馏塔 24，用低压蒸汽蒸出 NH_3 和 CO_2。釜液中仍含有少量 NH_3，送入中和槽 22 用少量硫酸中和之。中和后的溶液每升含 $(NH_4)_2SO_4$ 26%，Na_2SO_4 5%，送入双效真空蒸发器 21 中浓缩析出 $(NH_4)_2SO_4$ 晶体，在离心机 19 中分离之。晶体经干燥机 20 干

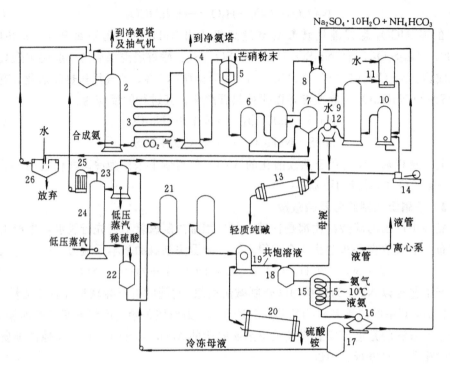

图 1-4-9　芒硝湿法制纯碱和硫酸铵示意流程

1—稀氨水桶；2—氨吸收塔；3—冷却排管；4—CO₂吸收塔；5—芒硝溶解槽；6—澄清桶；7—泥增稠器；

8—溶解槽；9—碳酸化塔；10—水洗塔；11—塔气洗涤塔；12—过滤机；13—纯碱煅烧炉；14—CO₂压缩机；

15—冷冻槽；16—过滤机；17—母液桶；18—混合槽；19—离心机；20—干燥机；21—二效蒸发罐；22—中和槽；

23—分解塔；24—蒸馏塔；25—冷凝器；26—洗泥槽

燥后即为硫酸铵肥料。离心机中分离出的母液送入混合槽18与重碱母液混合，循环冷冻。

按此法生产，每制1t纯碱，副产硫酸铵肥料1.25t，芒硝的利用率可达95％。

4.7.3　霞石制碱、钾碱及铝氧

霞石 [nepheline (Na，K)₂O·Al₂O₃·2SiO₂] 是硅铝酸盐，不溶于水，俄罗斯在20世纪60年代就开始用霞石生产纯碱，到70年代已建了5个纯碱生产厂，处理霞石粗矿410万t，年产铝氧100万t，纯碱77万t，钾碱29万t，水泥1000万t。中国在云南个旧锡矿区内也有优质霞石矿，正计划用霞石生产纯碱、碳酸钾和铝氧[14]（铝氧是氧化铝的工业称谓）。铝氧的生产过程如下：将霞石磨细，与适量石灰石混合，在回转炉内于1300℃高温下烧结。

$$(Na,K)_2O \cdot Al_2O_3 \cdot 2SiO_2 + 4CaCO_3 \longrightarrow 2(Na,K)AlO_2 + 2(2CaO \cdot SiO_2) + 4CO_2 \uparrow$$

$$(1\text{-}4\text{-}15)$$

熟料用水浸取，NaAlO₂，KAlO₂即进入溶液之中，剩下的残渣在洗泥桶中用水洗涤，然后将残渣2CaO·SiO₂过滤，送去作为制水泥之用。

溶液含有少量Na₂SiO₃，故须经脱硅处理。脱硅是在0.6～0.7MPa下加热溶液完成的，其反应为：

$$5Na_2SiO_3 + 6NaAlO_2 \longrightarrow (3\sim4)Na_2O \cdot 3Al_2O_3 \cdot 5SiO_2 \cdot H_2O + 8NaOH \quad (1\text{-}4\text{-}16)$$

脱硅后的溶液进入增稠器，增稠后的浆液返回去进行烧结；澄清液用烧结炉出来的CO₂气进行碳酸化：

$$2(Na,K)AlO_2 + CO_2 + 3H_2O \longrightarrow 2Al(OH)_3 \downarrow + (Na,K)_2CO_3 \quad (1\text{-}4\text{-}17)$$

过滤出来的 $Al(OH)_3$，进入回转炉煅烧得到铝氧，送去电解制铝。

烧结炉气中含有 SO_2，使碳酸化溶液中含有少量 K_2SO_4，溶液组成（g/L）为：Na_2CO_3 112，K_2CO_3 54，$NaHCO_3$ 9.7，$KHCO_3$ 4.3，K_2SO_4 4.0，$K_2S_2O_3$ 0.1，KCl 0.25。由于 $Al(OH)_3$ 生成的需要，碳酸化液中同时有一部分 $NaHCO_3$、$KHCO_3$ 生成是不可避免的。为了除去这部分重碳酸盐，可加以一部分 $NaOH$ 进行中和：

$$NaHCO_3 + NaOH \longrightarrow Na_2CO_3 + H_2O \qquad (1\text{-}4\text{-}18)$$

$$KHCO_3 + KOH \longrightarrow K_2CO_3 + H_2O \qquad (1\text{-}4\text{-}19)$$

中和液含 Na_2CO_3、K_2CO_3、K_2SO_4 及少量杂质，可利用相图原理一一分离。由于 K_2CO_3 和 Na_2CO_3 容易生成复盐（$Na_2CO_3 \cdot K_2CO_3$），增加了分离的难度。其分离流程见图 1-4-10。

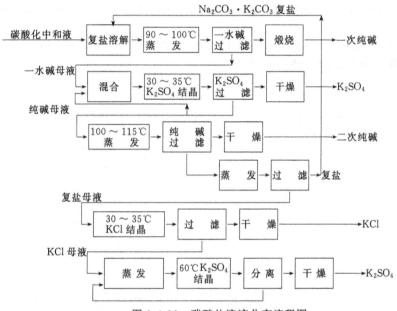

图 1-4-10 碳酸盐溶液分离流程图

用苛性钠中和后的碳酸化溶液，在溶解槽中将后面返回的 $Na_2CO_3 \cdot K_2CO_3$ 复盐溶解，然后进入蒸发器，在 95～100℃下蒸发，析出一水碱，经增稠、过滤、煅烧制得优质重质纯碱。

用一水碱母液和后面的纯碱母液混合，用水冷却，在真空结晶器中冷至 30～35℃析出 K_2SO_4，经增稠、过滤、干燥成为二次纯碱产品。一次纯碱是由一水碱煅烧的，二次纯碱是在 K_2SO_4 存在下，高温蒸发时析出的，为无水碳酸钠，只要干燥即成纯碱产品。一次纯碱纯度在 96.5％以上，二次纯碱因含有 K_2CO_3，纯度较低。

二次纯碱母液蒸发析出 $Na_2CO_3 \cdot K_2CO_3$ 复盐，过滤后复盐返回复盐溶解槽用碳酸化中和液溶解。复盐母液冷却到 30～35℃析出 KCl。

KCl 母液经蒸发后，在 60℃结晶析出 K_2SO_4，经干燥后作为 K_2SO_4 产品，一级品含 K_2CO_3 ≥78.0％，二级品占 94％，三级品占 92.5％。

前苏联用科拉半岛的霞石精矿（Al_2O_3 28.60％，Na_2O 12.40％，K_2O 7.20％）每生产 1t 纯碱约可同时生产钾碱 0.3t，铝氧 1.3t，水泥 10.4t。

参 考 文 献

1 Garrett D. E. 著. 天然碱：资源·加工·应用. 内蒙古伊克昭化工研究设计院译. 北京：化学工业出版社，1996

2 Здановскии АБ,Ляховская ЕИ,Щлеймович РЭ. Справочник По Растворимости Солевых Систем. Госхимиздат,1953. том 1.140~141

3 吕秉玲 . 纯碱工业 . 1982,(1);20

4 吕秉玲,林志祥 . 纯碱生产相图分析 . 北京:化学工业出版社,1991.66~68

5 Frint WR,Smith WD. US 3084026.1963

6 Kim NK, Srivastasa R Lyon J. Ind. Eng. Chem. Res. 1988,27(9);1194~1198

7 Hellmers HD,Wiseman JC,Beam CR. US 3260567.1966

8 Frint R. Univ of Wyo contrib to Geol. 1971,10(1);43

9 Teeple,J. E. The Industrial Development of Searles Lake Brines 1920,86

10 С. З. Макаров, Г. С. Седельников, ЖПХ,18,ВЫХ,1945,7~8,432~433

11 吕秉玲 . 纯碱工业 . 1978,6;40

12 Белопольскии АП,Шпунт СЯ. ЖПХ. 1935,8(2);200~209;8. (7);1130~1134 и 1140~1142;Труды НиуиФ. 1940,(144);32~38

13 А. П. Белопольскии,С. Я. Шпунт,М. Т. Серебренникова,ЖПХ,1934,7(5);672~683;труды ниуиф. 1940,(144);33~35

14 陈瑞源,李树棠 . 霞石制碱工业试验 . 纯碱工业 . 1992,(4);1

第二篇　烧　　碱[1]

第一章　绪　　论

烧碱又称苛性钠（NaOH），学名氢氧化钠，广泛用于化工、轻工、纺织、冶金及石油化工等工业部门。

电解食盐水溶液生产烧碱的同时，可联产氯气和氢气，而氯气又可进一步加工成盐酸、聚氯乙烯、氯溶剂、氯烃、农药等，这一工业部门通常称为氯碱工业，它是现代电化学工业中规模最大的部门之一，在国民经济中占有相当重要的地位。

1995 年世界烧碱总生产能力达 47.82Mt，开工率为 83%。1996 年世界各国烧碱产量排在前三名的分别是：美国 10.72Mt，中国 5.40Mt，日本 4.06Mt，到 1999 年中国烧碱产量达 5.57Mt。目前在石油化工发达的国家，有机氯产品耗氯量一般超过总产氯量的 50%，如：美国为 55%，日本达 60%，中国 1994 年仅为 34.8%。[2]

表 2-1-1 为中国和美国烧碱和氯气 1994 年的消费情况比较。

表 2-1-1　中国和美国烧碱和氯气消费情况比较[3]

用　途	占生产能力/%		用　途	占生产能力/%	
	中国	美国		中国	美国
烧碱			其它	5.4	2.2
1. 直接应用	68.6	55	2. 有机化学品生产	17.4	35
纸及纸浆	18.5	22	3. 无机化学品生产	14.0	10
肥皂及洗涤剂	16.4	22	氯气		
有色金属冶炼	4.4	3.3	有机氯产品	34.8	55
石油炼制	1.6	2.75	无机氯产品	61.9	32
纺织品	22.3	2.75	其它	3.3	13

1.1　烧碱、氯气和氢气的性质

1.1.1　烧碱

无水纯氢氧化钠为白色半透明羽状结晶体，易溶于水，溶液呈强碱性；对许多材料有强烈的腐蚀性；极易潮解，易于吸收空气中的 CO_2 生成 Na_2CO_3；固体烧碱或浓碱液稀释时释放热量。固碱密度为 $2.13g/cm^3$，熔点为 138.4℃。烧碱溶液由于浓度不同可形成含 1，2，3，4，5 或 7 个结晶水的水合物（见图 2-1-1）。

烧碱产品有固碱和液碱两种，固碱又有块状、片状和粒状之分，液碱规格我国有 30%、40% 和 50% 三种，国际上通常为 50%。由于工业固碱含 NaCl 和 Na_2CO_3 等杂质，熔点可达 320℃左右。NaOH 本身化学稳定，熔融状态也不分解，但能与所有无机盐和两性氢氧化物发生化学反应。

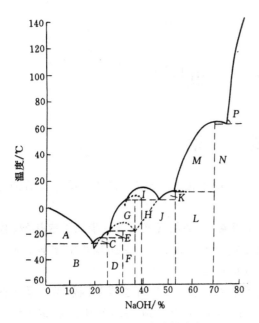

图 2-1-1　NaOH 溶液的冰点

A—冰；B—冰＋NaOH·7H$_2$O；C—NaOH·7H$_2$O；D—NaOH·7H$_2$O＋NaOH·5H$_2$O；E—NaOH·5H$_2$O；F—NaOH·5H$_2$O＋NaOH·4H$_2$O；G—NaOH·4H$_2$O；H—NaOH·4H$_2$O＋NaOH·3.5H$_2$O；I—NaOH·3.5H$_2$O；J—NaOH·2.5H$_2$O＋NaOH·2H$_2$O；K—NaOH·2H$_2$O；L—NaOH·2H$_2$O＋NaOH·H$_2$O；M—NaOH·H$_2$O；N—NaOH·H$_2$O＋NaOH；P—NaOH

1.1.2　氯气

在不同温度和压力条件下，氯可以呈气体或液体状态存在。常温常压下为黄绿色气体，而在加压或冷却情况下容易液化。氯气具有强烈刺激性气味，有毒性，少量吸入也会危害咽喉和肺脏。氯略溶于水，溶解度随温度升高而降低。标准状况下，1升氯气重3.214g，氯气对空气的相对密度为2.48。氯的化学性质非常活泼。除氮、溴、碘和惰性气体等少数元素外，在一定条件下氯可与所有的金属和大部分非金属直接反应，可作为强氧化剂。氯与氢化合力极强，曝于日光中或点燃氯与氢的混合物，发生剧烈化合甚至会发生爆炸。氯和氢混合气的爆炸范围为氢含量在5％～86％（体积分数）之间。氯的用途相当广泛，它是塑料、合成纤维、合成橡胶、农药和染料等化工产品的基本原料。此外，氯还广泛用于纺织工业、造纸工业和医药卫生等领域。

1.1.3　氢气

氢是一种无色、无味的易燃气体。难以液化，在水和各种溶液中的溶解度甚微。在所有的物质中氢的质量最轻。氢的化学性质非常活泼，在一定条件下，可与氧、碳和氮分别结合生成水、碳氢化合物和氨。在空气中爆炸范围为氢含量在4％～74.2％（体积分数）之间。电解食盐水溶液生产烧碱所副产的氢，纯度高且成本低，可用于制单晶硅和石油加工过程中的'加氢'，苯酚加氢制环己醇作为环己酮的原料以生产己内酰胺等。

1.2　氯碱工业发展简史[4]

烧碱有两种生产方法：一种是化学法或称苛化法，另一种是电解法。

1.2.1　苛化法生产烧碱

烧碱的生产具有悠久的历史，早在中世纪人们就发现了存在于盐湖中的纯碱，后来发明了以纯碱水溶液与石灰乳为原料，通过苛化反应生成烧碱（NaOH）的方法即苛化法，反应式如下：

$$Na_2CO_3 + Ca(OH)_2 \Longrightarrow 2NaOH + CaCO_3 \downarrow + 8619.04kJ(2060\ kcal)$$

这是一个可逆反应，反应得以从左向右进行，是基于 Ca(OH)$_2$ 的溶解度大于反应产物 CaCO$_3$ 的溶解度，且 CaCO$_3$ 的溶解度很小，以固体形态从溶液中析出。但因反应趋于平衡时 Ca(OH)$_2$ 和 CaCO$_3$ 的溶解量都很少，所以通常用溶液中的 Na$_2$CO$_3$ 和 NaOH 间的平衡来表示苛化反应达到平衡的情况，若用 [Na$^+$]、[OH$^-$] 以及 [CO$_3^{2-}$] 分别表示 Na$^+$、OH$^-$ 和 CO$_3^{2-}$ 的含量，则反应平衡常数 K 为：

$$K=\frac{[\mathrm{Na^+}]^2~[\mathrm{OH^-}]^2}{[\mathrm{Na^+}]^2~[\mathrm{CO_3^{2-}}]}=\frac{[\mathrm{OH^-}]^2}{[\mathrm{CO_3^{2-}}]}$$

可见溶液中 Na_2CO_3 起始含量越低,计算所得的 K 值越大,则相应的 Na_2CO_3 平衡转化率(也称苛化率)也越大。见图 2-1-2。实际生产中控制 Na_2CO_3 含量为 14%左右,苛化率为 92%,反应温度对苛化率的影响较小,通常反应在 100℃左右进行。

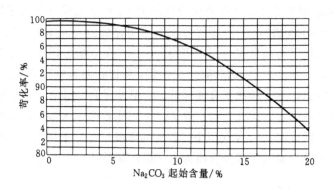

图 2-1-2 Na_2CO_3 起始含量与苛化率的关系

苛化法生产过程分为:化碱、苛化、澄清、蒸发等四个工序。可得 30%或 40% NaOH 的浓卤,经澄清后得液体烧碱产品。亦可再经升膜蒸发和烧碱锅熬浓、装桶、冷却得到 96%～97%的固体烧碱产品。生产上述成品的固碱,消耗定额大致为:纯碱 1.38～1.45t;石灰石 1.5～1.7t;蒸汽 8～11t;煤 0.13～0.15t;电 252MJ。

在 19 世纪末电解法出现之前,苛化法一直是世界上生产烧碱的主要方法。电解法在原料利用和能源消耗上的优势,迅速替代苛化法成为烧碱生产的主要方法。至今,在世界发达国家中已基本无苛化法生产烧碱,在我国苛化法的烧碱产量大约占总产量的 2%,世界烧碱产量中它所占的比例更低。

1.2.2 电解法及发展概况

根据电解槽结构、电极材料和隔膜材料的区别,电解法又分为:隔膜法(Diaphragm Process 简称 D 法)、水银法(Mercury Process 简称 .M 法)和离子交换膜法(Ionexchange Membrance Process,简称 I.M. 法)。1807 年英国人 Davy 最早开始电解熔融食盐的研究,由于各种原因直到 1867 年德国人 Siemems 研究成功直流发电机之后,工业化电解食盐水溶液制烧碱才得以实现。隔膜法于 1890 年在德国首先出现,随后 1892 年水银法电解槽在美国取得专利。电解食盐工业生产遇到的首要难题就是如何将阳极产生的氯气与阴极产生的氢气和氢氧化钠分开,不致发生混合爆炸和生成次氯酸钠的副反应,以上两种方法都成功地解决了这一难题。隔膜法在电解槽的阳极室和阴极室之间设置多孔渗透性隔层,既不妨碍阴、阳离子的自由迁移又能阻止阳极产物与阴极产物的混合。由于氯和氢氧化钠都是强腐蚀性物质,寻找合适的隔层材料一直是隔膜法的关键技术问题之一。最早使用的水泥多微孔隔层,因其电阻大,电流效率低,透过性差;而且只能间歇操作,而改用石棉滤过性隔膜。它不仅可以连续操作,而且适用于高电流效率下制取高浓度烧碱溶液。阳极材料最初用烧结碳(电阻太大)和铂(成本太高);1892 年发明人造石墨使用至今,1970 年后普遍使用金属阳极。水银法是 1892 年美国人 K.Y.Castner 和奥地利人 C.Keuner 同时提出,它是通过生成钠汞齐来使氯气分开。其特点是将电解槽分为电解室和解汞室,以汞作为阴极,Na^+ 放电还原为金属钠,并与汞作用生成钠汞齐。钠汞齐从电解室排出后，在解汞室中与水作用生成氢氧化钠和氢气。因为在电解室中产生氯气、在解汞室中产生氢氧化钠溶液和氢气，这样就解决了将阳极产物和阴极产物隔开的关键难题。

上述两种方法奠定了不同的烧碱生产工艺基础，并一直沿用至今。直到 20 世纪 50 年代，在有机高分子材料研究进展的推动下，电解法制碱技术引进高分子材料开始研究离子交换膜（简称离子膜）法电解制碱技术。1966 年美国杜邦（Dupont）公司开发出了化学稳定性能良好的离子交换膜（即 Nafion 膜），并于 1975 年由日本旭化成公司开始工业化生产。此法用有选择透过性的阳离子交换膜将阳极室与阴极室隔开，Na^+ 在电场力推动下伴随水分子透过离子交换膜移向阴极室，而不允许 Cl^- 透过离子交换膜，所以在阴极室得到纯度较高的烧碱溶液。与隔膜法和水银法相比，离子膜法具有能耗低、产品质量高、装置占地面积小、生产能力大及能适应电流波动大等优点。此外，离子膜法还可根除石棉、水银对环境的污染。因此，被公认为氯碱工业的发展方向，80 年代以来，新建的氯碱厂普遍采用离子膜法制碱工艺，并且将现有的隔膜法、水银法氯碱厂逐步转换为离子膜法氯碱厂。

1.3 氯碱工业的特点

（1）原料易得 电解法制烧碱所用的食盐为工业原盐，可以是海盐、湖盐和井盐，也可直接采用卤水。所以原料来源广，价格便宜。

（2）能源消耗大 其用电量仅次于电解法生产铝。美国氯碱工业用电量约占总发电量的 2%。而目前国内的生产水平为：隔膜法每生产 1t 100% 的烧碱需耗电约 2580 度（kWh），蒸汽 5t，总能耗折合标准煤约为 1.815t。所以采用新技术，提高电解槽的电能效率和碱液蒸发时的热能利用率，降低烧碱生产的电耗和蒸汽消耗，始终是氯碱生产企业的核心技术工作。

（3）氯与碱的平衡 电解食盐水溶液时，按固定质量比例（$NaOH : Cl_2 = 1 : 0.885$），同时产出烧碱和氯气两种产品。在一个国家或地区，烧碱和氯气的需求量不一定符合这一比例，从而出现氯碱工业中烧碱与氯气的供需平衡问题。一般而言，在发展中国家的工业发展初期氯气用量较少，氯气的储存和运输困难，所以通常以氯气需求量来决定烧碱产量，而易出现烧碱短缺现象；而在石油化工和基本有机原料发展较快的发达国家，因氯气用量较大，而出现烧碱过剩。这一矛盾通过国家或地区间的贸易手段求得缓解，但烧碱与氯气的平衡始终是氯碱工业发展中的一个固有矛盾。

（4）腐蚀和污染严重 氯碱工业的主要产品烧碱和氯气等均具有强腐蚀性，生产过程中使用的原材料如石棉、汞等，以及所产生的含氯废气等都会对环境造成污染。所以防止腐蚀和三废处理也一直是氯碱工业的努力方向。

1.4 我国氯碱工业发展概况[5]

我国氯碱工业是在 20 世纪 20 年代才开始创建的。第一家氯碱厂是上海天原电化厂（现在的上海天原化工厂前身），于 1930 年正式投产，采用爱伦-摩尔电解槽，日产烧碱 2t。到 1949 年为止，全国共有氯碱厂 9 家，年产烧碱仅 1.5 万 t，氯产品也仅有盐酸、液氯和漂白粉等。

解放后，我国的氯碱工业与其它工业一样，得到迅速发展。烧碱产量 50 年代末达 37.2 万 t，60 年代末为 70.4 万 t，70 年代为 182 万 t，80 年代末为 320.8 万 t，到 1999 年中国烧碱产量达 557 万 t，仅次于美国，跃居世界第二位。目前，全国共约有 200 家氯碱生产企业，并已形成科研、设计、制造和生产的完整工业体系。

在产量不断增加的同时氯碱生产技术也不断取得进步。50 年代中期北京化工设计院与上海天原化工厂合作研制成功了立式吸附隔膜电解槽，与水平隔膜电解槽相比较可节电 23％，单槽生产能力提高 10 倍，接近当时的世界水平。70 年代初我国也成功开发了金属阳极电解槽，1973 年上海桃浦化工厂小试成功后，第二年即在上海天原化工厂投入工业化生产，在金属阳极领域接近当时的世界水平。到 1986 年金属阳极电解槽的烧碱产量已占烧碱总产量的 40％以上。1986 年我国引进第一套离子膜法烧碱装置，在引进技术的基础上，我国已开发出国产复极式离子膜电解槽，但离子膜仍需从国外进口。十多年来离子膜技术发展很快，到 1997 年我国离子膜烧碱生产能力已达 80 万 t。"八五"计划已来，新建的氯碱厂和老企业的技术改造，基本上都采用离子膜法。预计到 2000 年离子膜法烧碱产量将占烧碱总产量的 20％。

第二章　电解法制碱的原理

2.1　电解过程

电解过程是将电能转化为化学能的过程。当电流通过熔融电解质或电解质水溶液时，例如食盐水溶液的分解反应：

$$2NaCl+2H_2O \rightarrow Cl_2\uparrow+H_2\uparrow+2NaOH \qquad (2-2-1)$$

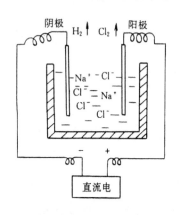

这是一个不能自发进行的反应，必须从外界输入电能，用电解的方法强制进行，如图 2-2-1 所示。溶液中的离子产生定向迁移，阳离子移向阴极，阴离子移向阳极；阴、阳离子分别在阳极、阴极上放电，进行氧化还原反应。这种通过电流使电解质水溶液产生的化学反应称为电化学反应。至于在阴、阳极上究竟是何种离子放电及其放电的数量，则与各离子的放电电位和电解时的其它因素有关。

2.1.1　法拉第第一定律

在电解过程中，电极上所生成的物质的质量与通过电解质溶液的电量成正比。即与通过电流强度和通电时间成正比。

图 2-2-1　氯化钠水溶液电解示意图

$$G=K \cdot Q$$
$$或 \qquad G=K \cdot I \cdot t$$

式中　G——电极上析出物质的量，g 或 kg；

　　　K——电化当量；

　　　Q——电量，A·s 或 A·h；

　　　I——电流强度，A；

　　　t——时间，s 或 h。

所以，如果已知某物质的电化当量，则只要知道通过电解槽的电流强度和时间，就可以根据上述关系式计算出电极上该物质的理论产量。从式中还可以看出，如果要提高产量，必须增大电流强度，或延长电解时间。

2.1.2　法拉第第二定律

当直流电通过电解质溶液时，电极上每析出（或溶解）1 克当量[①] 的任何物质，所需要的电量是恒定的，在数值上约等于 96500 库仑（用 C 表示），称为 1 法拉第（用 F 表示）

即　　$1F=96500C=96500A \cdot s=26.8A \cdot h$

根据法拉第第二定律，就可以计算出通过 1A·h 电量时，在电极上所析出物质的质量。该数值即为该物质的电化当量。

例如：$K_{Cl_2}=35.46/26.8=1.323$ （g/A·h）

　　　　$K_{H_2}=1.008/26.8=0.03769$ （g/A·h）

[①]　按法定计量单位应为 1mol。

$$K_{\text{NaOH}} = 40.0/26.8 = 1.492 \ (\text{g/A} \cdot \text{h})$$

在电解时，根据电解质的电化当量、电流强度、通电时间及运行电槽数即可计算出理论产量。

例 2.1 某氯碱工厂的电解车间，采用隔膜法电解食盐水溶液，共有 40 台电解槽，通电电流为 10000A/台，求该厂每天理论上可生产多少 NaOH、Cl_2、H_2？

解：NaOH 的产量：$G_1 = 1.492 \times 10000 \times 24 \times 40/10^6 = 14.32$（t）

Cl$_2$ 的产量：$G_2 = 1.323 \times 10000 \times 24 \times 40/10^6 = 12.7$（t）

H$_2$ 的产量：$G_3 = 0.0376 \times 10000 \times 24 \times 40 \times 10^6 = 0.36$（t）

2.1.3 电流效率

电解生产过程中，因在电极上要发生一系列副反应，精制食盐水溶液中残余的杂质也要在电极上放电，以及电路漏电等原因，电解时的氢氧化钠实际产量总比理论产量低。实际产量与理论产量之比，称为电流效率，用 η 表示：

$$\eta = \frac{\text{NaOH 实际产量}}{\text{NaOH 理论产量}} \times 100\%$$

设 NaOH 实际产量为 G，若通电量为 $I \times t$，电化当量为 K，电解槽数为 n，那么 NaOH 理论产量为：$KInt$；所以电流效率也可表示为：

$$\eta = \frac{G}{KInt} \times 100\%$$

电解 NaCl 溶液时，根据 NaOH 产量计算出的电流效率称为阴极电流效率，根据 Cl_2 产量计算出的电流效率称为阳极电流效率。电流效率是电解生产的重要技术经济指标之一。电流效率越高意味着电能损耗越少。现代氯碱厂中，电流效率一般在 95%～97% 之间。

2.2 槽电压

在实际电解过程中，电解槽的实际操作电压称为槽电压。槽电压主要取决于电解运行条件：操作温度、压力、电解液浓度和电流密度等。此外电解槽结构、隔膜材质及位置、两极间距、电极结构以及电解液的内部循环等，对槽电压也有很大影响。槽电压（$V_{槽}$）由以下几部分组成：理论分解电压（$V_{理}$）、过电位（$V_{过}$）、电解液的电压降（$\Delta V_{液}$）和电极、触点和导线等的欧姆电压降（$\sum V_{降}$），即：

$$V_{槽} = V_{理} + V_{过} + \Delta V_{液} + \sum V_{降}$$

2.2.1 理论分解电压（$V_{理}$）

理论分解电压是电解质开始分解时所必需的最低电压。电解食盐水溶液时，在数值上它等于阳极析氯电位与阴极析氢电位之差，所以可以用能斯脱（Nernst）方程式或吉布斯-盖姆荷茨（Gibbs-Helmholtz）方程式计算。

（1）按能斯脱方程式计算 $V_{理}$

电极电位的大小除取决于电极材料的性质外，还与溶液中离子的浓度和溶液温度有关。1900 年能斯脱进行了大量的科学研究工作，发现电极电位和溶液中离子的活度（或浓度）及温度之间，有如下的关系：

$$\varphi = \varphi^\circ + \frac{2.303RT}{nF} \lg \frac{\alpha_{氧化态}}{\alpha_{还原态}} \tag{2-2-2}$$

式中　　　φ——电极电位，V；

φ°——标准电极电位，V；表 2-2-1 为一些物质的标准还原电极电位值（25℃）

R——气体常数，$R=8.314$J/K·mol；

T——绝对温度，K；

n——电极反应中的电子得失数；

F——法拉第常数（$F=96500$C）；

$\alpha_{氧化态}$，$\alpha_{还原态}$——在电极反应中，相对的氧化态物质和还原态物质的活度。若是气态物质，则用气体的分压（大气压）表示。若是固体物质和水，它的浓度是一常数，习惯以 1 表示。

在室温 25℃ 下，将 $R=8.314$J/（K·mol），$F=96500$C，$T=298$K，代入上式，得下列能斯脱方程简化式：

$$\varphi=\varphi^\circ+\frac{0.0591}{n}\lg\frac{\alpha_{氧化态}}{\alpha_{还原态}} \tag{2-2-3}$$

通过能斯脱方程式，可以计算出在指定条件下物质的电极电位。计算电解食盐水溶液生产 NaOH、Cl_2 和 H_2 的理论分解电压 $V_{理}$，必须首先算出阳极上析出 Cl_2 和阴极上析出 H_2 的平衡电极电位 $\varphi_{Cl_2/2Cl^-}$ 与 φ_{2H^+/H_2}。$V_{理}$ 计算式如下：

$$V_{理}=\varphi_{Cl_2/2Cl^-}-\varphi_{2H^+/H_2}$$

表 2-2-1 为一些物质的标准还原电极电位值 φ°（25℃）。

表 2-2-1　一些物质的标准还原电极电位值 φ°（25℃）

电对(氧化态/还原态)	电极反应	φ°/V
K^+/K	$K^++e=K$	-2.924
Na^+/Na	$Na^++e=Na$	-2.714
$H^+/H_2(Pt)$	$2H^++e=H_2$	0.000
O_2/OH^-	$O_2+2H_2O+4e=4OH^-$	$+0.401$
Cl_2/Cl^-	$Cl_2+2e=2Cl^-$	$+1.358$
O_2/H_2O	$O_2+4H^++4e=2H_2O$	$+1.229$

例 2.2　试计算电解 NaCl 水溶液的理论分解电压。已知进入阳极室的食盐水溶液的质量浓度为 265g/L，阴极电解液中含 NaOH 为 100g/L，NaCl 质量浓度为 190g/L，电解液温度为 900℃，p_{Cl_2}、p_{H_2} 接近 101.3kPa（1atm）。采用石墨为阳极，钢丝网为阴极。

解：a. 计算阳极电位 $\varphi_{Cl_2/2Cl^-}$

阳极电极反应为：$2Cl^--2e^-\rightleftharpoons Cl_2\uparrow$，由表 2-2-1 中查出 25℃ 时该反应的标准还原电极电位为：$\varphi^\circ_{Cl_2/2Cl^-}=1.358$V

阳极室电解液中 [NaCl] $=265/58.4=4.54$mol/L，25℃ 时，NaCl 溶液的活度系数为 0.672，所以：

$$\alpha_{Cl^-}=0.672\times4.54=3.05\text{mol/L}$$

已知 p_{Cl_2} 接近 101.3kPa，计算时按 101.3kPa 计。将以上数据代入能斯脱方程式进行计算：

$$\varphi_{Cl_2/2Cl^-}=\varphi^\circ_{Cl_2/2Cl^-}+\frac{0.0591}{n}\lg\frac{p_{Cl_2}}{[\alpha_{Cl^-}]^2}$$
$$=1.358+\frac{0.0591}{2}\lg\frac{1}{[3.05]^2}=1.330\text{V}$$

b. 计算阴极电位 φ_{2H^+/H_2}

阴极电极反应为：$H_2O+e \rightleftharpoons 1/2H_2\uparrow +OH^-$，由表 2-2-1 中查出 25℃时该反应的标准还原电极电位为：$\varphi^0_{2H^+/H_2}=0.000V$

阴极室电解液中 $[NaOH]=100/40=2.5mol/L$，$[NaCl]=190/58.4=3.25mol/L$，即：$[Cl^-]=3.25mol/L$，$[OH^-]=2.5mol/L$，而 $[Na^+]=3.25+2.5=5.75mol/L$。这样可查得 $[OH^-]$ 的活度系数为 0.73，另外，25℃时水的离子积常数为 1×10^{-14}，所以：

$$\alpha_{H^+}=1\times10^{-14}/(0.73\times2.5)=0.584\times10^{-14}$$

所以：由式 2-2-3 计算出：$\varphi_{2H^+/H_2}=-0.841V$

c．计算理论分解电压 $V_{理}$

$$V_{理}=\varphi_{Cl_2/2Cl^-}-\varphi_{2H^+/H_2}=1.330-(-0.841)=2.171V$$

（2）按吉布斯-盖姆荷茨（Gibbs-Helmholtz）方程式计算 $V_{理}$

$$V_{理}=\Delta H/nF+(dF/dT)T \qquad (2\text{-}2\text{-}4)$$

式中　ΔH——反应热效应，隔膜法和离子膜法电解氯化钠水溶液生成氢氧化钠、氯气和氢气时为 221.08kJ，水银法时为 327.44kJ；

　　　　n——电解时，电极反应中的电子得失数；

　　　　F——法拉第常数（96500C）；

　　(dF/dT)——电动势温度系数，约等于 -0.0004（V/K）；

　　　　T——绝对温度，K。

所以，25℃时，隔膜法和离子膜法电解氯化钠水溶液生成氢氧化钠、氯气和氢气时的理论分解电压为：

$$V_{理}=221080/(1\times96500)-0.0004\times298=2.172V$$

如果忽略电压温度系数的校正值，则由吉布斯-盖姆荷茨方程式计算的隔膜法的 $V_{理}$ 为 2.29V。在工业生产中，通常将隔膜法和离子膜法电解食盐溶液的理论分解电压定为 2.3V。

2.2.2　过电位（$V_{过}$）

电离时离子在电极上的实际放电电压要比理论放电电压高，两者的差值称为过电位（$V_{过}$），也称过电压、超电位或超电压。金属离子在电极上放电时的过电位一般并不大，可以忽略不计。但当电极上发生气体，如 Cl_2、H_2、O_2 等的反应时，过电位就相当大，不能忽略。

过电位的数值，视影响因素的不同而各异，主要决定于电极材料的性质。其它如电流密度，电极表面的特性（如粗糙程度等），电解液温度、性质及其所含杂质、电解时间等对于过电位都有不同程度的影响。Cl_2、H_2、O_2 在不同材质的电极上和不同电流密度下的过电位见表 2-2-2 和表 2-2-3。

表 2-2-2　Cl_2、H_2、O_2 在不同材质的电极上和不同电流密度下的过电位（25℃）

电极产物	电流密度 /A/m²	不同电极材料的过电位/V				
		海绵状铂	平光铂	铁	石墨	汞
H_2	10	0.015	0.24	0.04	0.60	0.70
（1mol/L H_2SO_4）	1000	0.041	0.29	0.82	0.98	1.07
	10000	0.048	0.68	1.29	1.22	1.12
O_2	10	0.40	0.72	—	0.53	—
（1mol/L NaOH）	1000	0.64	1.28	—	1.09	—
	10000	0.75	1.49	—	1.24	—
Cl_2	10	0.0058	0.008	—	—	—
（NaCl 饱和溶液）	1000	0.028	0.054	—	0.25	—
	10000	0.08	0.24	—	0.50	—

表 2-2-3 氯在石墨阳极、金属阳极上的过电位

电流密度 /(A/dm²)	V 石墨阳极 /mV	V 金属阳极 /mV	电流密度 /(A/dm²)	V 石墨阳极 /mV	V 金属阳极 /mV
3	164	1	27	301	38
6	195	5	30	311	41
9	215	10	33	325	44
12	231	16	36	335	47
15	240	20	39	341	50
18	256	25	42	345	54
21	271	30	45	354	57
24	285	35			

过电位虽然消耗了一部分电能，但在电解技术中有很重要的应用。由于过电位的存在，结合选择适当的电解条件可使电解过程按照要求进行。由于氯在钌钛金属阳极上的过电位比石墨阳极上低（见表 2-2-3），因此金属阳极电槽比石墨电槽可节电约 10％～15％，这样每生产 1t 烧碱可节约电 150 度左右。另外，由于氧气在石墨电极上的过电位比氯气高得多（见表 2-2-2），因此虽然氧的平衡析出电位比氯低（见表 2-2-1），但电解时在阳极上获得的却是氯气而不是氧气。而在钌钛金属阳极上氯和氧的过电位相差不大，所以在放氯的同时也有少量氧气放出。因此，如何改进金属阳极涂层的配方，制备氧超电位高、氯超电位低的涂层，是目前金属阳极的一个重要课题。

同样在阴极上，Na^+ 的理论放电电位比 H^+ 的理论放电电位高得多。当以铁作为阴极时，即使加上氢的过电位，Na^+ 的放电电位仍比 H^+ 的放电电位高。因此，在铁作为阴极时，总是 H^+ 先放电并在阴极上逸出氢气。

2.2.3 电解质溶液中的电压降 （$\Delta V_{液}$）

电解过程中电流通过电解质溶液时，由于电解质溶液也具有电阻，所以也会造成电压的损失，其电压降可用欧姆定律计算。电解质溶液中的电压降与电流密度和电流所经过的距离（即阴极与阳极之间的平均距离）成正比，而与电解质溶液的导电率成反比。因此，为了减少电解质溶液中的电压降，应尽量缩短两极间的距离。但如两极间距过短，电解时产生的大量气泡充于液体中，使溶液的充气度增大，溶液的导电率也会随之下降。因此，一般生产中两极间的距离不应小。其次，还可适当提高电解质溶液的浓度和温度来降低电解质溶液的电压降，所以生产中要将氯化钠制成饱和溶液，并将电解槽盐水温度控制在 80～90℃之间。

2.2.4 电解槽电路电压降 （$\sum V_{路}$）

这部分电压降主要包括以下几部分：

（1）电解槽导电系统中的电压降 电解时电流要通过铜、铝等金属导线进入电解槽，在电解槽中电流还要通过阳极和阴极，由于这些导体都有电阻，因此电流通过时就要造成电压损失。显然其电压降服从欧姆定律。

（2）隔膜电压降 电流通过阴极隔膜时，也会造成电压降。其大小与隔膜厚度和孔隙度、吸附法制备隔膜的均匀度、渗透率、盐水质量、电解槽操作状态以及运转时间等有关。因此，要降低隔膜电压降，需保证精制盐水的质量，同时还需注意隔膜的吸附质量。在电解运行过程中，由于杂质沉积堵塞隔膜的孔隙，降低了隔膜的孔隙率，也会使膜电压降增加。

（3）接触电压降 电解槽连接、阳极组装和阴极箱制造过程中，在导体接触和联接的部位均有电阻存在，电流流经这些部位时也会产生电压降。这种电压降称为接触电压降。接触

电压降与接点的清洁程度和接触的紧密程度有关。不同材料接触面所允许的电流密度不同,若超过允许范围,电流经过接触点时就会发热,造成接触电压降增大。

在槽电压中,理论分解电压占的比重最大,是构成槽电压的主要部分,其次是电解质溶液和隔膜电压降。隔膜电解槽中各类电压降大致分布情况见表 2-2-4。

表 2-2-4 隔膜电解槽中各类电压降分布情况

阳极	石墨	金属阳极	阳极	石墨	金属阳极
隔膜	石棉	石棉	阴极过电位/V	0.27	0.27
隔膜电流密度/(A/m²)	1550	1550	溶液电压降/V	0.49	0.49
阳极电极电位/V	1.32	1.32	隔膜电压降/V	0.30	0.29
阴极电极电位/V	0.93	0.93	金属导体电压降/V	0.36	0.17
阳极过电位/V	0.33	0.02	总计/V	4.00	3.49

可以通过选择和研制新型阴、阳极材料、隔膜材料、调整极间距、提高电解质溶液的温度和浓度、控制适宜的电流密度、设计合理的电解槽结构等来降低槽电压。

工业生产中将理论分解电压 $V_{理}$ 与电解槽实际分解电压 $V_{槽}$ 之比称为电压效率,即:

$$电压效率 = V_{理}/V_{槽} \times 100\%$$

式中 $V_{理}$ 用前述的计算方法确定,$V_{槽}$ 一般实测方法得到。在生产中总是希望得到较高的电压效率,这样可以降低电耗。氯碱厂电解槽的电压效率一般在 $60\% \sim 65\%$ 之间。

2.2.5 电能效率

电解是用电能来进行化学反应以获得产品的过程。因此,产品能耗的多少,是电解生产的一个重要技术经济指标。电能的消耗可通过下式计算:

$$W = QV/1000 = IVt/1000 \ (kW \cdot h) \tag{2-2-5}$$

式中　W——电能,kWh;

　　　Q——电量,Ah;

　　　I——电流强度,A;

　　　t——时间,h;

　　　V——电压,V。

在电解过程中,实际消耗电能值比理论上需要的电能值大,理论所需的电能值 $W_{理}$ 与实际消耗的电能值 $W_{实}$ 之比,称为电能效率:

电能效率 $= W_{理}/W_{实} \times 100\% = (I_{理} \times V_{理})/(I_{实} \times V_{实}) \times 100\% = $ 电流效率×电压效率×100%,所以在工业生产中,欲降低电能消耗,应设法提高电流效率和电压效率。

例 2.3 隔膜法电解食盐水溶液时,若 $V_{槽}$ 为 3.35V,电流效率为 95%,计算电能效率。

解:由例 2.2 算出的电解食盐水溶液时的 $V_{理}$ 为 2.171V,所以:

$$电能效率 = 2.171/3.35 \times 100\% \times 95\% = 61.65\%$$

2.3 电极反应与副反应

2.3.1 电极反应

食盐水溶解中,主要存在四种离子:Na^+、Cl^-、H^+ 和 OH^-。电解槽的阳极通常使用石墨或金属涂层电极;阴极一般为铁阴极,阳极和阴极分别与直流电源的正、负极连接构成回路。当通入直流电时,Na^+ 和 H^+ 向阴极移动,Cl^- 和 OH^- 向阳极移动。

在铁阴极表面上,由于 H^+ 的放电电位比 Na^+ 的放电电位低,所以 H^+ 首先放电还原成中性氢原子，结合成氢气分子后，从阴极逸出。在阴极进行的主要电极反应为：

$$2H^+ + 2e \longrightarrow H_2 \uparrow$$

而 OH^- 则留在溶液中，与溶液中的 Na^+ 形成 NaOH 溶液。随着电解反应的继续进行，在阴极附近的 NaOH 浓度逐渐增大。

在某些阳极表面上，由于 Cl^- 的放电电位比 OH^- 的放电电位低，所以 Cl^- 首先放电氧化成中性氯原子，结合成氯气分子后，从阳极逸出。在阳极进行的主要电极反应为：

$$2Cl^- - 2e^- \longrightarrow Cl_2 \uparrow$$

电解食盐水溶液的总反应为：

$$2NaCl + 2H_2O \longrightarrow Cl_2 \uparrow + H_2 \uparrow + 2NaOH$$

2.3.2 电极副反应

在电解过程中，由于阳极产物的溶解，以及通电时阴阳极产物的迁移扩散等原因，在电解槽内还会有一系列副反应发生。

（1）阳极室和阳极上的副反应　副反应主要发生在阳极室。由于阳极上产生的 Cl_2 部分溶解在阳极液中，与水反应生成次氯酸与盐酸：

$$Cl_2 + H_2O \longrightarrow HClO + HCl$$

此时，当阴极液中的少量 NaOH 的 OH^- 在渗透和反向扩散的作用下，通过隔膜进入阳极室，与次氯酸、氯气反应：

$$NaOH + HClO \longrightarrow NaClO + H_2O$$

$$2NaOH + Cl_2 \longrightarrow NaClO + NaCl + H_2O$$

生成的次氯酸钠在酸性条件下很快变成氯酸钠：

$$NaClO + 2HClO \longrightarrow NaClO_3 + 2HCl$$

此外，当 ClO^- 离子聚积到一定量后，由于 ClO^- 的放电电位比 Cl^- 低，因此在阳极上也要放电生成氧气：

$$12ClO^- + 6H_2O - 12e =\!=\!= 4HClO_3 + 8HCl + 3O_2 \uparrow$$

生成的 $HClO_3$ 及 HCl 又进一步与阴极扩散来的 NaOH 作用生成氯酸钠和氯化钠：

$$HClO_3 + NaOH =\!=\!= NaClO_3 + H_2O$$

$$HCl + NaOH =\!=\!= NaCl + H_2O$$

其次，如果 OH^- 向阳极扩散的浓度增大时，会造成阳极液的 pH 值增大。这样，OH^- 也会在阳极上放电生成新生态氧 [O]，然后生成氧气：

$$4OH^- - 4e \longrightarrow 2[O] + 2H_2O \longrightarrow O_2 \uparrow + 2H_2O$$

新生态氧极易腐蚀石墨电极并降低氯的浓度。

（2）阴极室和阴极上的副反应　阳极液中次氯酸钠和氯酸钠也会由于扩散作用通过隔膜进入阴极室，被阴极上产生的新生态氢 [H] 还原为氯化钠：

$$NaClO + 2[H] =\!=\!= NaCl + H_2O$$

$$NaClO_3 + 6[H] =\!=\!= NaCl + 3H_2O$$

副反应的结果，不仅消耗了产品 Cl_2、H_2 和 NaOH，还生成了次氯酸盐、氯酸盐、O_2 等，

降低了产品 Cl_2 和 NaOH 的纯度。既消耗了电解产品，又浪费了电能。

在氯碱工厂中，为了减少副反应，保证获得纯度高的产品，提高电流效率，降低单位产品的电能消耗，首先必须采取各种措施，防止 NaOH 与阳极产物 Cl_2 发生反应，此外还应防止 H_2 与 Cl_2 的混合，因 H_2 与 Cl_2 混合会构成爆炸性混合物，造成爆炸事故。在实际生产中，采用的隔膜法、水银法和离子交换膜电解法可以实现上述目的。

第三章　电解制烧碱技术

3.1　隔膜法电解

3.1.1　隔膜法制烧碱原理

隔膜法电解制烧碱原理可用图 2-3-1 所示的立式隔膜电解槽示意图来说明。

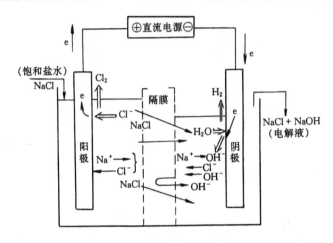

图 2-3-1　立式隔膜电解槽示意图

　　电解槽中的阳极和阴极与直流电源相连接形成回路。由图 2-3-1 可见，在阴极上水的放电电位远低于 Na^+ 的放电电位，通常用铁作阴极，在阴极上水首先得到电子析出氢气；而在阳极上尽管氯的理论放电电位高于氧的理论放电电位，但通过选择合适的阳极材料使氧在阳极上具有高过电位，氯具有低过电位，最终在阳极上氯的实际放电电位低于氧，在阳极上氯首先失去电子生成氯气。例如，Cl^- 在 90℃时的放电电位为 1.288V，若用石墨作阳极则氯的过电位为 0.25V（$i=10A/dm^2$），因此氯的实际放电电位应是 $1.288+0.25=1.538V$。而 OH^- 在石墨阳极上的放电电位，由能斯脱方程计算为 0.776V，氧在石墨阳极上的过电位为 1.09V（$i=10A/dm^2$），所以氧的实际放电电位是 $0.776+1.09=1.866V$，较氯高 0.328V。

　　如前所述，因在电解槽中要发生一系列的副反应，并且如不把析出的氯气和氢气及时分开，两者混合后会发生爆炸。因此，在阳极与阴极之间须设置一多孔隔膜，它将电解槽分隔为阳极室和阴极室。隔膜既能允许各种离子和水通过，又能阻止阴、阳极的析出产物混合。饱和食盐水由阳极室加入，并使阳极室液面高于阴极室液面，随着电解进行电极上的放电，氯气和氢气的析出，在阴极室的溶液中就剩下 OH^-，它与来自阳极的阳极液中的 Na^+ 形成 NaOH，所以阴极室中的溶液又称为电解溶液，简称电解液。

　　因电解液中的 OH^- 为带负电的阴离子，有向阳极迁移和扩散的趋势，从而导致许多副反应的发生。为了尽量减少这些电极副反应，在工业生产中采用逆流法，即由液面位差使阳极液透过隔膜流向阴极，与 OH^- 逆向流动，以阻止 OH^- 向阳极的迁移和扩散，并使阳极液能保持一定的流速。这样电解槽的操作是连续的，其电流效率和 NaOH 浓度均较高，在氯碱工业中获得广泛应用。

3.1.2 电极和隔膜材料

3.1.2.1 阳极材料

阳极直接与化学性质十分活跃的湿 Cl_2、O_2、HCl 及 HClO 等接触，因此对阳极要求是：具有较强的耐化学腐蚀性，对析氯的过电位低，导电性能好，机械强度高且易于加工，寿命长。国内外氯碱工业中普遍采用的电极是石墨阳极和金属阳极。

（1）石墨阳极 即人造石墨，它由石油焦、沥青焦、无烟煤、沥青等压制成型，经高温石墨化而形成。主要成分是碳，灰分约为 0.5%。石墨阳极在电解食盐水溶液过程会不断被前述的电解副反应产生的新生态 [O]、HClO 等引起化学腐蚀。反应式如下：

$$2[O]+C \longrightarrow CO_2 \uparrow$$
$$2[O]+2C \longrightarrow 2CO \uparrow$$
$$2HClO+C \longrightarrow 2HCl+CO \uparrow$$
$$HClO+C \longrightarrow HCl+CO \uparrow$$

这样，石墨逐渐被腐蚀掉。此外，由于电解槽内食盐水的冲刷造成机械磨损，使石墨粒子剥落。由于石墨损耗，使阳极板变薄，两极之间间距增大，槽电压升高，导致电耗增加。一般在隔膜电解槽中，电流密度在 $700 \sim 800 A/m^2$ 情况下，约使用 6～8 个月要更换一次石墨阳极。

石墨阳极的质量由石墨孔隙率决定。孔隙率高、电极损耗快，所以在制造石墨阳极时除进行沥青浸渍以减少孔隙率外，使用时还要进行二次浸渍，通常用亚麻油、桐油、四氯化碳、石蜡等浸渍石墨阳极，以延长其寿命，但同时槽电压会有所增加。

（2）金属阳极 自从 20 世纪 60 年代 H. 比耳（H. Beer）发明了贵金属导电阳极以来，经过深入研究，美国钻石公司（Diamond Shamrock）工业化生产的 DSA 形稳性阳极（dimensionally stable anodes）问世，世界各国相继在电解工业中采用。用金属阳极取代石墨阳极，在氯碱工业中是一次重大的技术进步。所谓金属阳极是以金属钛为基体，在基体上涂一层其它金属氧化物的活化涂层所构成的阳极。选择钛为基体是因为钛有良好的耐电化腐蚀性能，经测试，钛在 NaCl 水溶液中阳极极化下，处于钝化状态。要使其腐蚀，其钝化膜破坏电位高达十几伏，而实际电解时阳极电位一般不超过 2 伏。

活化涂层主要是铂族金属铂、铱、铑、钌、锇、钯等的氧化物，这些涂层中均含有金属钌，因此称为"钌金属阳极"；另一类是以钛、锡、锑、钴、砷等的氧化物组成的涂层，如四氧化三钴为主的涂层，这些涂层不含金属钌，因此称为"非钌金属阳极"。目前氯碱工业中使用最普遍的是钌钛（$RuO_2 + TiO_2$）金属涂层。

金属阳极与石墨阳极相比较有如下优点：

（1）生产能力高 金属阳极能耐高电流密度，一般情况下可达 $15 \sim 17 A/dm^2$，为石墨阳极电解槽电流密度的两倍，国外的 MDC 型和 Hooker 型电解槽可达 $20 A/dm^2$。这就大大提高了单槽生产能力。

（2）产品质量好 金属阳极性能稳定，碱液无色透明，浓度高，氯气中无 CO、CO_2 等杂质，纯度高。

（3）电能损耗小 在金属阳极上氯的放电电位比在相同条件下的石墨阳极上约低 200mV，每生产 1t100%NaOH 可以节电 140～150 度（kW·h）电。另外，因碱液浓度比石墨阳极电解槽的高，还可节约蒸发碱液的蒸汽用量。

（4）使用寿命长 金属阳极耐碱和氯的腐蚀并可更换涂层，使用寿命可达 10 年以上。另外，电解槽和隔膜的寿命长，使检修和材料费用大大降低。

（5）环境污染小　金属阳极不使用沥青和铅，因此改善了对环境的污染。

3.1.2.2　阴极材料

采用电解法生产烧碱和氯气以来，低碳钢一直是理想的阴极材料。在电解槽工作电压下，它耐 NaOH、NaCl 的腐蚀，只要严格按操作规程使用，寿命可达 40 年。低碳钢的导电性能好，析氢过电位低，因而是一种低价格、高性能、长寿命的阴极材料。

在立式吸附隔膜电解槽中，为便于隔膜的吸附和容易使产生的 H_2 逸出，一般采用 $\phi 2.6mm$ 的钢丝编织成孔眼尺寸为 3mm×3mm 铁丝网。也有用钢板打孔的阴极，其加工简单，导电性能更好，但隔膜吸附比较困难。活性阴极在离子膜法电解槽上已普遍使用，但在隔膜法电解槽中尚有许多技术问题待解决，因此仍在研究中。

3.1.2.3　隔膜材料

隔膜是隔膜电解槽中直接吸附在阴极上的多孔性物料层，是隔膜法电解槽高速高效运转的关键。隔膜的质量直接影响电解槽的电流效率和电能消耗。

（1）隔膜材料的选择　对隔膜材料有如下要求。

① 具有较强的化学稳定性，既耐酸又耐碱的腐蚀，并有相当的机械强度，能长期使用不易损坏。

② 具有良好的渗透率，长期使用微孔不易堵塞，使阳极液能维持一定流速均匀地通过隔膜。

③ 具有较小的电阻以降低隔膜的电压损失。

④ 材料成本低，隔膜制造简便和易更换。

石棉的物理化学性质能够比较全面地满足上述各项基本要求。所以自 20 世纪 20 年代发明沉积石棉隔膜以来，氯碱厂就一直以其作为制作隔膜的材料。

隔膜的制作和改进通常要经过长期的探索试验，原因是没有合适的隔膜特性参数。有人提出用电阻率，即饱和了电解质的多孔介质的电阻与等体积的电解质电阻的比值，作为表征隔膜特性的参数。也称为 MacMullin 数：

$$N_m = r/r_0 \tag{2-3-1}$$

式中　N_m——MacMullin 数；

　　　r——饱和了电解质的多孔介质的电阻；

　　　r_0——等体积的电解质电阻。

隔膜厚度也是一个隔膜的特性参数。由于隔膜厚度容易测量，因此常用来表示实验室和生产规模电解槽隔膜的操作特性。

（2）石棉隔膜　石棉是天然的硅酸盐水合物的总称。工业上使用价值高的有温石棉、青石棉和铁石棉三种。由于温石棉的耐碱性和二次加工性能良好，故电解槽的石棉隔膜几乎全部用温石棉。其化学成分为：$3MgO \cdot 2SiO_2 \cdot 2H_2O$。石棉耐蚀性的强弱，主要由 SiO_2/MgO 的相对含量决定。若比值太高，那么耐碱性就较差，温石棉的 SiO_2/MgO 的比值一般为 $0.99\sim 1.10$。

在电解槽中隔膜的一侧是酸性溶液，另一侧是碱性溶液，所以在隔膜的内部存在一中性点。这就要求运行电流稳定，否则因电流波动造成中性点左右摆动，就会损伤隔膜。另外，隔膜长期运行后，盐水中的悬浮杂质和化学杂质在隔膜上的沉积以及剥落的石墨阳极微粒的沉积，可能会造成隔膜的孔被堵塞，使隔膜的渗透率恶化。所以，隔膜要定期更换，重新吸附，一般石墨阳极电解槽中的石棉隔膜的使用寿命为 $4\sim 6$ 个月；金属阳极电解槽的石棉隔膜由于没有石墨粉末的堵塞现象，寿命可长达 1 年。

但与金属阳极的使用寿命相比较仍不能满足要求，限制了金属阳极优点的发挥。为此加速了改性石棉隔膜及合成材料隔膜的研制，70 年代相继开发成功改性石棉隔膜及合成材料隔膜。

（3）改性石棉隔膜　隔膜法电解槽采用了金属阳极后，为了缩短电极间距，以降低槽电压，又发展了一种可扩张的形稳性阳极（EDSA）。这种 EDSA 阳极在组装时可以收缩，组装后再膨胀，用 ϕ3mm 的聚四氟乙烯棒阻隔，可使阴、阳极的极间距缩小到 3mm。然而，因石棉绒的膨胀导致石棉纤维充满阴阳两极之间的间隙，这种现象称为"搭桥现象"。

改性石棉隔膜就是在石棉纤维中加入一定比例的聚四氟乙烯或聚多氟偏二氯乙烯等纤维或粉末，同时加入少量的非离子型表面活性剂，将其制成浆液并吸附在阴极网上，然后经干燥及 200℃ 以上的高温热处理，将聚四氟乙烯控制在刚熔而未熔的状态，与石棉纤维粘结在一起，从而成为一种坚韧而有弹性、耐蚀性强的改良多孔石棉隔膜。这种改良石棉隔膜的尺寸稳定、不会溶胀，其厚度较普通石棉隔膜减少 20%～25%，膜的电压降较普通石棉隔膜低 0.1～0.15V，组装时不易碰坏，特别适用于膜表面与阳极间距小至 3 mm 的扩张型金属 阳极，使用寿命可达 1～2 年。

（4）合成材料隔膜　由于石棉对人体的潜在危害和对环境的影响，70 年代中期以来，美国的 Core 公司成功的开发了完全不用石棉的微孔聚四氟乙烯（PTFE）隔膜。这种隔膜主要是以聚四氟乙烯为基材，将化学稳定的专用润湿剂与 PTFE 混合，使润湿剂进入到 PTFE 结构中，用模具挤压为平整薄片。再用溶剂或干燥的方法除掉润湿剂使孔隙率增加。通过调整加工参数，得到孔隙率、弯曲度和强度范围较宽的聚合物基体。最后将基体加热到熔点以上，增加聚合物的无定型组分使分子缠绕，防止尺寸再次变化，使隔膜结构稳定。这种隔膜具有可降低槽电压、物理均匀性好、改善化学稳定性、使用寿命长和不需石棉等优点，可替代石棉隔膜。

3.1.3　隔膜电解槽的结构[6]

隔膜电解槽是隔膜电解法生产的主要设备。

根据隔膜的安装位置，隔膜电解槽分为立式和水平式两种，水平式隔膜电解槽系氯碱工业发展初期所采用，目前已基本淘汰。现在世界上普遍采用的是美国虎克公司开发的 H-2，H-4 型金属阳极电解槽和钻石公司开发的 MDC-29、MDC-55 型扩张金属阳极电解槽。

中国在 20 世纪 70 年代初期开发成功了金属阳极，目前国内大、中型氯碱厂已普遍采用金属阳极隔膜电解槽，但仍有部分小氯碱厂采用石墨阳极电解槽。原化工部第八设计院在总结国内研制的 C_{30}-Ⅰ型、C_{30}-Ⅱ型电解槽的基础上，设计成功 C_{30}-Ⅲ型金属阳极隔膜电解槽，获得国内各氯碱厂广泛使用。其结构示意图如图 2-3-2。

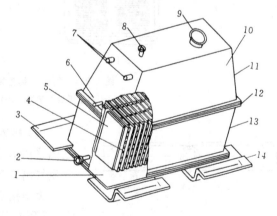

图 2-3-2　C_{30}-Ⅲ型金属阳极隔膜电解槽结构示意图
1—阳极组合件；2—电解液出口；3—阴极连接铜排；
4—阴极网袋；5—阳极片；6—阳极水位表接口；
7—盐水喷嘴插口；8—氯气压力表接口；9—氯气出口；
10—氢气出口；11—槽盖；12—橡皮垫床；
13—阴极箱组合件；14—阳极连接铜排

这种电解槽的主要部件为阳极组件、阴极组件、槽盖等三大部分。

(1) 阳极组件 由 24 排，每排 2 片，每片为 400mm×800mm 的钛制网状板组成，有效总面积为 30.5m²。阳极的支撑结构如图 2-3-3 所示，钛阳极网板是用钛铜复合棒支撑并导电，用螺栓紧固在钢制底板上，底板上面垫有一层耐腐蚀的合成橡胶。这就改变了原来石墨阳极是将排列好的石墨阳极用铅灌注的方法将其凝固在底板上，且铅上面还涂以沥青。金属阳极电解槽不再有铅和沥青的污染问题。

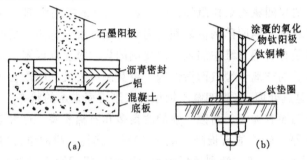

图 2-3-3 隔膜电解槽阳极支持结构
(a) 石墨阳极与混凝土底板；(b) 金属阳极与钢底板

(2) 阴极组件 隔膜电解槽阴极有两种型式，见图 2-3-4。由 23 排横向排列的阴极网袋和两端阴极箱壁上的两块半阴极组成。采用低碳钢的软铁丝 (ϕ2.64mm) 编织而成，网上吸附石棉隔膜。阴极箱两侧有导电铜排，将电流通过槽间铜排导入下一电解槽。阴极箱侧面有氢气出口和电解液流出口。

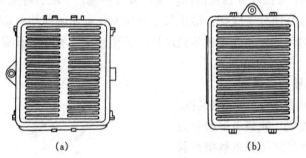

图 2-3-4 隔膜电解槽阴极的两种型式
(a) 适用于石墨阳极电解槽；(b) 适用于金属阳极电解槽

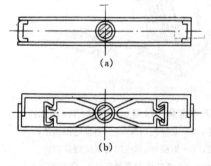

图 2-3-5 盒式阳极 (a) 与扩张
阳极 (b) 的示意图

(3) 槽盖 采用玻璃钢（FRP）制成。槽盖与阴极箱之间采用卡子及软垫片密封联结，防止氯气漏出。顶部有氯气出口和盐水进口。

美国钻石公司的 MDC-55 型隔膜电解槽 (b) 与我国 C_{30}-Ⅲ型电解槽 (a) 相比较，有如下特点：

① MDC-55 型电解槽采用的扩张型金属阳极，组装时用夹子将弹簧卡牢，以免碰伤隔膜。组装完后再抽掉夹子，使阳极面扩张，用聚四氟乙烯棒束来保持阳极面与隔膜面的间距，一般为 3mm。而 C_{30}-Ⅲ型为固定式盒式阳极，阳极面与隔膜面的间距为 7～8mm。图 2-3-5 为

盒式阳极与扩张阳极的示意图。当然极间距小，可降低电解质溶液的电压降，从而槽电压要低些，但扩张阳极的弹簧片的制作等却增加了电解槽的制造成本。

② MDC-55 型电解槽采用改性石棉隔膜。这是因为其极间距仅 3mm，为防止石棉绒的溶涨，而必须使用改性石棉隔膜。

③ MDC-55 型电解槽容量大，负荷达 120kA，大型氯碱厂适用，而 C_{30}-Ⅲ 型负荷为 60kA，适用于中、小型氯碱厂。

中国金属阳极电解槽主要部件见表 2-3-1。

表 2-3-1　中国金属阳极电解槽主要部件

槽　　型	3-ⅠA	3-ⅠB	3-Ⅱ	3-Ⅲ	47-ⅠB	47-ⅡB
阳极片规格/mm	2×240×800	32×320×800	34×330×800	36×400×800	33.4×280×750	37×560×750
阳极片数/片	80	60	66	48	112	56
复合棒规格/mm	□24×24	□27×27	□29×29	□33×33	□27×27	□33×33
复合棒质量/kg	330	366	370	365	640	436
铁网质量/kg	133	130	130	130	208	201
钛法兰垫圈	聚四氟	天然胶	天然胶 δ=3 ϕ50/24	天然胶 δ=4 ϕ50/29	天然胶	聚四氟
铁丝网质量/kg	900	900	1000	1000		
铜材质量/kg			1300	1500		
阴阳两极距/mm	10.5	9.5	9	8.5	10	7.5

3.1.4　隔膜法电解工艺流程，操作条件及主要技术经济指标

3.1.4.1　工艺流程

电解工段的主要任务是在直流电的作用下，完成电解食盐水溶液制取 NaOH、Cl_2 和 H_2 的工艺过程。由盐水精制工段送来的精制盐水进入高位槽（1），液面维持恒定，以便利用高位槽的液位压差，使盐水平稳地经盐水预热器（2）加热到 70～80℃，由总管均匀分流到各电解槽（3），进行电解。电解生成的氯气从电解槽顶部出口支管导入氯气总管，送氯气处理工序；氢气从阴极箱上部出口支管导入氢气总管，送氢气处理工序。生成的电解液，从电解槽阴极箱下出口流出，导入总管，汇集到碱液贮槽（4），用泵（5）送往蒸发工序，蒸发浓缩。流程见示意图 2-3-6。

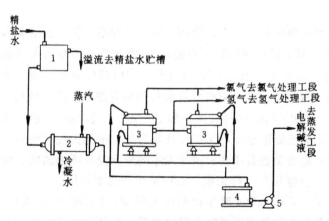

图 2-3-6　电解工段生产流程简图

1—高位槽；2—预热器；3—电解槽；4—碱液储槽；5—碱泵

3.1.4.2 操作条件及主要技术经济指标

因电解槽的型式很多，结构有所不同，所以操作条件也因之而异，下面重点介绍国内普遍使用的 C_{30}-Ⅲ 型金属阳极隔膜电解槽的操作条件及有关指标。

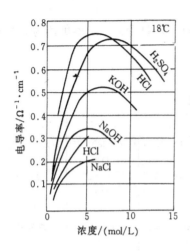

图 2-3-7　不同电解质溶液的电导率与浓度的关系

（1）盐水质量与温度　因电解质溶液导电是依靠溶液中正负离子的迁移并在电极上放电而引起的，所以电导率将随电解质溶液浓度的升高而升高。但一些电解质溶液的电导率却存在极限值，如图 2-3-7 所示。其原因是当浓度达到一定极限时，单位体积电解质溶液中的离子密度增加，离子间的相互吸引反而限制其在溶液中自由运动。而 NaCl 溶液不存在这一现象，其导电率随溶液浓度升高而升高。尽管升高温度对 NaCl 的溶解度影响不大，但可提高 NaCl 的溶解速度。另外因氯在盐水中的溶解度随温度升高而减少，盐水的电导率随温度增加而增大，电极材料上的过电位也随温度升高而降低。所以提高精盐水温度可减少 Cl_2 在盐水中的溶解度和降低电解质电压降，所以进入电解槽的食盐溶液应为一定温度下的饱和食盐溶液。

普通工业用食盐含有钙盐、镁盐、硫酸盐和其它杂质，它们对于电解操作极其有害，例如在电解过程中 Ca^{2+}、Mg^{2+} 将在阴极与电解产物 NaOH 发生反应，生成难溶解的 $Ca(OH)_2$ 和 $Mg(OH)_2$ 沉淀，这不仅消耗 NaOH，这些沉淀物还会堵塞电解槽碱性一侧隔膜的孔隙，降低隔膜的渗透性，缩短隔膜寿命并造成电解液碱浓度升高，电流效率下降和槽电压上升。而盐水中的 SO_4^{2-} 含量较高时，会促使 OH^- 在阳极放电产生氧气，不仅消耗电能，而且生成的氧气还会与阳极石墨作用生成 CO_2，影响氯气的纯度。铁离子高时，会使氯中含氧增加，影响操作安全。另外盐水中的重金属离子对阳极涂层的电化学活性有相当大的影响。所以必须对工业原盐加以精制处理。电解用的精盐水的质量要求应达到下列指标：

NaCl 含量：＞315g/L　　　　　　Ca^{2+}、Mg^{2+} 总量：＜ 10mg/L

SO_4^{2-}　　　　　　＜5g/L　　　　　温度　　　　（75±5）℃

pH 值　　　　　　7～8

（2）盐水流量和电解液成分　由前所述可知：隔膜电解槽电流效率降低的主要原因是由于阴极室的 OH^- 反迁移和扩散到阳极室所造成。为此隔膜电解槽采用阳极液向阴极室流动来阻止 OH^- 的反迁移。若要完全阻止 OH^- 反迁移，阳极液的流速必须大于在隔膜上任一点的 OH^- 的反迁移速度。这样势必要求阳极室液面与阴极室液面的高差增加，以加大流量，这就必然导致电解液中的 NaOH 浓度降低、未分解的 NaCl 含量增加。使后工序碱液蒸发的蒸汽用量增大。反之，若阳极液流速过小，OH^- 反迁移增强，电极副反应增加使电流效率下降。同时电解液中的次氯酸盐含量也会增大，使后工序的蒸发设备腐蚀加剧。为此，各氯碱厂必须根据具体条件，确定合理的 NaOH 浓度，以保证生产成本最低。

表 2-3-2 列出了 NaCl/NaOH 摩尔比和电流效率、NaOH 浓度采用三效逆流蒸发生产 50%NaOH 液碱的蒸发水量及蒸汽消耗之间的关系。要保持电流效率 96% 以上，NaOH 质量浓度在 123～136g/L（质量分数 10%～11%）为好。

表 2-3-2　NaCl/NaOH 摩尔比与电解操作参数的关系

NaCl/NaOH /(mol/mol)	电流效率 η /%	阴极碱液 NaOH 质量分数 /%	每吨 50%NaOH 蒸发的水量 /kg	蒸汽需要量 /kg
0.8	89.0	15.0	3860	2473
1.0	92.3	13.7	4300	2760
1.2	94.5	12.5	4830	3100
1.4	96.1	11.3	5460	3500
1.6	97.4	10.4	6010	3860

（3）氯气纯度及压力　氯气是阳极反应产物。电解槽出来的湿氯气含有少量 O_2 和 H_2（用石墨阳极时，还会有 CO_2，CO），并被水蒸气所饱和。经过冷却、干燥后水分基本上都被除掉。氯气的主要成分（干基）为 Cl_2 96.5%～98%；H_2 0.1%～0.4%；O_2 1.0%～3.0%。氯气是有毒气体，不允许泄漏。为此要保证电解槽、管道等连接处的密封。氯气总管的压力，大多数氯碱厂都采用微负压 $-49～-98Pa$（$-5～-10mmH_2O$）下操作。

为了避免在电解槽内发生 Cl_2 和 H_2 混合爆炸，必须防止 H_2 漏到 Cl_2 中，应控制阳极室液面高于隔膜顶端，同时密切注意隔膜的完好情况。生产中控制氯气总管中含 $H_2 \leqslant 0.4\%$，单槽出口不超过 1%。总管含 $H_2 > 2.0\%$ 时，应立即停电处理；任一单槽含 $H_2 > 3.0\%$ 又不能及时纠正处理时，则应除槽处理。

（4）氢气纯度及压力　从电解槽阴极室出来的氢气纯度较高，一般可达 99%（干基）左右。为防止管道漏入空气，达到氢的爆炸极限引起爆炸，特别是有电火花时，更易引发爆炸。一般电解槽的氢气系统都是保持微正压操作，压力为 $49～98Pa$（$5～10mmHg$）。

（5）电流密度与槽电压　如前所述，槽电压是理论分解电压、阳极和阴极的过电位、溶液的电压降、电极、隔膜、接点和母线中的电压降之和。当影响各部分电压降的条件确定后（如电极材料、电解液浓度、阴阳极间距、隔膜状态和接头紧密程度等），即电解槽投入运行时，电流密度升高，槽电压也升高，两者之间呈线性关系：

$$V = V_1 + KD \tag{2-3-2}$$

式中　V——槽电压，V；

V_1——极化分解电压，相当于电解槽的理论分解电压和阴、阳极超电压之和，V；

D——电流密度，A/dm^2；

K——电压梯度，反映单位电流密度的变化引起的电压变化，$V \cdot dm^2/A$。

对阴、阳极材料已确定的电解槽来说，在一定的盐水浓度和温度下，V_1 值相同，可作为常数。石墨电极电解槽 V_1 值为 2.5～2.6V，金属阳极电解槽的 V_1 值约为 2.4～2.5V。K 值的大小则与电解槽的型号和结构、尺寸和材质、制作和装配技术、运行时间和管理水平等有关。它是反映该电解槽的设计和制造水平的重要技术特性参数。石墨电解槽的 K 值约为 $0.1 V \cdot dm^2/A$；金属阳极电解槽的 K 值约为 $0.04～0.06 V \cdot dm^2/A$。

国产 C_{30}-Ⅲ型金属阳极电解槽的电压分布，在电流密度为 $1.5kA/m^2$，进料 NaCl 浓度为 310g/L，阴极液 NaOH 浓度为 120g/L，阳极液 NaCl 浓度为 260g/L，温度为 90℃，阴、阳极间距为 8.5mm 的条件下，见表 2-3-3。

表 2-3-3　隔膜槽电压分布情况

项　目	国产 C_{30}-Ⅲ型	美国 Hooker 早期型	美国 HookerH-4/84 型
阳极平衡电位/V	1.215	1.32	1.32
阴极平衡电位/V	0.846	0.93	0.93
阳极过电位/V	0.098	0.02	0.029
阴极过电位/V	0.243	0.27	0.091
溶液欧姆电压降/V	0.262	0.24	0.218
隔膜及阴极电压降/V	0.450	0.29	0.199
金属导体(含接触)电压降/V	0.227	0.17	0.148
总槽电压/V	3.34	3.25	2.935

　　表中同时列出了除电流密度为 $1.55kA/m^2$ 之外，其它条件相近的 Hooker 型电解槽槽电压分布数据，表明国内研制的金属阳极隔膜电解槽的性能已接近早期世界水平。若是能采用改性隔膜进一步缩小极间距则还可使槽电压更低些。表中的 HookerH-4/84 型为采用金属阳极，微孔膜，LCD 结构，活性阴极，于 1978 年投产的新型电解槽。

　　(6) 电流效率　电流效率作为电解槽的一项重要技术经济指标，与电能消耗、产品质量以及电解槽的操作过程等的关系十分密切。现代隔膜电解槽的电流效率为 95%～97%。

　　影响电流效率的因素很多，如盐水质量(盐水浓度、盐水中 Ca^{2+}、Mg^{2+}、SO_4^{2-} 等杂质的含量，盐水的 pH 值等)、盐水温度、电解液浓度、隔膜吸附质量、电流密度大小、电流波动情况以及电解槽绝缘好坏等都会影响电流效率。提高电流效率的途径有以下几个方面。

　　① 保证隔膜渗透率，控制隔膜的吸附质量。维持阳极液高于阴极液的液位差，使阳极液以合适的流速透过隔膜进入阴极室，以阻止 OH^- 向阳极室的反向迁移。

　　② 提高精制盐水中的 NaCl 的质量浓度，使之接近饱和，即含 NaCl>315g/L。精盐水中的 NaCl 含量高，可降低 Cl_2 在盐水中的溶解度，减少阳极室的副反应。

　　③ 控制电解液中的 NaOH 质量浓度不超过 140g/L。其原因是 NaOH 浓度的增加，使 OH^- 向阳极迁移和扩散的能力加强，NaOH 质量浓度每提高 10g/L，电流效率将下降 1.3%。

　　④ 适当提高电流密度。电流效率随电流密度的增加而增加，电流密度每增加 $100A/dm^2$，电流效率可提高 0.1%。这是因为当电解液中的 NaOH 浓度一定时，提高电流密度必然相应加大通过隔膜的盐水流量，这样就相应减少了 OH^- 向阳极迁移和扩散的量，因而提高了电流效率。

　　⑤ 保证电解槽绝缘性能良好，防止漏电。

　　⑥ 保证供电和生产稳定，防止电流波动。

3.2　水银法电解

　　水银法电解与隔膜法电解不同之处是电极反应和电解槽结构的差别。水银法电解槽的阴极材料采用水银而不是铁；它不是用隔膜将阳极室与阴极室隔开，而是完全由独立的电解室和解汞室两部分构成。在电解室中产生氯气，而在解汞室中得到烧碱并产生氢气。这就从根本上避免了 NaOH 和 Cl_2 以及 Cl_2 和 H_2 相混合的问题，从而得到纯度极高的 NaOH 溶液。这是水银法电解的突出优点。但是水银电解法因汞的毒害问题，来自环境保护的压力日趋严重，目前新建氯碱厂已不再用此法，现有的装置有许多转换为离子膜电解槽。所以本节仅对该法作简要介绍。图 2-3-8 为水银电解槽流程的示意图。

3.2.1 电解室中的反应

在电解室中，阳极采用石墨或金属阳极，阴极采用水银称为汞阴极。铁制的槽底带有 1:65～1:120 的坡度，水银覆盖在槽底上呈流动状态。精盐水进入电解室后，在水银表面流动，同时在电流的作用下，盐水中的 Cl^- 在阳极上放电，并逸出氯气；Na^+ 在阴极上放电并析出金属 Na，且迅速与 Hg 作用生成钠汞齐（$NaHg_n$），并

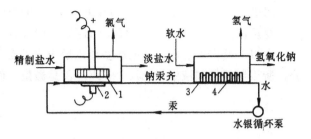

图 2-3-8　水银电解槽流程的示意图
1—石墨电极；2—水银阴极；3—石墨解汞板；4—钠汞齐

很快离开水银表面，以保证 Na^+ 的继续放电。生成的钠汞齐沿槽底坡度流动，从电解室尾部流入解汞室。由于 Na^+ 和 Cl^- 放电析出后，盐水中的 NaCl 含量减低，成为淡盐水，从电解室尾部排出。电解室中的反应式如下。

（1）主要反应

阳极　　　　　　　　　　$2Cl^- - 2e \longrightarrow Cl_2 \uparrow$

阴极　　　　　　　　　　$Na^+ + e \longrightarrow Na$

　　　　　　　　　　　　$Na + nHg \longrightarrow NaHg_n$

总反应　　　　　　　　　$NaCl + nHg \longrightarrow 1/2\,Cl_2 \uparrow + NaHg_n$

（2）副反应

随着电解过程的进行，$NaHg_n$ 增高，尤其在电解室尾部温度较高的地方有少量的 $NaHg_n$ 分解形成 NaOH 和 H_2，使 Cl_2 中含的 H_2 升高。

水银电解槽中的阴、阳极间距仅有 3mm，被 Cl_2 饱和的盐水容易在阴极上发生还原反应：

$$Cl_2 + 2e \longrightarrow 2Cl^-$$

$$ClO^- + H_2O + 2O \longrightarrow Cl^- + 2O^-$$

溶解的 Cl_2 与 Hg 作用生成氯化亚汞：

$$Cl_2 + 2Hg \longrightarrow 2HgCl$$

HgCl 流到解汞室后，与 NaOH 发生下列反应：

$$2HgCl + 2NaOH \longrightarrow Hg_2O + 2NaCl + H_2O$$

$$2HCl + 2NaHg_n \longrightarrow 2NaCl + H_2 \uparrow + nHg$$

$$1/2Cl_2 + NaHg_n \longrightarrow NaCl + nHg$$

当盐水中含有的不纯物 Ca^{2+}、Mg^{2+}、Fe^{3+}、Fe^{2+} 等阳离子时，按照它们的电化序也会依次放电与 Hg 生成汞齐。这些汞齐都不稳定，易分解为氢氧化物和 H_2。若同时有微量镍、钴、钨、钒、铬、钼等元素存在时，H^+ 更易放电并析出 H_2，使 Cl_2 中含 H_2 急剧增加。另外，若电解槽底不平时，易产生水银流动中的割裂现象，使槽底的铁暴露也使 H^+ 更易于放电。

3.2.2 解汞室中的反应

解汞室的作用是将去离子水加入到从电解室流入的 $NaHg_n$ 中，使其分解为 NaOH 和 H_2，同时 $NaHg_n$ 中的 Hg 离解出来，用水银循环泵提升返回电解室，循环使用。在解汞室中，为了加速 $NaHg_n$ 的分解，排列了许多栅状石墨板，称为解汞板。

解汞室中的主要反应是以 $NaHg_n$ 为阳极，以石墨为阴极，构成（＋）$NaHg_n$/NaOH 溶液/石墨（－）这样一个原电池，反应式如下：

阳极　　　　　　　　　　$NaHg_n \longrightarrow Na^+ + nHg + e$

阴极 $H_2O+e \longrightarrow OH^- + 1/2H_2 \uparrow$

总反应 $NaHg_n + H_2O \longrightarrow NaOH + 1/2H_2 \uparrow + nHg$

由以上反应可看出，从电解室流入解汞室的是 $NaHg_n$，它基本不含 NaCl、$NaClO_3$ 等成分，所以制得的碱液中 NaCl、$NaClO_3$ 仅是微量，就碱的纯度而言，水银法要比隔膜法高。

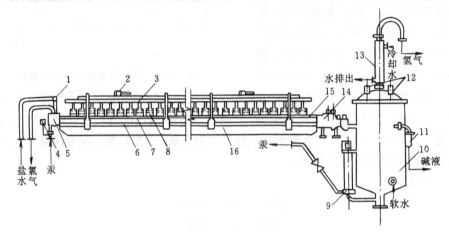

图 2-3-9　水银电解槽结构示意图

1—盐水流量计；2—极距调节电机；3—阳极调节架；4—汞液面报警器；5—槽头循环室；
6—槽底；7—槽侧壁；8—金属阳极导电棒；9—汞泵；10—解汞塔；11—碱液断电器；
12—弹簧压紧器；13—氢气冷却器；14—槽尾扫除室；15—槽盖；16—电槽支架

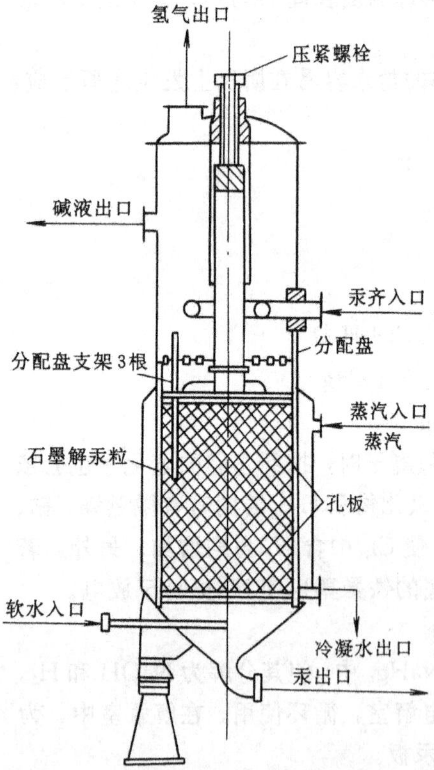

3.2.3　水银电解槽的结构[4]

水银电解槽一般采用水平式阴极电解槽结构，根据电解槽电流分为大、中、小型槽。图 2-3-9 为意大利 De Nora 公司的 400kA 大型水银电解槽结构示意图，它主要由电解槽、解汞塔、汞泵和短路开关四部分组成。

（1）电解槽　电解槽安装在绝缘性能良好的基础上，槽底为厚钢板制成，槽底加工精度要求较高，横向倾斜度不超过 0.25°，纵向坡度在 1：65～1：120 之间。槽底下面布有多块导电铜排。槽两侧为衬耐蚀橡胶的槽钢。槽盖分柔性和刚性两类，柔性槽盖为耐蚀天然复合胶制成；刚性盖为钢板衬橡胶制成。其上装有阳极支撑架，用于手动或自动调节阳极与阴极的间距。

现代水银电解槽的阳极均采用金属阳极，它是由多块单个阳极整齐排列而成。每块阳极由钛丝焊成的算子板与钛铜复合导电棒组成，可使产生的 Cl_2 很快逸出，避免 Cl_2 在阳极表面积聚，以降低过电位。

槽头箱和槽尾箱均有隔板而不使槽内 Cl_2 漏出来。槽头箱为盐水和水银的进口及氯气的出口。淡盐水和钠汞齐则从槽尾箱排出。

图 2-3-10　解汞塔示意图

（2）解汞塔　分为水平式和立式两种。现代大容量解汞器均用立式，称为解汞塔，如图 2-3-10 所示。钠汞齐进入塔内的分配盘，使其均匀流

（图2-3-10 标注：氢气出口、压紧螺栓、碱液出口、汞齐入口、分配盘、分配盘支架3根、石墨解汞粒、蒸汽入口蒸汽、孔板、软水入口、冷凝水出口、汞出口）

下，塔的底部装有约 $10mm \times 10mm$ 的石墨颗粒填料。解汞用软水从塔底进入，碱液从塔上部引出，氢气从塔顶排出。钠汞齐分解后，从塔底接汞泵抽往电解槽，循环使用。

（3）汞泵 一般采用离心泵，须经过详细计算泵的扬程、流量及功率，以正确选型。为防止汞蒸汽的泄漏，应严格要求泵的密封，及设置冷却装置。

（4）短路除槽开关 现代水银法氯碱厂常是多台大容量电解槽串联运行，一旦某台电解槽发生故障，需要立即从系统中切换出来，所以单台电解槽之间设有除槽开关，统一由传动轴或气动隔膜阀操作控制。称为电解槽全槽短路开关。

3.2.4 水银电解法工艺流程及操作条件

3.2.4.1 工艺流程

图 2-3-11 为水银电解法电解工段的工艺流程简图。

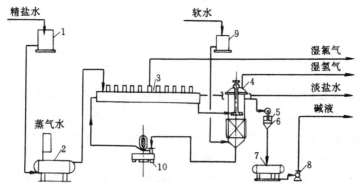

图 2-3-11 水银电解法电解工段的工艺流程简图

1—盐水高位槽；2—盐水换热器；3—电解槽；4—解汞塔；5—断电器；

6—碱液漏斗；7—碱液汇集槽；8—碱液泵；9—软水高位槽；10—水银循环泵

从盐水精制工段来的含 NaCl 在 $310 \sim 320g/L$ 之间的精盐水，首先进入高位槽（1），维持槽内液面高度恒定，保证盐水流量均匀。初开车时，盐水须经换热器（2）预热后送入电解槽。正常运行后，尤其是大电流密度下，电解槽流出的淡盐水的温度较高，即使经盐水精制重饱和后，一般仍高于电解槽所需温度，此时进电解槽之前，盐水则须经该换热器用冷却水冷却。在电解槽（3）内，部分 NaCl 被分解生成 Cl_2 和 $NaHg_n$，盐水浓度降低并为氯气所饱和，从电解槽尾箱流出含 NaCl 约 $270g/L$ 的淡盐水，经脱氯工序除去 Cl_2，再送到盐水精制工段，脱出的氯气送氯气处理工序。电解生成的 $NaHg_n$ 流入解汞塔（4），用来自软水高位槽（9）的去离子水逆流解汞，生成 50% 的 NaOH 碱液和湿氢气。碱液经断电器（5）流入汇集槽经冷却、除汞后，送后处理工序。氢气送加工工序除湿。必要时，可通过阻火器排入大气。解汞后的水银，由汞循环泵送回电解槽，循环使用。

3.2.4.2 操作条件

（1）盐水质量与电解槽温度 控制精盐水质量的指标为：

NaCl $310 \sim 315$ g/L；$Ca^{2+} + Mg^{2+} \leqslant 10mg/L$；$SO_4^{2-} \leqslant 5g/L$；

出槽淡盐水浓度控制在 $265 \sim 275g/L$，电解槽操作温度控制在 $75\,^{\circ}C$ 左右。

（2）$NaHg_n$ 浓度 在电解槽中 $NaHg_n$ 允许的钠含量很低，一般维持质量分数在 $0.2\% \sim 0.3\%$ 左右。$NaHg_n$ 中的钠含量与水银的总循环量有关。水银的正常循环十分重要，应保证水银循环泵持续、均衡运转。

（3）氯气及氢气的纯度和压力 氯气纯度为 $97\% \sim 98\%$（干基）；氯气压力采用微负压；

−98Pa 左右（即−10mmH₂O）。

氢气纯度可达 99％以上；氢气压力则为微正压：＋98Pa 左右（即＋10mmH₂O）。

（4）电解槽电压及分布 水银电解槽的槽电压及分布见表 2-3-4。

表 2-3-4 水银电解槽的槽电压及分布（电流密度为 $10kA/m^2$）

电解槽中各部分电压降 项 目	金属阳极电解槽		石墨阳极电解槽	
	电压降值/V	百分率/％	电压降值/V	百分率/％
理论分解电压	3.16	80.9	3.16	67.0
阳极过电位	0.20	5.1	1.0	21.3
阴极过电位	0.44	11.2	0.44	9.3
电解质溶液电压降	0.06	1.5	0.06	1.3
金属导体及接触电压降	0.05	1.3	0.05	1.1
槽电压总和	3.91	100.0	4.71	100.0

槽电压与电流密度的关系与隔膜法相似，也遵从：$V_槽 = V_1 + KD$，式中各符号意义与前相同，在水银电解槽中，石墨电极的 K 值为 $0.35 \sim 0.65$，金属阳极为 $0.13 \sim 0.15$。

（5）解汞必须用软水，以防止水中的 Ca^{2+}、Mg^{2+} 等与 NaOH 反应生成 $Ca(OH)_2$、$Mg(OH)_2$ 沉积在汞齐表面上，造成解汞困难。

（6）生产过程中，阴阳极间的极距必须及时调节。现代大型氯碱厂的水银电解槽一般都设有微机自动调节极距系统。

3.3 离子交换膜法电解[6]

离子交换膜（简称离子膜）法电解制烧碱技术的研究始于 20 世纪 50 年代。1966 年美国杜邦（Du Pont）公司开发出化学稳定性好、电流效率高和槽电压低的离子交换膜（Nafion 全氟膜）。1975 年日本旭化成公司建成世界上第一个离子膜氯碱厂，烧碱年生产能力达 4 万 t。随后几年间该技术很快得到认可被广泛采用。目前，全世界已有上百家氯碱厂采用离子膜技术。

离子膜法制碱与传统的隔膜法、水银法相比较，具有产品质量高（烧碱含盐量低于 50×10^{-5}），电流效率高、工艺简单、投资费用低等优点。此外，因它不用石棉、水银，从而解决了石棉、水银对环境的污染问题，而被公认是氯碱工业发展的方向。

3.3.1 离子膜法制碱原理

离子膜法电解制烧碱原理如图 2-3-12 所示。电解槽的阴极室和阳极室用离子交换膜隔开，饱和精盐水进入阳极室，去离子纯水进入阴极室。所用的离子膜具有选择透过性，即它仅允许阳离子 Na^+ 透过膜进入阴极室，而阴离子 Cl^- 却不能透过。所以，通电时，H_2O 在阴极表面放电生成氢气，Na^+ 透过膜由阳极室进入阴极室与由 H_2O 放电生成的 OH^- 生成 NaOH；Cl^- 则在阳极表面放电生成氯气逸出。电解时由于 NaCl 被

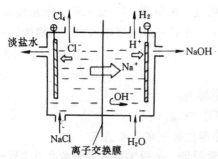

图 2-3-12 离子膜法电解制烧碱原理图

消耗，食盐水浓度降低成为淡盐水排出，NaOH 的浓度可通过调节进入电解槽的去离子纯水量来控制。

3.3.2 离子交换膜的性能和种类

3.3.2.1 离子交换膜的结构

用于氯碱工业的离子交换膜，是一种耐腐蚀的阳离子交换膜。在膜的内部具有复杂的化学结构；膜内存在两类离子：固定离子和可交换离子。在电解食盐水溶液时阳离子交换膜的膜体中，它的活性基团是由带负电荷的固定离子（如 SO_3^{2-}、COO^-）和一个带正电荷的对离子（如 Na^+）组成，它们之间以离子键结合在一起。磺酸型阳离子交换膜的化学结构可用下式表示：

$$R-SO_3^- \longrightarrow H^+ + （Na^+）$$

固定离子　　　对离子

活性基团

式中，R 表示大分子结构。

由于磺酸基团具有亲水性能，因此膜在溶液中能够溶胀，而使膜体结构变松，形成许多微细弯曲的通道。这样活性基团中的对离子（Na^+），就可以与水溶液中同电荷的 Na^+ 进行交换并透过膜，与阴极室的 OH^- 生成 NaOH。而活性基团中的固定离子（SO_3^-）具有排斥 Cl^- 和 OH^- 的能力，如图 2-3-13 所示，使它们不能透过离子膜，从而获得高纯度的氢氧化钠溶液。

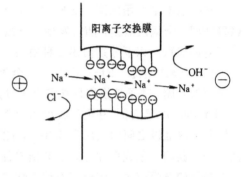

图 2-3-13　离子交换膜示意图

3.3.2.2 离子交换膜的性能

电解槽的阴极室（含 NaOH）和阳极室（含 NaCl）间的分隔体应满足的电化学性能是：Na^+ 易于传递；而对 Cl^- 能起到完善的阻挡层作用；限制 OH^- 的传递，其数量不超过 Na^+ 传递量的 2%；每个 Na^+ 约同时传递 3.5 个分子的 H_2O。无论是石棉还是水银都不能很好的满足上述要求，而离子交换膜在很大程度上接近这些理想性质，因此成为 20 世纪 70 年代以来氯碱工业发展的主流及取代隔膜法和水银法的方向。离子膜作为离子交换法制碱的核心部件，它应具有以下特性。

（1）高化学稳定性和热稳定性　在电解槽中，离子膜的阴极侧接触的是高温浓碱，阳极侧是高温酸性盐水且含有湿氯气。所以它必须具备良好的耐酸耐碱和耐氧化性能。并具有良好的热稳定性。

（2）优良的电化学性能　在电解过程中，为了降低槽电压以降低电能的消耗，离子膜必须具有较低的膜电阻和较大的离子交换容量。阳离子选择透过性好，同时还须具有较好的反渗透能力，以阻止 OH^- 离子的渗透。

（3）稳定的操作性能　为了适应生产的变化，离子膜必须能在较大的电流波动范围内正常工作，并且在操作条件（如温度、盐水及纯水供给等）发生变化时，能很快恢复其电化学性能。

（4）膜的机械强度高　离子膜必须具有较好的物理性能，膜薄但不易破，柔韧性好但不易变形。同时由于膜长时期浸没在盐水中工作，它必须具有较小的膨胀率。

表 2-3-5 是具有各种交换基团的离子膜的性能比较。

表 2-3-5　具有各种交换基团的离子膜的性能比较

离子交换基团	$R-SO_3H$	$R-COOH$	$R-COOH(厚)/R-SO_3H$	$R-COOH(薄)/R-SO_3H$
交换基团酸度 pK_a	<1	2~3	2~3/<1	2~3/<1
亲水性	高	低	低/高	低/高
含水量	高	低	低/高	低/高
电流效率/%	75	96	96	96
电阻	低	高	中	低
化学稳定性	很高	高	高	高
阳极液的 pH 值	>2	>3.5	>2	>2
用盐酸中和 OH^-	可用	不可用	可用	可用
氯中含氧	<0.5%	>1.5%	<1.5%	<0.5%
阳极寿命	长	短	长	长
电流密度	高	低	高	高

3.3.2.3　离子交换膜的主要类型

食盐水电解所用的离子交换膜为阳离子交换膜。根据其离子交换基团的不同，可分为全氟磺酸膜、全氟羧酸膜，随后发展的全氟（羧酸/磺酸）复合膜，兼有全氟羧酸膜和全氟磺酸膜两者的优点。以下分别简述三种膜的特点。

（1）全氟羧酸膜（Rf—COOH）　全氟羧酸膜是由单组分的全氟聚合物制成，具有羧酸型离子交换基团、离子交换容量高和分子量大的特点，是一种弱酸性和亲水性小的离子交换膜。以 Flemion753 膜为例，在电流密度为 $30A/dm^2$ 时，碱液中的 NaOH 约 35%，电流效率为 94%～95%，两电极之间的电压为 2.89V，能耗低。在 pH>3 的酸性溶液中，电解时的化学稳定性良好。膜的工艺成型性好，容易制成各种形状的膜。被广泛用于离子交换膜电解槽。不足之处是膜的电阻较大，阳极室不能加酸过多，因此氯气中含氧较高。

（2）全氟磺酸膜（Rf—SO₃H）　全氟磺酸膜是一种强酸型离子交换膜。这类膜的亲水好，因此电阻小，但由于膜的固定离子浓度低，对 OH^- 的排斥力小。因此电槽的电流效率低。一般小于 80%，且产品的 NaOH 含量也较低，一般小于 20%。但它能置于 pH＝1 的酸性溶液中，因此可在电解槽阳极室内加盐酸，以中和反渗透的 OH^-。这样所得的氯气纯度高，一般含氧少于 0.5%。

（3）全氟磺酸/羧酸复合膜（Rf—SO₃H/Rf—COOH）　这是一种为了能充分利用上述两种离子交换基团的优点、相互补偿其不足而开发的多层全氟羧酸和全氟磺酸离子膜。可将全氟羧酸聚合物涂覆在全氟磺酸离子膜之上，或将含有磺酸和羧酸基团的两种不同聚合物薄膜层压在一起而制成。另外还可用化学法将全氟磺酸膜转换为全氟羧酸膜来制多层膜。所以，在膜的两侧具有两种不同的离子交换基团，电解时较薄的羧酸层面向阴极，较厚的磺酸层面向阳极。因此兼有羧酸膜和磺酸膜的优点，它们可阻挡 OH^- 反渗透，从而可以在较高电流效率下制得高浓度的 NaOH 溶液。同时由于膜电阻较少，可以在较大电流密度下工作。且可用盐酸中和阳极液，得到纯度高的氯气。

3.3.3　离子膜电解槽的型式[7]

目前，工业生产中使用的离子膜电解槽型式很多。发达国家大多各自开发出具有代表性的离子膜电解槽，如日本旭硝子公司的 AZEC 电解槽和旭化成公司的复极槽，美国 ELTECH 公司的 MGC 膜间隙槽，英国 ICI 公司的 FM21 电解槽，德国乌德（Uhde）公司 Uhde 电解槽和意大利 De Naro 公司的 DD 型复极电解槽等。中国也研制出了国产的离子膜电解槽。如果按供电方式区分，基本上可归纳为单极式和复极式两种。无论哪种槽型，每台电解槽都是由若干个电解单元组成。每个电解单元都有阴极，阳极和离子交换膜。如图 2-3-14 所示。

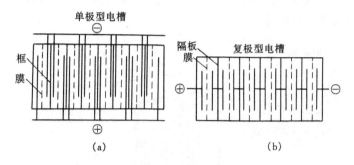

图 2-3-14 单极槽与复极槽

(a)·单极型电解槽；(b) 复极型电解槽

3.3.3.1 单极槽与复极槽的区别

单极槽和复极槽的主要区别列在表 2-3-6 中。

表 2-3-6 单极槽与复极槽的特性比较

单 极 槽	复 极 槽
1. 槽单元并联，以大电流、低电压供电	1. 槽单元串联，以小电流、高电压供电
2. 电槽之间，用铜排联结，耗铜多。电压损失约 30～50mV	2. 不用铜排，一般用复合板，电压损失约 3～20mV
3. 一台电解槽单元出故障，单独除槽检修，其余电槽仍可运行	3. 一台电解槽单元出故障，整台电解槽须停车
4. 电解厂房占地面积大	4. 电解厂房占地面积小
5. 单个槽电压低，漏电可能性小	5. 电解槽总电压高，整流器变电效率高，但漏电可能性大
6. 结构有板框压滤机形式，也有板式换热器形式，槽单元数量可增减	6. 结构一般为板框压滤机形式，槽单元数量不能随意变动

采用单极槽好，还是复极槽好，不能一概而论，应根据各氯碱厂的具体情况综合比较来决定。一般生产规模大的装置用复极槽较有利。

3.3.3.2 离子膜电解槽的结构

如上所述，目前氯碱工业的离子膜电解槽槽型很多，各公司开发的专利均有自己的设计和制造特点。例如 ICI 公司 2000 年初开发的复极型离子膜电解槽在 $6kA/m^2$ 的电流密度下，槽电压小于 3.2V，每吨烧碱电耗低于 2200kWh。以下以美国 ELTECH 公司的 MGC 电解槽、日本旭硝子公司的 AZEC 电解槽和旭化成公司的复极型电解槽为例加以介绍。其它电解槽结构可参考相关资料。

(1) MGC 电解槽　MGC 单极式电解槽为板式换热器形式，图 2-3-15 为 MGC 电解槽的总组装图。

它由下列几部分组成：①端板及拉杆；②带集合支管的阳极组件；③带集合支管的阴极组件；④电流分布板；⑤密封垫组件；⑥槽间导电母线。

在结构上，MGC 电解槽在设计方面考虑了以下问题。

a. 膜间隙设计

在工业规模电解槽操作中维持膜间隙十分重要，必须确保大部分活性面上的膜间隙，以获得最佳性能。MGC 槽选择了膜两侧为一侧刚性、一侧柔性支撑。刚性侧为膜提供了均匀的支撑，减少了因压力波动而引起的问题，同时简化了制造要求且易于组装；柔性侧采用弹簧结构，由均匀分布的弹簧联结极细的拉杆组成。这样组成的电极盘可满足弹性系数、结构电压降、电流分布等要求，且容易制造。

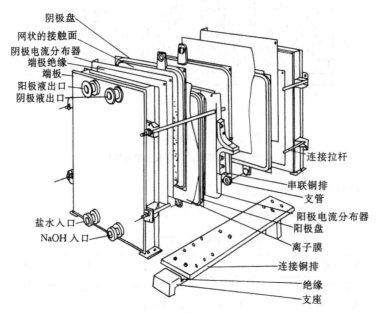

图 2-3-15　MGC 电解槽的总组装图

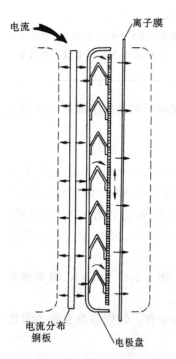

图 2-3-16　MGC 电解槽的
电极盘电流分布

e. 电解槽的水力学

b. 电流分布

为了使电槽具有较大的有效面积，能在大范围电流密度下灵活有效运行，MGC 电槽采用了一块铜板作为电流分布板，如图 2-3-16 所示。该板除有效周边外，有一边延伸到有效面积周边外，以连接电源。铜板粘结有海绵镍与电极盘保持紧密接触，电极盘将铜与腐蚀性电解液隔开的同时，电流从铜板通过海绵镍传导到电极盘，然后通过很短的路程到活性阴极表面。由于铜的优越的导电性，电流分布在膜上相当均匀。

c. 电解槽尺寸

在确定电解槽大小时，考虑了铜板电流分布器的性能、电极盘的高宽比与槽电压的关系、可获得的材料和膜的尺寸。从而决定 MGC 电解槽的有效面积为 1040mm × 1440mm。

d. 电解槽密封

MGC 电解槽用交错排列的 O 形环作密封边框。即阴极侧的 O 形环比阳极侧的 O 形环更靠近液体安装，它压在膜上，而膜压在阳极凸缘上，形成主要密封，以防止阳极液与阳极 O 形环接触。

MGC 电解槽的水力工程设计是确保形成平稳的进料液流并均匀地分配到每个电解槽中，达到适当的压力平衡。防止出现压力波动，导致膜的破坏，减少膜的使用寿命。

MGC 电解槽通常在 80～85℃，大气压下操作。高性能膜的平均电流效率达 95％或 95％以上。

（2）AZEC 电解槽　AZEC 电解槽是旭硝子公司专有的离子膜电解槽系统。在这个系统中，新型高性能的 Femion DX 离子膜与新型电极系统连成一体，最大特点是离子膜与电极之间的距离接近于零。

在 AZEC 装置中，为了在离子膜上均匀地分布电流并得到最大的有效电极表面积，专门设计了一个可弯曲的网状电极。离子膜夹在两个电极之间，有支撑筋将阳极和离子膜压紧，从而获得一个令人满意的零极距。低碳钢的阴极表面经过活性涂层处理，降低了氢过电位。阴极涂层由电镀镍和 Raney 镍复和而成。阳极为涂有钌、钛氧化物活性层的金属阳极。

图 2-3-17 为 AZEC 电解槽的结构示意图。电解液和气体通过电解槽内通路进入气、液分离器，与气体分离后的电解液部分循环回电解槽。新鲜食盐水和去离子纯水分别加入循环的阳极液和阴极液中，并与其充分混合。

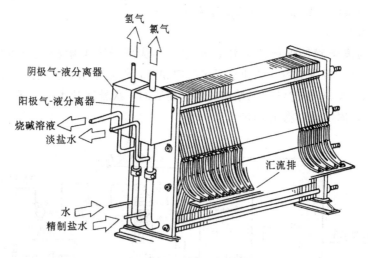

图 2-3-17　AZEC 电解槽

这种电解槽每单元面积仅 $0.2m^2$，膜的有效利用率不足 70％，适合于小型氯碱厂。旭硝子公司已开发出面积为 $3m^2$ 的 AZEC-F 型电解槽代替 AZEC 小型电解槽。

（3）旭化成电解槽　旭化成电解槽是我国最早引进、使用较广泛的离子膜电解槽。该电槽是板框压滤机式，98 只单元槽依靠一端的油压装置紧固密封（见图 2-3-18）。单元槽的外形尺寸为 $1.2m \times 2.4m$，厚度为 60mm，密封面的宽度为 21～23mm，电极板的有效

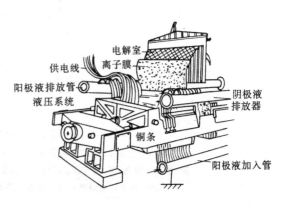

图 2-3-18　旭化成电解槽

面积为 $2.7m^2$。其阴、阳极液的进口均在单元槽的下部，出口均在上部。为减少气泡效应，在单元槽的上部均装有阴极堰板和阳极堰板。为防止电化腐蚀，阳极侧密封面的阳极液进出口

管均有防电化腐蚀的涂层。单元槽框有两种结构形式。

a．标准型单元槽

槽框的中间隔板是一块爆炸法制成的 8mm 厚的三层复合板（钛/钢/不锈钢），外框条是 SUS316L 不锈钢与复合板条组焊而成。阳极侧的衬板、筋板、堰板均为钛材，阴极侧均为不锈钢。三层复合板式单元槽的整体刚性好，密封面精度高，电槽不会发生内漏。但三层复合板价格昂贵，为降低造价，现采用改进型单元槽。

b．改进型单元槽

外形尺寸和内部结构与标准型单元槽基本上相同，主要改进的就是将中间的三层复合板改为 1.2mm 钛板和 1.2mm 镍板压制的盘，外框条的材质由不锈钢改为碳钢，在阴极盘和阳极盘之间放有 4mm 厚的钛/钢复合板条和不锈钢扩张网板，复合板条与阴极盘、阳极盘之间采用焊接联结。

旭化成复极槽的阳极为 1mm 多孔钛板，上有氧化钌活化涂层。阴极用 1mm 多孔不锈钢板并有活化涂层。

垫片材料为乙丙橡胶，橡胶中有金属丝的增强材料。

3.3.4　离子膜法电解工艺流程及操作条件

3.3.4.1　工艺流程

图 2-3-19 为离子膜法电解工艺流程示意图。从离子膜电解槽流出的淡盐水一般含 NaCl 200～220g/L，经脱氯后，进盐水工序的饱和槽，用固体原盐制成饱和盐水。然后加入 NaOH、Na_2CO_3、$BaCl_2$ 等化学药品精制，经沉淀后的一次精制盐水，一般仍然含有 Ca^{2+} 和 Mg^{2+} 约 1×10^{-5}，固体悬浮物 1×10^{-5}。

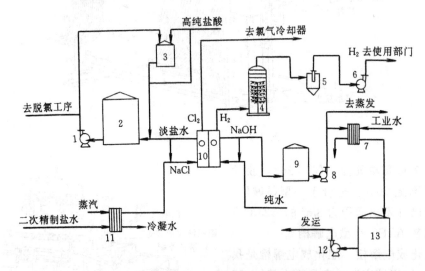

图 2-3-19　离子膜法电解工艺流程示意图

1—淡盐水泵；2—淡盐水贮槽；3—分解槽；4—氯气洗涤塔；
5—水雾分离器；6—氯气鼓风机；7—碱液冷却器；8—碱液泵；9—碱液受槽；
10—离子膜电解槽；11—盐水预热器；12—碱液泵；13—碱液贮

离子膜法对盐水的质量要求比隔膜法高，因此，一次精制之后还需再经过滤和螯合树脂吸附等进行二次精制，从而控制 Ca^{2+} 和 Mg^{2+} 等金属离子含量在 5×10^{-8} 以下；悬浮物含量小于 1×10^{-6}；SO_4^{2-} 含量小于 5g/L；游离氯含量小于 1×10^{-7}。因为盐水中的杂质存在能使膜的电阻增加，Ca^{2+} 和 Mg^{2+} 等金属离子能在膜内产生氢氧化物聚积在其中，使离子交换机能失效、电阻增加、电流效率下降。而游离氯的存在，既腐蚀设备和管道又会污染环境；ClO^- 还会阻碍 $Mg(OH)_2$ 和 $CaCO_3$ 的凝聚与沉降；若 ClO^- 放电，还会降低电流效率。所以，离子膜法电解需进行二次精制，严格控制盐水质量要求。

从电解槽阴极室出来的湿氢气和含 32%～35%NaOH 阴极液，经分离氢气后，碱液可作为液碱商品出售，也可送蒸发浓缩工序加工为 50% 的液碱。

3.3.4.2 操作条件

（1）控制盐水质量　前已说明盐水质量是离子膜电解槽正常运行的前提条件和关键，它对膜的寿命、槽电压、电流效率均有重要影响。尤其是电解槽使用的阳离子交换膜，具有选择和透过溶液中阳离子的特性。因此它不仅能使 Na^+ 大量透过，而且也能让 Ca^{2+}、Mg^{2+}、Fe^{2+}、Ba^{2+} 等离子通过。当这些杂质阳离子透过膜时，与阴极室反透过来的 OH^- 形成难溶性的氢氧化物堵塞离子膜。所以离子膜法电解用食盐水需经两级精制。经过精制的盐水应达到下列质量指标：

NaCl 浓度　　290～310g/L　　　　$Ca^{2+}+Mg^{2+}$ 总量20～40×10⁻⁹

悬浮物（S.S）　≤1×10⁻⁶　　　　SiO_2　　　　≤15×10⁻⁶

Sr^{2+}　　　　≤0.1×10⁻⁶（当 $SiO_2=1×10^{-6}$时）

　　　　　　　≤0.06×10⁻⁶（当 $SiO_2=5×10^{-6}$时）

　　　　　　　≤0.02×10⁻⁶（当 $SiO_2=15×10^{-6}$时）

其它重金属离子 ≤0.2×10⁻⁶

（2）阳极液中的 NaCl 质量浓度　图 2-3-20 是阳极液中的 NaCl 质量浓度对电流效率、槽电压、碱中的含盐量的影响。阳极液中的 NaCl 质量浓度太低不仅影响电流效率和碱中的含盐量，而且会使离子膜鼓泡分层，所以一般控制阳极液中的 NaCl 质量浓度在 190～220g/L 之间。

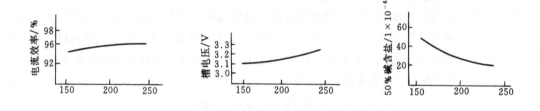

阳极液中的 NaCl 质量浓度/(g/L)　　阳极液中的 NaCl 质量浓度/(g/L)　　阳极液中的 NaCl 质量浓度/(g/L)

图 2-3-20　阳极液中的 NaCl 质量浓度对电流效率、槽电压、碱中的含盐量的影响

（3）盐水加盐酸　在盐水中，加入高纯度 HCl 是为了中和从阴极室反迁移来的微量 OH^-，以阻止其在阳极上放电降低 Cl_2 中的 O_2 量。但若 HCl 的加入过量会使离子膜的含羧酸基团层一侧酸化而造成膜的永久性损坏，槽电压急剧上升。所以控制阳极液的 pH＝3～4，不能低于 2。

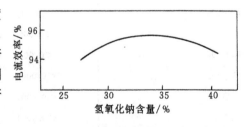

图 2-3-21　阴极液中的 NaOH 含量对电流效率的影响

（4）阴极液中的 NaOH 含量　图 2-3-21 是阴极液中的 NaOH 含量对电流效率的影响。由图

可见，在阴极液中随 NaOH 含量的升高，阴极侧膜的含水率减少，固定离子含量增大，因此电流效率随之增加。但是随着 NaOH 含量继续上升，膜中 OH^- 含量超过 35% 以后，膜中 OH^- 含量增大起决定作用，电流效率明显下降。即存在一个最佳 NaOH 含量使电流效率达极大值。目前所使用的离子膜的 NaOH 含量在 32%~35%，能生产 NaOH 含量为 40% 的离子膜尚在研究和开发之中。

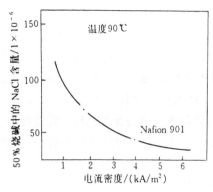

图 2-3-22　电流密度对碱中含盐量的影响

（5）电流密度对碱中含盐量的影响　在通电情况下，电场静电引力是影响 Cl^- 迁移最重要因素。提高电流密度，静电引力加强，带负荷的 Cl^- 受到阳极更强烈地吸引，从而可减少碱中的含盐量。如图 2-3-22 所示，50% 碱液中的 NaCl 含量随电流密度升高而明显地降低。但是随着电流密度的提高，槽电压随之上升，生产烧碱的耗电量将增大。另外离子膜的性能和电解槽的结构设计，也不允许电流密度过大。所以一般电流密度在 3~3.5kA/m² 时，Nafion900 系列膜所生产的碱液，经浓缩到 50%NaOH，含 NaCl 约 $(40~60) \times 10^{-6}$。

（6）停止供水或盐水的影响　向阴极室加纯水时，加水过多 NaOH 浓度太低，不符合产品质量要求；加水过少 NaOH 浓度太高，电流效率下降。另外，由于某种原因（如盐水泵故障停供盐水），处理不及时会使槽电压上升，电流效率下降。

（7）Cl_2 和 H_2 压力变化的影响　所有的离子膜电解槽，都是控制阴极室压力略高于阳极室压力，保持合适的压差，将膜压向阳极。如果 Cl_2 和 H_2 的压力频繁变化，会使膜与电极表面不断摩擦，使膜产生机械损伤，尤其是阴、阳极网表面加工不光洁时，情况更严重。阴、阳极之间的压差是通过调节氯气泵和氢气泵出口的回流量实现自动控制。

3.3.5　三种氯碱生产电解方法的比较[3,7]

隔膜法和水银法在隔膜材料、电极材料及电解槽结构等的不断改进，到 20 世纪 70 年代它们仍然是氯碱工业的主要方法。而从 1975 年离子膜法实现工业化以来，它在电能消耗、产品质量、建设费用和解决环境污染等方面显示出的优越性，而成为现代氯碱工业的发展方向。表 2-3-7 为三种氯碱生产方法产品质量的比较。表 2-3-8 为三种方法能耗的比较。

表 2-3-7　三种氯碱生产方法产品质量的比较

产品组分	离子膜法	隔膜法	水银法
1.烧碱（质量分数）/%			
NaOH	50	50	50
Na_2CO_3	<0.04	0.09	0.05
NaCl	<0.005	1.0~1.2	0.005
$NaClO_3$	<0.001	0.1	<0.0005
Na_2SO_4	<0.0001	0.01	0.0005
CaO	<0.0001	0.001	<0.001
Al_2O_3	<0.0001	0.0005	<0.0005
SiO_2	<0.002	0.02	<0.001

产 品 组 分	离子膜法	隔膜法	水银法
Fe_2O_3	<0.0004	0.0007	0.0005
重金属	<0.001	0.001	<0.001
2. 氯气(体积分数)/%			
Cl_2	>99.5	>97.5~98	>99.0
O_2	<0.5	1~2	0.1~0.3
3. 氢气(体积分数)/%			
H_2	>99.9	>99.9	>99.0
Cl_2	<0.05	<0.1	0.003

表 2-3-8 三种氯碱生产方法的能耗比较 (不包括蒸发能耗)

项 目	水银法 (金属阳极)	隔膜法 (改性石棉及扩张阳极)	德山曹达离子膜法 (碳钢阴极,系 TSE-270 成果)
电流效率/%	97	96	96
槽电压/V	4.50	3.45	3.1~3.2
电解电力(交流电)/(kW·h)/t	3100	2400	2200
电动机电力(交流电)/(kW·h)/t	80	210	95
蒸汽[1](交流电)/(kW·h)/t	25	650	250
电解液 NaOH 质量分数/%	45~50	10~11	32~33
总能耗(交流电)/(kW·h)/t	3205	3260	2645

① 蒸汽电力换算比率=250kW·h 算 1t 汽。

综合比较，离子交换膜法明显较隔膜法、水银法为优，所以 20 世纪 80 年代以来，新建的氯碱厂普遍采用离子交换膜法。一些现有的隔膜法和水银法氯碱厂技术比较成熟，设备相当完好，结合当地条件充分发挥现有设备的经济效益，仍在美国和西欧继续使用，但不断进行技术革新，努力减少石棉的污染和水银的流失，并取得一定的成效。

第四章 氯碱生产过程及工艺流程

在上一章中，重点介绍了氯碱生产流程的核心部分：电解工序。虽然三种不同的电解方法构成了不同的电解工艺系统，但如果将电解系统以"黑箱原理"来考虑，那么它的进出口，即进口原料和出口产品是相同的。所以氯碱生产工艺流程的组成，除电解工序之外，还有盐水系统和烧碱、氯气与氢气三种产品的处理加工系统，如图 2-4-1 所示。至于氯产品除液氯、盐酸外，如聚氯乙烯、氯溶剂、氯烃、含氯农药等，各厂不一，根据市场需求和经济效益而定。除此之外，当然还须有必不可少的变电系统，即将发电厂送来的交流电经过整流设备变为直流电。当前，普遍采用硅整流器作为整流设备。它在电压较低时也具有较高的整流效率，因此能在很大范围内配合电解槽生产；尤其是大电流硅整流器问世后，更有利于采用数量少、电流大的电解槽。因为电解工艺系统已在上节作了介绍，下面仅对其余工序作简要介绍。

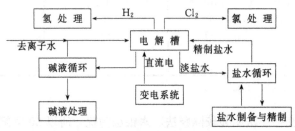

图 2-4-1 氯碱厂的主要组成示意图

4.1 盐水制备与精制[4]

4.1.1 工业原盐的质量要求

原盐在自然界中的蕴藏量甚大、分布面极广。根据来源可分为：海盐、湖盐及井矿盐三大类，它们都可作为氯碱生产的原料。选择原盐的主要标准是含有较少的钙、镁、硫酸盐和重金属等离子。技术指标应符合表 2-4-1 的规定。

表 2-4-1 工业原盐质量标准

指　　标		等　　级			
		优级	一级	二级	三级
氯化钠/%	≥	95.50	94.00	92.00	89.00
水分/%	≤	3.30	4.20	5.60	8.00
水不溶物/%	≤	0.20	0.40	0.40	0.50

生产 1t100% 的 NaOH 约需 1.5~1.8t NaCl（理论值为 1.462t）。因此，原盐的质量特别是杂质中的 Ca^{2+}、Mg^{2+} 的含量和比值，会直接影响盐水的质量、精制剂耗量和设备的生产能力。

4.1.2 盐水的精制

工业原盐溶为盐水后，其中所含的杂质 Ca^{2+}、Mg^{2+}、SO_4^{2-} 和机械不溶物杂质对电解是十分有害的，因此必须除去，这就是盐水精制的目的。在工业上一般采用化学精制方法即加入精制剂，将盐水中的可溶性杂质转变为溶解度极小的沉淀物，然后通过澄清过滤达到精制的目的。

4.1.2.1 杂质对电解的影响

盐水中存在的杂质会破坏电解槽的操作。如不溶性的机械杂质随同食盐水一起进入电解槽，那么它将会堵塞电解槽隔膜上的微孔，降低隔膜的渗透性，恶化电解槽的运行。而钙盐和镁盐随同食盐水进入电解槽，它们将会与电解槽中的物质发生下列化学反应：

$$Ca^{2+} + Na_2CO_3 \longrightarrow CaCO_3 \downarrow + 2Na^+$$

$$Mg^{2+} + 2NaOH \longrightarrow Mg(OH) \downarrow + 2Na^+$$

这样不仅消耗了 NaOH，而且这些沉淀物还会堵塞电解槽碱性侧隔膜的孔隙，降低隔膜的渗透性，使电解槽无法正常运行。对以石墨为阳极的电解槽而言，如果进入电解槽的精盐水中的 SO_4^{2-} 过高，会加剧石墨电极的腐蚀，缩短电极的使用寿命。

4.1.2.2 盐水精制原理

为了除去 Ca^{2+}、Mg^{2+} 杂质，一般采用纯碱和烧碱作为精制剂；为了控制 SO_4^{2-} 的含量，一般采用加入氯化钡的方法。反应式分别如下：

$$CaCl_2 + Na_2CO_3 \longrightarrow CaCO_3 \downarrow + 2NaCl \text{ 和 } CaSO_4 + Na_2CO_3 \longrightarrow CaCO_3 \downarrow + 2Na_2SO_4$$

$$MgCl_2 + 2NaOH \longrightarrow Mg(OH)_2 \downarrow + 2NaCl \text{ 和 } FeCl_3 + 3NaOH \longrightarrow Fe(OH)_3 \downarrow + 3NaCl$$

$$Na_2SO_4 + BaCl_2 \longrightarrow BaSO_4 \downarrow + 2NaCl$$

为了缩短反应时间，并使反应完全，纯碱和烧碱的加入量，需略为超过化学计量。工业上一般将 Na_2CO_3 的过量控制在 $0.36 \sim 0.72 g/L$，NaOH 的过量在 $0.006 \sim 0.012 g/L$。反应、澄清后的精盐水送电解前，用 HCl 中和过量的碱，控制 pH＝$7 \sim 8$。因过量的 $BaCl_2$ 在电解槽中会与 NaOH 反应生成 $Ba(OH)_2$ 沉淀，所以 $BaCl_2$ 不能过量。

对于不溶性机械杂质，主要通过澄清过滤方法除去。为了加速沉降，澄清前可通过凝聚预处理。以往广泛采用的凝聚剂是苛化麸皮或苛化淀粉。现采用高效有机高分子絮凝剂，如聚丙烯酰胺（P.A.M）和羧甲基纤维素（C.M.C）等。目前普遍采用的是聚丙烯酸钠。

隔膜法、水银法和离子交换膜所用的精盐水要求略有区别。一般而言，水银法对钙盐和镁盐的要求，不如隔膜法严格；但如含微量的铁，以及重金属铬、钼、钒等（它们可能是钢制设备所带来的），对水银法则非常有害。此外，精盐水在水银电解槽和离子膜电解槽中仅能部分电解，所以水银电解槽和离子膜电解槽有分解后的淡盐水排出。这种淡盐水含 NaCl 约 270 g/L 左右，并溶有约有 0.3 g/L 的 Cl_2。若用它直接去溶盐，则影响悬浮物的沉降速度，而且其中的氯还会腐蚀化盐设备。所以，淡盐水在送去化盐之前，要将溶解在其中的氯气除去，该过程称为脱氯。即水银法和离子膜法与隔膜法不同是增加淡盐水处理工序。另外，水银法的盐水循环量约是隔膜法的 $3 \sim 4$ 倍，因此，它的盐水精制设备相应要比隔膜法的大。

离子交换膜法对盐水的质量要求比隔膜法和水银法的高，所以在用上述方法对粗盐水进行一次精制外，还需进行二次精制。进行二次精制时，将一次精制后的盐水首先通过微孔烧结碳素管过滤器过滤，然后通过二至三级的螯合树脂吸附，最后达到离子交换膜电解工艺盐水的质量要求。

4.1.2.3 盐水精制过程

盐水精制流程如图 2-4-2 所示。

主要步骤包括：

（1）原盐溶化　溶解原盐在化盐桶中进行，化盐用水来自洗盐泥的淡盐水和蒸发工段的含碱盐水。

（2）粗盐水精制　在反应桶内加入精制剂除去盐水中的钙镁离子和硫酸根离子，精制剂加入量如前所述。

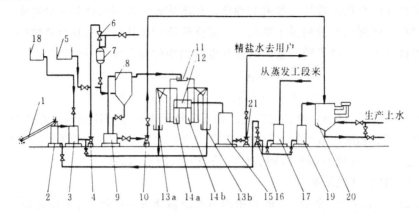

图 2-4-2 盐水精制工艺流程图

1—皮带运输机；2—化盐桶；3—反应槽；4—加压泵；5—絮凝剂高位槽；6—喷射器；

7—加压槽；8—上浮桶；9—废泥中间槽；10—泥浆泵；11—盐水分配器；12—反冲水贮槽；

13a、13b—水封槽；14a、14b—过滤器；15—精盐水贮槽；16—淡盐水泵；17—回收盐水贮槽；

18—碳酸钠高位槽；19—淡盐水贮槽；20—三层洗盐桶；21—精盐水泵

（3）混盐水的澄清和过滤 从反应桶出来的盐水含有碳酸钙、氢氧化镁等悬浮物，经过加入凝聚剂预处理后，在重力沉降槽或浮上澄清器中分离大部分悬浮物，最后经过滤成为电解用的精盐水。其质量控制指标如前所述。

从盐水澄清设备排出的盐泥中含盐量约 300g/L，生产 1t100% 的 NaOH 会产生 0.3～0.9m³ 的盐泥，为了降低原盐的消耗定额，必须将其中的盐回收，所以工艺流程中还包括了盐泥的洗涤压滤工序。

4.2 电解碱液的蒸发[3]

4.2.1 电解液蒸发的目的

NaCl 在 NaOH 水溶液中的溶解度是随 NaOH 含量的增加而明显减少，随温度的升高稍有增大，表 2-4-2 列出了不同温度下 NaOH 溶液中 NaCl 的溶解度数值。从表中可以清楚看到 60℃、NaOH 含量达 30% 时，NaCl 的最高含量仅 4.97%。而 NaOH 含量达 40% 时，NaCl 的最高含量仅 2.15%。

表 2-4-2 NaCl 在 NaOH 水溶液中的溶解度

NaOH/%	NaCl/%		
	20℃	60℃	100℃
10	18.05	18.7	19.96
20	10.45	11.11	12.42
30	4.29	4.97	6.34
40	1.44	2.15	3.57
50	0.91	1.64	3.12

饱和食盐水经电解后，不同电解方法的电解液 NaOH 含量有很大差别。水银法电解一般出解汞塔时，电解碱液中 NaOH 含量已达 50% 左右，所以水银电解法不必进行碱液的蒸发浓缩，可完全省去蒸发工段。而离子交换膜法电解槽流出的电解碱液，其 NaOH 含量在 32%～

35%，可作为高纯度烧碱使用，也可根据需要进行蒸发浓缩。

但隔膜法电解碱液中 NaOH 含量约为 11%～12%，NaCl 含量为 16%～18%，必须进行蒸发浓缩，将电解液的 NaOH 含量提高到 50%左右，同时分离出电解液中的 NaCl，提高碱液的纯度。

4.2.2 蒸发工艺流程

目前，氯碱厂的蒸发工序均以蒸汽为热源。碱液蒸发的工艺流程及操作控制指标，很大程度上取决于产品的规格。流程按碱液和蒸汽的走向分为：逆流蒸发流程和顺流蒸发流程两大类。顺流蒸发流程的碱液与蒸汽的走向相同，逆流蒸发流程则相反。按蒸汽的利用次数分为双效、三效、四效蒸发。在烧碱生产中，由于热损失和随碱液浓度升高而沸点上升较大等原因，顺流蒸发最多采用三效，逆流蒸发最多采用四效。

蒸发工序的主要技术经济指标是汽耗。国内多数小型氯碱厂多采用双效顺流流程，以蒸发 1t10%～12%隔膜法电解液浓缩至 30%为例，约需耗汽 4.5t，若浓缩至 42%则耗汽 5.5t。国外采用三效或四效逆流强制循环工艺生产 50%的碱液，汽耗分别仅为 2.6～3.0t 和 2.0t。近年来国内大部分中型以上氯碱厂已采用三效顺流部分强制循环或三效逆流强制循环工艺流程生产 42%的液碱，汽耗现已分别降到 3.5～3.7t 和 3.2t。

4.2.2.1 三效顺流蒸发工艺流程

三效顺流部分强制循环蒸发工艺流程如图 2-4-3 所示。

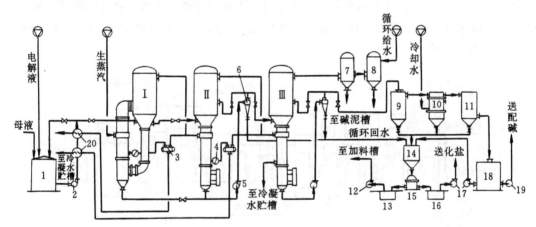

图 2-4-3 三效顺流部分强制循环蒸发工艺流程

1—电解液贮槽；2—加料泵；3—汽水分离器；4—强制循环泵；5—过料泵；

6—旋液分离器；7—捕沫器；8—大气冷凝器；9—浓碱高位槽；10—碱液冷却器；

11—中间槽；12—母液泵；13—母液槽；14—碱泥槽；15—离心机；16—盐水回收槽；

17—回收盐水泵；18—澄清桶；19—打碱泵；20—预热器 I，II，III—蒸发器

加料泵 2 将电解液送入预热器 20 被一效冷凝水预热后，进入一效蒸发器自然循环加热蒸发。二、三效蒸发器用轴流泵 4 强制循环加热蒸发。浓缩后的碱液在压差或过料泵 5 作用下依次过流至下一效。三效蒸发后浓缩碱液排入贮槽，并将其冷却至 25～30℃。澄清后的 42% 液碱作为成品出厂。也可生产 45%的液碱送固碱工序生产固碱。

二、三效蒸发器结晶出来的盐浆，分别经旋液分离器 6 增稠后，经离心机 15 分离出 NaCl 结晶，母液分别送回二、三效，固体盐用蒸汽冷凝水溶解为含 NaCl270g/L 左右的含碱盐水，送化盐工序。

蒸汽的走向为生蒸汽进一效蒸发器，一效、二效产生的二次蒸汽分别供给二效、三效加热用。三效产生的二次蒸汽经大气冷凝器 8 用真空抽出，并用水冷却，不凝气排空。

冷凝水流向是一效蒸发器的冷凝水经电解液预热器 20 后，送锅炉房作软水用；二效冷凝水经电解液预热器 20 后，送化盐工序作盐泥洗水；三效冷凝水进贮槽，作洗罐水。

当生产 30％碱液时，二、三效蒸发器不用轴流泵，成为自然循环流程。表 2-4-3 为该工艺流程生产 42％液碱的工艺参数。

表 2-4-3　三效顺流工艺生产 42％液碱的工艺参数

项　　目	一效	二效	三效
一次蒸汽压力/MPa(绝)	0.77	0.31	0.12
一次蒸汽温度/℃	168	135	104
液温/℃	150	122	92
二次蒸汽压力/MPa(绝)	0.31	0.12	0.016
二次蒸汽温度/℃	135	104	55
碱液浓度(NaOH)/(g/L)	200	350	620

4.2.2.2　三效逆流蒸发工艺流程

图 2-4-4 为三效逆流蒸发工艺流程。与三效顺流流程比较，蒸汽走向相同，仅是电解液的流向相反。即由进料泵 1 打入三效蒸发器，然后料液分别由采盐泵 9 经旋液分离器 6 依次送至二效、一效蒸发器。一效出来的碱液在 38％左右，由泵经旋液分离器 6 送入闪蒸蒸发器 14，经闪蒸后，碱液即可达 42％或 45％，最后再经螺旋冷却器 19 和澄清槽 20 沉降冷却后，得到符合质量要求的碱液。

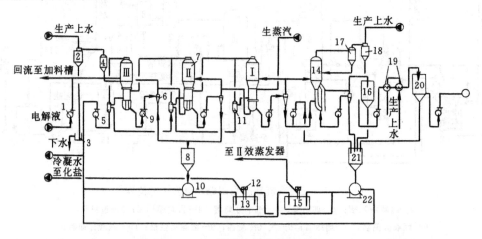

图 2-4-4　三效逆流蒸发工艺流程

1—加料泵；2,18—大气冷凝器；3—下水池；4,17—捕沫器；5—冷凝液泵；6—旋液分离器；7—蒸发器；
8,21—盐泥高位槽；9—采盐泵；10,22—离心机；11—冷凝液闪蒸罐；12—液下泵；13—回收盐水槽；
14—闪蒸蒸发器；15—母液槽；16—泥盐澄清槽；19—浓碱冷却器；20—浓碱澄清槽Ⅰ、Ⅱ、Ⅲ—蒸发器

逆流蒸发与顺流蒸发相比较，具有如下特点。

（1）蒸汽与碱液逆流而行。从电解工序来的电解液，先进入真空下操作的三效蒸发器，电解液温度与该效的沸点相近，因而无需预热。

（2）浓度较高的碱液在温度较高的一效蒸发器内蒸发，有利于降低碱液的粘度，增加传热系数，提高设备的生产能力。

（3）由于设置了闪蒸罐，物料只需浓缩到 38% 左右，经闪蒸可达 42% 或 45%。此外一效和二效的冷凝水闪蒸后，供下一效作二次蒸汽加热用，从而可以减少汽耗。

（4）一效蒸发器处于高碱液浓度和高温条件下，因此该部分设备、管道和阀门等须选用耐高温碱的材料，如镍材。另外，循环泵和采盐泵的密封要求较高，操作维护不如顺流工艺容易。

电解液蒸发流程中采用的蒸发及盐处理设备和机械，如：自然循环蒸发器、强制外循环蒸发器和强制内循环蒸发器、旋液分离器和离心机等均为化工单元操作的通用设备，可参考有关专著。

4.3　固体烧碱生产[8]

从蒸发工序送出的液碱质量分数一般不超过 50%，其用途受限制，且长途运输和贮存不便。因此，为了满足用户的特殊要求，以及方便运输和贮存，需要进一步浓缩除去水分生产固体烧碱。其产量约占烧碱总产量的 10%～12%。在工业上，有两种固碱的生产方法，即间歇法锅式蒸煮和连续法膜式蒸发。

4.3.1　间歇法锅式熬制固碱

该法采用铸铁锅，以煤、重油、天然气等为燃料直接火加热，熬制固碱。其生产过程大致可分为两个步骤：第一步是液碱在预热锅内利用烟道气余热进行预热，温度大约可达 130～140℃；第二步是在熬碱锅内进行蒸发脱水、熔融和澄清。为了减轻熔融碱对铁锅的腐蚀，需添加硝酸钠；为了调色，还需添加硫磺。

整个生产过程从加热到温度约 450℃，开始封火（也称压火）完成反应、澄清大约 10～12h，然后温度降至 330～350℃出锅包装，每熬制一锅烧碱的周期约 22h。熔融碱可用铁桶包装，也可用片碱机制成片碱产品。

间歇法锅式蒸煮固碱虽有工艺简单、成熟的优点，但其工艺落后，设备笨重，生产能力小，占地面积大，劳动条件差，热能利用低。因此新建的离子膜法氯碱厂不再采用此法，都采用膜式蒸发制固碱流程。但部分隔膜法制烧碱的氯碱厂，因碱液中氯酸盐含量高仍采用此法生产固体烧碱。

4.3.2　连续法膜式蒸发制固碱

根据薄膜蒸发器的原理，采用升、降膜蒸发器把液碱蒸发工序送来的 45% 的液碱浓缩为熔融碱，经冷却成型即得固碱。

由于液碱的沸点随其浓度的升高而升高，当达 98.5% 时，沸点高达 300℃。高温浓碱条件下，尤其是隔膜碱含有较高的氯酸盐，对降膜管的腐蚀非常严重。试验表明，在加蔗糖作还原剂条件下，镍材膜管的寿命也仅有 1 个月。因此我国膜式法固碱生产均用离子膜法或水银法液碱为原料。

（1）膜式蒸发固碱生产流程　膜式蒸发固碱生产流程见图 2-4-5。

由蒸发工序直接送来的 45% 的合格热液碱送入高位槽 1，依靠液位差及升膜蒸发器 3 的真空度，碱液在升膜蒸发器内由下而上呈膜状沿管壁上升，被浓缩至 60% 左右。热源为 0.3～0.4MPa 的生蒸汽，产生的二次蒸汽，经旋风分离器 4 分离泡沫后，由水力喷射器 5 抽出排入大气。被分离的泡沫从分离器 4 底流口流入地槽 24 回收。温度约 110℃ 的 60% 浓碱由升膜蒸发器 3 的蒸发室下部出口溢流到 60% 碱液缓冲罐 6。罐内用加热蒸汽的冷凝水盘管保温。60% 碱液以一定比例加蔗糖液混均匀后，用液下泵 7 送到碱液分配管 8，然后进入降膜蒸发器 9。

碱液在器内经分布器在降膜管内呈膜状由上而下流动，经与熔盐热载体充分换热脱水后，以熔融状态进入成品分离器10。此时熔融碱温度控制在360～380℃左右，经过液封装置自动流出。直接灌桶或送片碱或粒碱工序。

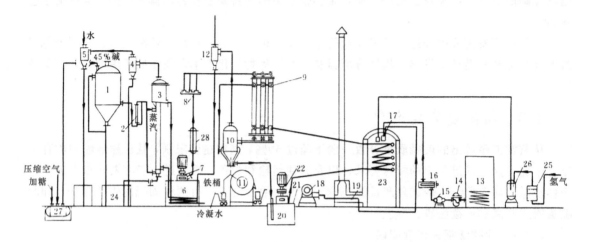

图 2-4-5　连续法膜式蒸发固碱生产流程示意图

1—45%液碱高位槽；2—流量计；3—升膜蒸发器；4—旋风分离器；5—水喷射泵；6—60%碱缓冲槽；7—碱液下泵；8—60%碱分配管；9—降膜蒸发器；10—成品分离器；11—片碱机；12—旋风分离器；13—油贮槽；14—油过滤器；15—油泵；16—油预热器；17—油喷枪；18—鼓风机；19—空气预热器；20—熔盐贮槽；21—电加热棒；22—熔盐液下泵；23—加热炉；24—地槽；25—氢气阻火器；26—氢气水封罐；27—糖液配制槽

　　蒸发用载热体为三种硝酸盐混合物，其配比按质量分数分别为：7%$NaNO_3$、40%$NaNO_2$、53%KNO_3。在熔盐贮槽内先用电加热至180～200℃，再用液下泵打入熔盐加热炉，用氢气、天然气或重油作燃料，将其加热至500℃以上，进入碳钢套管降膜管内与碱液换热，流出时温度在460～490℃，回加热炉，循环加热。

　　（2）工艺控制指标　降膜法工艺控制指标见表2-4-4。

表 2-4-4　降膜法工艺控制指标

项　目	指　标	项　目	指　标
1.原料碱液成分		4.熔盐及加热炉熔盐组成	
NaOH	≥45%		$KNO_3$53%、$NaNO_2$%、$NaNO_3$%
NaCl	≤80×10⁻⁶		
Na_2CO_3	≤60×10⁻⁶	熔盐熔点	142.3℃
$NaClO_3$	≤20×10⁻⁶	5.成品碱	600～900℃
Fe_2O_3	≤20×10⁻⁶		优级　　　一级
2.升膜蒸发		NaOH%	≥99.5　≥99.0
蒸汽压力	0.3～0.4MPa	Na_2CO_3%	≤0.45　0.50
真空度	66.7～80.0kPa	NaCl%	≤0.02　≤0.04
出料碱温	≥110℃	Fe_2O_3%	≤0.004　≤0.005
出料碱质量分数	≥60%	Ca%	≤0.005　≤0.008
糖液用量	0.06%配成10%～15%糖液	SiO_2%	≤0.004　≤0.006
3.降膜蒸发器		Na_2SO_4%	≤0.50　≤0.70
熔盐进口温度	550～530℃	Cu%	≤0.0002　≤0.0003
进料碱液温度	≥110℃		
出料碱液温度	360～380℃		

4.4 氯气、氢气的处理[9,10]

从电解槽出来的湿氯气和湿氢气，温度约80～90℃，并为水蒸气所饱和。湿氯气具有强烈的腐蚀性，只有钛、玻璃、橡胶、玻璃钢（FRP）等少数材料可以耐湿氯气的腐蚀。另外为便于运输和使用，也需要对湿氯气进行加工处理。氢气的纯度虽然很高，可达99%以上，但含有少量的碱雾和大量的水蒸气，也需要进行处理。

本工序的另一重要任务是通过氯气和氢气的进出口回流量的调节来达到电解槽阳极室和阴极室的压力平衡，保证电解槽的安全运行。

4.4.1 氯气处理

隔膜法、水银法、离子膜法的氯气处理没有太大的区别。电解槽出来的湿氯气处理过程主要包括：氯气冷却、干燥脱水、净化和压缩、输送等几部分。而各部分的工艺及设备要根据氯气的质量要求、生产规模、电力消耗和投资大小等进行选择。

（1）泡沫干燥塔流程　该流程一般为中、小型氯碱厂采用，流程如图2-4-6所示。来自电解工序温度约70～85℃的湿氯气，由生产水间接冷却的第一钛管冷却器冷却至40℃左右，再由冷冻水冷却的第二钛管冷却器冷却到约15℃。经丝网除雾器除去雾滴后，进入泡沫干燥塔与硫酸逆流鼓泡，使其脱水。从塔顶出来的干燥氯气经硫酸除雾器除去酸雾，由纳氏泵以0.15～0.2MPa的压力送出。一般控制干燥后的氯气含水量为3×10^{-4}左右。98%浓硫酸进入纳氏泵，最后75%的稀酸排出系统。

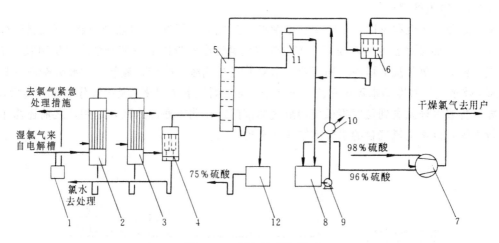

图2-4-6　氯气处理流程 I

1—安全水封；2—第一钛管冷却器；3—第二钛管冷却器；4—湿氯除雾器；
5—氯气泡沫干燥塔；6—硫酸除雾器；7—纳氏泵；8—浓硫酸贮槽；9—浓硫酸循环泵；
10—浓硫酸冷却器；11—浓硫酸高位槽；12—稀硫酸贮槽

（2）填料塔串联干燥流程　大型氯碱厂干燥已冷却至15℃左右的氯气采用三至四台填料干燥塔串联的干燥流程，如图2-4-7所示。每台填料塔均配有硫酸泵、循环槽、冷却器。按氯气流向，最后一台塔的硫酸浓度最高，依次往前浓度降低，到第一台塔硫酸浓度最低。当硫酸浓度低于75%（4台串联为65%）时，作为废酸排出至废酸贮槽。中间塔硫酸依次泵到前一台塔，最末塔则补入98%的新硫酸。硫酸在循环过程中，因吸收水分温度会升高，为了提高吸收效率，必须及时将硫酸冷却，因此每台填料干燥塔均配有硫酸冷却器。这种流程可以做到干燥氯气中含水量50×10^{-6}左右。

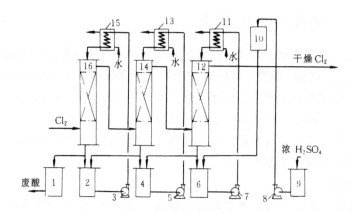

图 2-4-7 氯气处理流程 Ⅱ

1—废酸槽；2—循环泵；3，5，7—酸泵；4，6—循环槽；8—浓酸泵；9—浓酸槽；

10—高位槽；11，13，15—冷却器；12，14，16—填料塔Ⅰ，Ⅱ，Ⅲ

（3）氯气的压缩 常用的氯气压缩机有两种。一种是机内用硫酸循环的纳氏泵，适用于氯气压力为 $0.15 \sim 0.20\text{MPa}$，氯气含水量为 300×10^{-6}，要求不高的用户；另一种为透平压缩机，适用于压力为 0.35MPa 左右，规模在 5 万 t/a 以上的大型氯碱厂。干燥后的氯气的含水量应控制在 50×10^{-6}，以防止透平压缩机被腐蚀。透平压缩机要比纳氏泵节电约 1/3。

4.4.2 氢气处理

氢气处理工艺流程见图 2-4-8。来自电解槽的氢气进入氢气-盐水热交换器，氢气温度可降至 50℃左右，而盐水温度约能提高 10℃。这样使氢气中所带出的一部分余热得到回收。冷却后的氢气再进入氢气洗涤塔内。用工业上水对其进行洗涤和冷却，氢气中大部分杂质（盐雾和碱雾）及水蒸气被冷却水带走并排入下水道。氢气则从塔顶出来，经水气分离器分离后，由罗茨鼓风机或水环泵送到氢气柜或使用氢气的部门。在北方寒冷地区，送用户之前还需用固碱进行干燥，以避免氢气含的水分冻结堵塞管道。

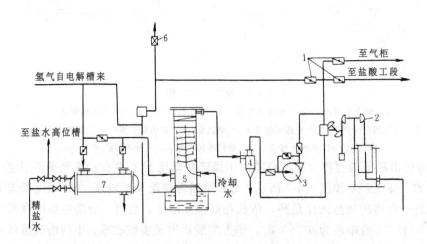

图 2-4-8 氢气处理工艺流程

1—蝶阀；2—氢气压力自动调节器；3—罗茨鼓风机；4—水气分离器；

5—氢气冷却塔；6—氢气自动放空器；7—氢气/盐水换热器

4.5 液氯生产[11]

利用氯气加压易于液化的性质,经过液化可制取高纯氯气,并使体积缩小便于贮存和运输,所以一般氯碱厂都设有液氯工序。

4.5.1 氯气的液化方法

氯气的临界参数为 $T_c=144℃$,$P_c=7.61MPa$,易于液化。工业上采用以下三种液化方法:

(1) 高温高压法　氯气压力在 $1.4\sim1.6MPa$ 之间,液化温度为常温;

(2) 中温中压法　氯气压力在 $0.3\sim0.4MPa$ 之间,液化温度控制在 $-5℃$;

(3) 低温低压法　氯气压力 $\leqslant0.2MPa$,液化温度 $<-20℃$。

生产方法的选用要根据不同要求而定,如果是为了降低冷冻量的消耗,可采用中温中压法或高温高压法。但其安全性要求较高,设备及管线必须满足对高压氯气的安全要求。如果从液氯的质量和安全生产考虑,则以低温低压法为宜。一般中、小型氯碱厂采用纳氏泵输送氯气,其压力小于 $0.2MPa$,因此宜采用低温低压法。而大型氯碱厂使用透平压缩机,其压力一般在 $0.3\sim0.4MPa$,所以宜采用中压法。至于高压法国内使用尚少。

4.5.2 液化效率

表 2-4-5 为液氯温度对应的饱和蒸汽压力,但这是指纯氯而言。实际生产中的氯气含有氢气、氧气和水蒸气。氢气和氧气的沸点低不易液化,随着氯气的液化,尾气中的氢气含量不断增加,可能达到氯氢混合气的爆炸极限。所以在液氯生产中,规定尾气中的氢气含量不能超过 4%。因此氯气的液化程度受到一定的限制。

表 2-4-5　液氯温度对应的饱和蒸汽压力

温度/℃	饱和蒸汽压(绝)/MPa	温度/℃	饱和蒸汽压(绝)/MPa	温度/℃	饱和蒸汽压(绝)/MPa
	0.078	−20	0.183	10	0.502
−35	0.098	−10	0.262	15	0.576
−34.5	0.10	−5	0.312	20	0.666
−30	0.123	0	0.369	30	0.871
−25	0.151	5	0.431	40	1.128

氯气的液化程度称为液化效率。它表示已被液化的氯气的量与原料氯气中的氯气量之比,是液氯生产中的一个主要控制指标。液化效率用 $\eta_{液化}$ 表示:

$$\eta_{液化}=液氯量/原料气中氯气的总量$$

显然液化效率与氯气中的氢气含量有关,因为液化尾气中的氢气全部来自原料氯。例如原料氯纯度为 95% 时,氯气中氢的体积分数为 0.5% 的液化效率约为 92%,氢含量为 1.0% 的液化效率约为 79%。工业上一般控制液化效率在 $80\%\sim85\%$ 之间,最多不超过 90%。

4.5.3 工艺流程

图 2-4-9 为氯气液化及包装工艺流程图。它是由氯气过滤净化、氯气液化、尾气处理和液氯贮存和包装几个步骤组成。氯气净化可采用填料除雾器、丝网过滤器或液氯洗涤器等。生产中氯气液化常用的致冷剂是氨或 R-22。在液化器中,气氯被冷凝为液态。液化器为箱式或列管式。液氯贮存在卧式贮槽中,用液下泵或屏蔽泵压入钢瓶。液氯属剧毒物质,钢瓶外表面按标准规定的涂绿色油漆及白色字样和色环。钢瓶设计压力 $2MPa$,最高使用温度 $60℃$。

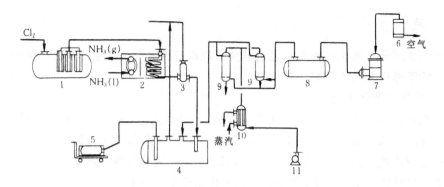

图 2-4-9　氯气液化及包装工艺流程图

1—氯气过滤器；2—箱式液化器；3—尾气分离器；4—液氯贮槽；5—液氯钢瓶；6—空气过滤器；
7—空压机；8—空气贮罐；9—空气干燥器；10—空气加热器；11—风机

4.6　氯化氢和盐酸的制造

盐酸的制造可分为气态氯化氢制备和水吸收氯化氢两个阶段。吸收了气态氯化氢的水溶液即是盐酸。盐酸是一种挥发性酸，纯净的盐酸是无色透明的溶液。但在工业盐酸中常含有铁、氯和有机物质而呈黄色。

氯化氢相对分子质量 36.46，在常温常压下为无色气体，具有刺激性气味。氯化氢在标准状态下的密度为 1.639g/L；临界温度为 51.54℃，临界压力为 8.314MPa。氯化氢在水中的溶解度很大，其溶解度数据见表 2-4-6。气态氯化氢溶解于水中时放出大量热。其热效应如图 2-4-10 所示。

表 2-4-6　气态氯化氢在水中
的溶解度（101.3kPa）

温度/℃	溶解度/(L_{HCl}/L_{H_2O})
0	506.5
10	473.9
20	442.0
30	411.5
40	385.7
50	361.6
60	338.7

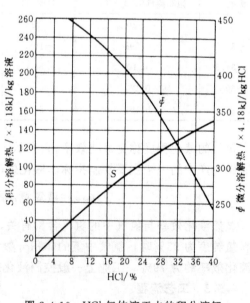

图 2-4-10　HCl 气体溶于水的积分溶解
热（S）与微分溶解热（Φ）

4.6.1　工艺原理

（1）气态氯化氢的制取　在氯碱厂中，均采用电解食盐的联产品氯气和氢气，在合成炉中直接合成氯化氢气体，即：

$$H_2 + Cl_2 = 2HCl + 184kJ$$

该反应为可逆反应，反应平衡常数

$$K_p = \frac{p_{HCl}^2}{p_{H_2} \times p_{Cl_2}}$$

可用下式计算：

若氯化氢的离解率为 x，则有：

$$K_p = \frac{4(1-x)^2}{x^2}$$

由以上两式可以计算出不同温度下氯化氢的离解率，见表 2-4-7。

表 2-4-7 不同温度下氯化氢的离解率

温度/K	293	473	973	1473	1973	2473
x	2.95×10^{-17}	4.35×10^{-8}	0.95×10^{-5}	5.23×10^{-4}	3.77×10^{-3}	1.22×10^{-2}

由表中的数据可见，氯化氢要在非常高的温度下（1700℃以上）才显著离解。因此在较低的温度下其合成反应可认为是不可逆的。

氯化氢的合成，在一般温度下和无强烈的光线照射时，反应极其缓慢；如果在加热或有日光作用下，则可产生连锁反应，发生爆炸而生成氯化氢。反应起始是氯原子吸收光子而离解为原子，即：

$$Cl_2 + h\nu = Cl^* + Cl^*$$

式中　h——普朗克常数；

　　　ν——光线频率，每秒的周波数。

所生成的激态氯原子与氢分子作用生成氯化氢和激态氢原子，激态氢原子再与氯分子作用生成氯化氢和激态氯原子，后者又与氢分子作用，如此类推，就发生了连锁反应，其过程为：

$$Cl^* + H_2 = HCl + H^*$$

$$H^* + Cl_2 = HCl + Cl^*$$

$$Cl^* + H_2 = HCl + H^*$$

$$\cdots\cdots\cdots\cdots\cdots\cdots$$

$$\cdots\cdots\cdots\cdots\cdots\cdots$$

所以在光线的作用下即有大量的 HCl 生成。反应速率可用下列经验式表示：

$$U = \frac{d[HCl]}{dt} = k \times \frac{[Cl_2]^2[H_2]}{[O_2]\{[H_2] + 0.1[Cl_2]\}}$$

式中 k 为反应速度常数，依刺激光线的强度或热冲击的强度而变化。由上式可知，Cl_2 过量有利于反应进行。工业上为使反应完全，一般均控制氢气过量，其分子比 $Cl_2 : H_2 = 1 : (1.05 \sim 1.1)$。而氧的存在可使连锁反应中止，能使反应减速进行。

（2）气态氯化氢的水吸收　氯化氢的水吸收原理与一般易溶气体的水吸收相同，其特点是吸收时发热量极大，必须设法除去。所放出的热量用水冷却将热量移走，称为冷却吸收法。

利用盐酸中水分的蒸发来带走热量，并使盐酸浓缩，称为热吸收或绝热吸收法。

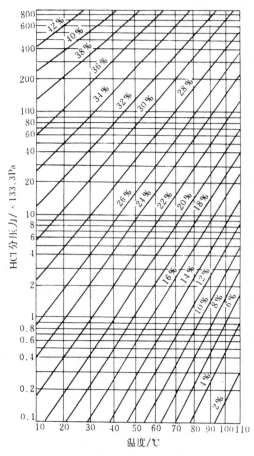

在 HCl 被水吸收过程中，被吸收的气体中的 HCl 分压应高于吸收液面上 HCl 的平衡分压，而在酸液，特别是浓的酸液的液面上 HCl 分压和温度与酸液中 HCl 的含量关系如图 2-4-11。由图可以看出 HCl 的分压随温度的升高而急剧增大。如当气体中含 HCl 20%（体积），即气体中 HCl 分压为 $760 \times 0.2 = 152$mmHg（20.26kPa）时，被吸收所能得到的盐酸最高质量分数在 60℃ 时不会超过 30.6%；70℃ 时不会超过 28.5%；80℃ 时不会超过 26.5% 等等。

水吸收 HCl 放出的热量，根据图 2-4-10 中的 HCl 溶于盐酸中微分溶解热和积分溶解热的曲线，可以计算在不同情况下所放出的热量。例如，当盐酸含量达 20% 时，放出的热量为 89×4.18kJ/kgHCl，如盐酸比热容为 0.7×4.18kJ/kg，则可使盐酸温度升高 127℃。如果盐酸浓度更高，则发生的热量更大，使其温度的升高值更大，因此酸液中 HCl 分压更高。所以一般认为在吸收过程中必须移走热量，才可能制取高浓度的盐酸。

图 2-4-11　酸液面上 HCl 的压力和温度与酸液中 HCl 含量（%）的关系

新的研究成果改变了这一传统观点，图 2-4-12 为 HCl-H$_2$O 系统的汽液平衡关系。HCl 含量在 20.24% 时，最高沸点为 108.58℃，而工业上一般所用的 31% 的浓盐酸，在沸点为 82℃

时，其气相中 HCl 分压不高于 66.66kPa（500mmHg），体积含量不大于 65%；而由合成或其

他方法制得的氯化氢气体中 HCl 含量均在 80%～90%，高于平衡浓度而存在吸收推动力。至于吸收时的热效应，则主要消耗于水分的蒸发。这一结论确定了绝热吸收的理论及条件，实现了用绝热法制造 31% 的浓盐酸。但在绝热吸收时酸液处于沸腾状态，其气相中平衡氯化氢分压较冷却吸收为大，致使吸收推动力减少，而使吸收速率减慢。这可通过采用增大吸收面积的填料吸收塔来弥补。

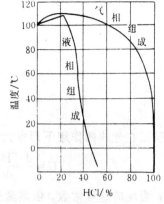

图 2-4-12　HCl-H$_2$O 的 t-x 图

4.6.2　工艺流程

氯化氢与盐酸的生产工艺可概括如下：

```
                          干燥
                  ┌─────────────────────┐
H₂,Cl₂→合成→冷却→水吸收→脱析→氯化氢
                  └──┬──
                   盐酸
```

（1）绝热吸收制盐酸工艺流程　用绝热吸收法制造盐酸的工艺流程如图 2-4-13 所示。图

2-4-14 为钢制合成炉结构示意图。

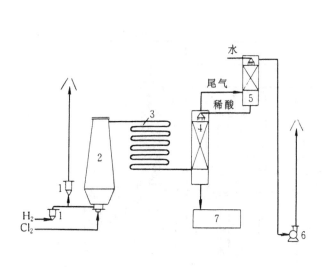

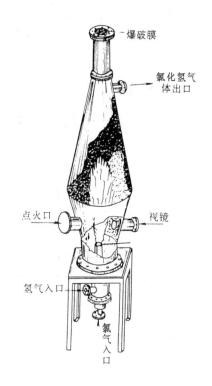

图 2-4-13　绝热吸收法制盐酸工艺流程

1—阻火器；2—合成炉；3—冷却塔；

4—绝热吸收塔；5—尾气吸收塔；6—鼓风机；7—酸贮槽

图 2-4-14　钢制合成炉结构示意图

　　氢气经过阻火器后与原料氯气（或液氯废气）同时进入合成炉下部的套管燃烧混器，氯气进入内管，氢气进环隙空间。进炉的氢气和氯气的配比，按摩尔比控制在 $(1.05\sim1.1):1$ 之间。氢点火后，在氯气中均衡燃烧生成氯化氢。燃烧火焰呈青白色，反应温度一般可达到 $700\sim800℃$ 左右。所生成的氯化氢气到达炉顶时，由于炉体散热，温度降到约 $450℃$，进入空气冷却管，在那里继续被冷却到 $130℃$，然后进入绝热吸收塔，与自塔顶进入的水逆流接触，生成盐酸从塔低排出。最后经冷却器将约 $80℃$ 的盐酸冷却到常温，随后送入贮槽，即可送到用户或包装出厂。绝热吸收法生产的合成盐酸规格为（以质量分数计）：$HCl\geqslant31.0\%$，$Fe\leqslant0.01\%$，硫酸折合 $SO_4^{2-}\leqslant0.007\%$，$As\leqslant0.00002\%$。

　　制造氯化氢和盐酸的主要设备合成炉除钢制空气散热合成炉之外，还有水夹套合成炉、石墨合成炉、石墨制三合一炉等。其构成的制酸工艺流程略有差别。

　　（2）无水氯化氢工艺流程　氯化氢作为生产聚氯乙烯、氯丁橡胶、氯磺酸和三氯氢硅等有机氯产品的原料，其纯度和含水量都有一定的要求。氯化氢中的水分来自氯气和氢气所带的水分，以及它们所含的氧在合成时与氢反应生成的水。

　　无水氯化氢的生产，大致可分为两种方式：一种是用硫酸直接干燥或冷冻间接干燥的方法；另一种是用盐酸脱析的方法。目前这两种方法都在生产上采用，图 2-4-15 为盐酸脱析法的生产工艺流程。

　　该流程的优点是可用较低浓度的氯气生产出高纯度的氯化氢。其主要工艺过程是：在吸收塔中用脱析后的稀盐酸吸收生成的氯化氢，使之成为浓盐酸，然后送回脱析塔。在与脱析塔底部相连的盐酸再沸器中，盐酸被蒸汽间接加热成为氯化氢和水蒸气的沸腾汽液混合物。

该混合物在塔内上升时与浓盐酸相遇，水蒸气冷凝放出的热量将浓盐酸中的氯化氢蒸出，即所谓脱析。氯化氢气自脱析塔塔顶出来经过冷却器，被冷冻盐水间接冷却除去水分后送到用户。脱析塔塔底流出的稀盐酸送到吸收塔。如此循环使用，可连续不断地生产出无水氯化氢气。

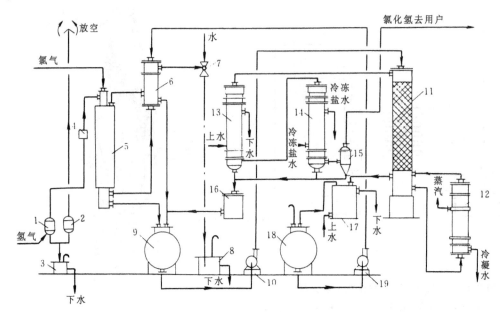

图 2-4-15　盐酸脱吸法生产无水氯化氢的工艺流程

1，2，4—阻火器；3—水封槽；5—合成炉；6—尾气吸收塔；7—水力喷射器；

8—水收集槽；9—浓盐酸贮槽；10—浓盐酸泵；11—脱吸塔；12—再沸器；

13—第一冷却器；14—第二冷却器；15—气液分离器；16—中间贮槽；17—缓冲槽；

18—稀盐酸贮槽；19—稀盐酸泵

4.7　氯碱生产安全[11]

氯碱厂生产过程中存在多种安全问题。主要包括：危险性，氯气作为一种众所周知的毒性气体，而液体烧碱是一种强碱，均可损伤人体；易爆性，氢气与空气和氯气可形成爆炸性混合气；腐蚀性，湿氯气、次氯酸盐和液碱等均是强腐蚀性介质；用电安全性，电解过程要使用强大的直流电。

（1）氯气系统安全措施

① 保持设备、管道及阀门的密闭和性能完好。操作工人应备有防毒面具。

② 在氯碱工艺流程中，必须考虑设置事故氯气处理工序，即在紧急或生产不正常时，能从工艺系统中排出氯气又能严防其大量进入大气。

③ 氯气系统中的液氯贮槽，属三类压力容器，应严格遵循"压力容器安全监察规程"要求设计、制造、检验和操作使用。

（2）烧碱生产安全

① 因电解槽的电路实际上不可能完全封闭，所以电解槽与钢构件之间的良好绝缘非常重要，应尽可能使用双层绝缘钢结构。

② 操作中，必须严防触电事故。操作人员必须穿经检验合格的橡胶手套和绝缘鞋，并严

格按照操作规程操作。

③ 烧碱是一种强碱，接触人体皮肤能引起严重灼伤。因此必须严防设备及管道的泄漏。

④ 在操作岗位附近，应设置洗眼器和水淋浴器。

（3）氢气系统安全

氯碱厂用于氢气的设备大多是低压设备，且使用温度也不高。所以氢气系统的安全防范重点是防止氢气与氯气或空气形成爆炸性混合物。

① 防止爆炸性混合物的形成。氢气系统中的所有管道必须保持正压，以防止空气进入。设置氮气冲洗管路，在开、停车和维修期间能分段冲洗氢气管路系统。

② 防止爆炸性混合物着火。氢氧混合气体在遇到明火、电火花和高温热源时，会引起爆炸。因此生产中应杜绝一切可能产生火花的操作。

③ 所有氢气系统的设备、管道须有良好的接地措施。其厂房顶部应设置避雷针。

（4）供电安全

电解生产装置要求连续供电，因此需要设置双电源。若工厂附近没有第二电源，则氯气处理系统和事故氯气处理系统等关键部位的用电设备须自备柴油发电机，一旦外部电源中断，立即启动柴油发电机，严防氯气外溢。

（5）劳动卫生安全

要按当地劳动、卫生部门要求设置急救站（小型工厂由医务室兼任），配备救护车、担架、氧气面具等必要设施。

参 考 文 献

1 陈五平主编．无机化工工艺学（四）纯碱与烧碱，第二版．北京：化学工业出版社，1989

2 高 蕾．氯碱工业，1996，（1）：1～9

3 陆忠兴，周元培主编．氯碱化工生产工艺：氯碱分册，北京：化学工业出版社，1995

4 Г.霍米亚科夫 等著．电化生产工艺学（上），北京：高等教育出版社，1956

5 ［当代中国］丛书编辑部．当代中国的化学工业，北京：中国社会科学出版社，1986，140～143

6 程殿彬主编．离子膜法制碱生产技术．北京：化学工业出版社，1998

7 ［英］杰克逊 K.沃夫编．现代氯碱技术中国氯碱工业协会组织编译．北京：化学工业出版社，1990

8 方度，蒋兰荪，吴正德主编．氯碱工艺学，北京：化学工业出版社，1990

9 陈康宁主编．氯碱生产岗位知识问答，北京：化学工业出版社，1990

10 陈世澄主编．氯碱生产分析（上）：烧碱和无机氯产品，北京：化学工业出版社，1996

11 陈延禧编著．电解工程，天津：科学技术出版社，1993

内 容 提 要

《无机化工工艺学》为国家教育部普通高等教育"九五"国家级重点教材，系原教材修订第三版。

本次修订为适应拓宽专业、加强基础、培养高素质、有创新能力的优秀化工人才。在内容上力求反映世界先进水平，补充了新工艺、新设备和技术上新进展。

本教材第三版包括三个分册：上册合成氨、尿素、硝酸、硝酸铵；中册硫酸、磷肥、钾肥；下册纯碱、烧碱。本书为下册。

本书内容包括纯碱和烧碱两部分。分别介绍制造纯碱和烧碱的基本原理。工艺计算、主要生产方法、工艺流程及主要设备。纯碱部分介绍了氨碱法、联合制碱法、天然碱加工及其它制碱方法。烧碱部分介绍苛化法和电解法制烧碱（包括隔膜法、水银法、离子交换膜法）以及氯气、氢气、液氯、氯化氮、盐酸的制造。

本教材作为化工类高等院校化学工程与工艺专业本科生选修课教材，也可供化工等工业部门的工程技术人员及教师参考。